P. W. WLASSOW / F. M. ROSANOW

THEORIE UND PRAXIS DER EINHEITLICHEN WEBSTUHLEINSTELLUNG

VERÖFFENTLICHUNGEN AUF DEM GEBIETE DER FASERSTOFF-FORSCHUNG UND TEXTILTECHNIK

NR. 9

HERAUSGEGEBEN
VON DEN INSTITUTEN FÜR FASERSTOFF-FORSCHUNG
UND FÜR TECHNOLOGIE DER FASERN
DER DEUTSCHEN AKADEMIE DER WISSENSCHAFTEN
ZU BERLIN

HERAUSGEBER
PROF. DR. ERICH CORRENS UND PROF. DR.-ING. WALTER FRENZEL

AKADEMIE-VERLAG · BERLIN
1958

P. W. WLASSOW UND F. M. ROSANOW

THEORIE UND PRAXIS DER EINHEITLICHEN WEBSTUHLEINSTELLUNG

Übersetzt und neu bearbeitet von
NIKOLAI STSCHERBINA
Teltow-Seehof

AKADEMIE-VERLAG · BERLIN
1958

П. В. Власов и Ф. М. Розанов
Нормализация процесса ткачества

Staatl. wiss.-techn. Verlag des Ministeriums für Leichtindustrie
für Massenbedarfsartikel der UdSSR, Moskau 1954

Erschienen im Akademie-Verlag GmbH, Berlin W 8, Mohrenstraße 39
Lizenz-Nr. 202 · 100/69/58
Gesamtherstellung: Druckhaus „Maxim Gorki", Altenburg
Bestell- und Verlagsnummer: 2049/9
Printed in Germany

INHALTSVERZEICHNIS

VORWORT ZUR DEUTSCHEN AUFLAGE

Die deutschsprachige Fachliteratur auf dem Gebiet der Weberei besteht vorwiegend aus technologischen Beschreibungen. In diesen Werken werden teilweise weitere Wissensgebiete behandelt, die mit der Weberei eng zusammenhängen, wie Fachrechnen, Bindungslehre, Musterzerlegen, Textilprüfung und Warenkunde.

In führenden Fachzeitschriften finden sich eine Anzahl wertvoller Arbeiten, die sich mit Berechnungen, aber zum Teil auch mit den mathematisch-physikalischen Grundlagen des Webprozesses befassen. Über die Webstuhleinstellung, die Vorgänge beim Webprozeß, den Einfluß der Arbeitsbedingungen auf Webstuhleinstellung, Gewebebildung und fertiges Gewebe jedoch ist eine zusammenfassende Darstellung bisher noch nicht erschienen. Im Rahmen einer solchen Bearbeitung des Wissens um das Weben kommen der einheitlichen und — als Endziel — der optimalen Webstuhleinstellung und der Gewebebildung fraglos große Bedeutung zu.

Der Inhalt dieser in deutschen und ausländischen Fachzeitschriften verstreuten Abhandlungen konnte noch nicht Allgemeingut werden, da den Fachleuten in den Webereien derartige Literatur nicht immer zur Verfügung steht.

Die deutsche Übersetzung des Buches der Dozenten des Moskauer Textilinstitutes (Textilhochschule), Kandidaten der technischen Wissenschaften[1]), P. W. Wlassow und F. M. Rosanow soll dazu beitragen, diese Lücke im deutschen Schrifttum auf dem Gebiet der Weberei zu schließen.

Es kann nicht als Zufall betrachtet werden, daß umfassende Bestrebungen zur Anwendung wissenschaftlicher Erkenntnisse und einheitlicher Richtlinien an Stelle der individuellen Geschicklichkeit in der Weberei besonders in der UdSSR vorhanden sind. Dort werden neben anderen Erzeugnissen auch beträchtliche Mengen standardisierter Gewebe für einen großen Personenkreis hergestellt.

Es liegt kein Grund vor, gesammelte Erfahrungen geheimzuhalten. Unter solchen Bedingungen werden handwerksmäßige Überlieferungen freizügig durch exaktes technisches Wissen ersetzt.

---

[1]) Entspricht in Deutschland dem akademischen Grad eines Doktoringenieurs (Dr.-Ing.).

Das Buch von WLASSOW und ROSANOW behandelt erst die Theorie des Webprozesses. Um dem deutschen Leser den Stoff leichter verständlich zu machen, wurden von Herrn Ing. N. STSCHERBINA, der die Übersetzung und Überarbeitung des Werkes in so dankenswerter Weise übernommen hat, in diesem Teile mit Genehmigung der Autoren gegenüber dem Original einige Umstellungen in der Reihenfolge der einzelnen Abschnitte vorgenommen. Die vorkommenden Berechnungen sind hinsichtlich der Ableitungen und Bezeichnungen den deutschen Gepfl genheiten angepaßt worden. Ergänzende Hinweise über neuere Literatur und ältere Untersuchungen in der UdSSR, in Deutschland, England usw. wurden eingearbeitet. Um dem in letzter Zeit von Forschern in der UdSSR behandelten Problem der Dauerfestigkeit und Dauerelastizität von Garnen Rechnung zu tragen, wurde von der deutschen Redaktion der entsprechende Abschnitt in den theoretischen Teil aufgenommen. Einige Ausführungen wurden gekürzt oder auch ganz weggelassen; das bezieht sich auch auf die Ableitung einiger Formeln. In Abschnitt 4.7 und 4.8 sind die Berechnungen der Verfasser durch Näherungsformeln ersetzt worden.

Die der Einstellung und Regelung einzelner Mechanismen der Webstühle gewidmeten Abschnitte beziehen sich auf Webstuhltypen, die in der UdSSR verwendet werden. Diese Abschnitte wurden absichtlich in der Originalform wiedergegeben; sie sollen als Beispiel für Webstühle anderer Konstruktionen dienen. Die Angaben über die Lehren und Schablonen dürfen nicht verallgemeinert werden. Die Entwicklung derartiger Lehren ist immer das Ergebnis von sorgfältigen Untersuchungen und Ermittlung der optimalen Parameter für eine bestimmte Webstuhlkonstruktion und setzt deshalb eine eingehende Beschäftigung mit der Theorie der auf dem Webstuhl ablaufenden Prozesse voraus. In der Anlage sind Muster für sogenannte technologische Karten der einzelnen Arbeitsgänge angeführt. Auch sie müssen den jeweiligen Betriebsverhältnissen angepaßt werden. Die Führung dieser Karten für jede verarbeitete Partie liefert Unterlagen für die Ermittlung optimaler Richtwerte und ermöglicht die Feststellung von Fehlern in der Verarbeitung und Organisation.

Es besteht kein Zweifel, daß die im vorliegenden Buch enthaltenen Darstellungen unser Wissen um das Geschehen im Webprozeß vertiefen werden, daß die vorhandenen Anregungen bei sinnentsprechender Anwendung den Fachleuten, die als Webstuhleinsteller, Hilfsmeister, Meister, Obermeister, Abteilungsleiter, Technische Leiter, Betriebsleiter, Werkleiter, Ökonomen usw. im Webereibetriebe schaffen, aber auch den Lernenden und Studierenden unserer Berufs-, Fach- und Hochschulen von großem Nutzen sein können. Dem Fachmann muß es überlassen bleiben, die dargestellten und an Beispielen erläuterten Erkenntnisse auf die in seinem Arbeitsbereich vorliegenden Verhältnisse zu übertragen.

7. 12. 1956 Prof. Dr.-Ing. W. FRENZEL

AUS DEM VORWORT ZUR SOWJETISCHEN AUSGABE

Um die Produktion von Textilerzeugnissen zu erhöhen, das Sortiment zu erweitern und die Qualität zu verbessern, wird der Anteil der hochleistungsfähigen automatischen Webstühle vergrößert. In steigendem Maße finden automatische Maschinen für die Weberei-Vorbereitung Verwendung. Es müssen Versuche unternommen werden, den Webprozeß zu vereinheitlichen und neue Formen der Arbeitsorganisation, bessere Methoden zur Pflege der Maschinen und neue technologische Verfahren einzuführen.

Alle Betriebe unseres Landes müssen die technologische Disziplin einhalten, die auf der strengsten Erfüllung der auf Grund der neuesten wissenschaftlichen und technischen Erkenntnisse der führenden sowjetischen Betriebe aufgestellten technologischen Pläne beruht; diese Pläne regeln den technologischen Prozeß.

Die Einhaltung dieser Normen erhöht die Arbeitsproduktivität und die Maschinenleistung in den Textilbetrieben und sichert die Erzeugung von Qualitätswaren.

Das Fehlen von Normen für die Einstellung des Webstuhls einerseits und der technisch begründeten Parameter für den Webprozeß andererseits führt ebenso wie die Benutzung verschiedener Parameter bei der Einstellung von Webstühlen häufig zur Herabsetzung der Leistung der Webereien. Daher ist es kein Zufall, daß (erstmalig in der Sowjetunion) die Idee aufkam, für die Einstellung von Webstühlen und von einzelnen Mechanismen der Webstühle verbindliche Normen aufzustellen.

Die Normung des Webprozesses ist ein aktuelles Problem: Von seiner Lösung hängt die weitere Steigerung der Arbeitsproduktivität und der Maschinenleistung in den Webereien ab.

Im Jahre 1939 begannen Ingenieure der Moskauer Gebietsverwaltung der Textilindustrie am Ministerium für Leichtindustrie der RSFSR, A. I. Pantelejew, P. W. Wlassow und W. F. Iljitschew, mit der Ausarbeitung von Normen für die Einstellung von Webstühlen für die einzelnen Arten der auf mechanischen Webstühlen der Baumwollweberei hergestellten Rohgewebe. Gleichzeitig wurden die einzelnen Vorrichtungen an den Webstühlen genormt und Toleranzen, Standards usw. festgesetzt.

Später wurde die Normung der Webstuhleinstellung auf die Leinen-, Woll- und Seidenweberei ausgedehnt.

Die einzelnen Arbeiten zur Normung der Webstuhleinstellung wurden, soweit sie die Leinenweberei betrafen, im Zentralen Wissenschaftlichen Forschungsinstitut für Bastfasern, für die Baumwollweberei im Wissenschaftlichen Forschungsinstitut der Textilindustrie zu Iwanowo und für die Wollweberei im Zentralen Wissenschaftlichen Forschungsinstitut für Wolle durchgeführt.

Die Idee, die Einstellung der Webstühle unter Verwendung von Lehren für die Kontrolle der einzelnen Parameter zu normen, fand in den Betrieben der Textilindustrie weitgehende Verbreitung.

Während der Vorbereitungsarbeiten zur Normung des Webprozesses sahen sich die Forscher vor eine Reihe theoretischer und praktischer Probleme und Fragen gestellt.

Im Zusammenhang damit wurden in den Textilinstituten zu Iwanowo und zu Moskau Untersuchungen über den Einfluß verschiedener Einstellungsparameter auf die Spannung und Fadenbruchzahl der Kettfäden sowie auf die Leistung der Stühle und die textil-physikalischen Eigenschaften der erzeugten Gewebe durchgeführt. Auch wurden Konstruktionen verschiedener Geräte zur experimentellen Ermittlung der Kettfadenspannung, für die Messung und Aufzeichnung der Breite des Anschlagstreifens, für die Aufzeichnung der Bewegung des Kettbaums usw. entwickelt.

Die Ministerien für Leichtindustrie der UdSSR und der RSFSR ordneten die Einführung der Normen für die Einstellung der Webstühle in den Betrieben an.

Gegenwärtig haben die Betriebe bereits große Erfahrungen hinsichtlich der Normen der Webstuhleinstellung gesammelt, während die wissenschaftlichen Forschungsinstitute und Textillehranstalten zahlreiche theoretische und experimentelle Untersuchungen über die Vorgänge beim Weben, soweit sie mit den Einstellungsparametern der Webstühle und deren Mechanismen verbunden sind, durchgeführt haben.

Dieses Buch stellt sich die Aufgabe, die in der Weberei tätigen Personen über das an einzelnen Stellen vorhandene Material über die Normung der Webstuhleinstellung zu informieren und die von den Instituten und einzelnen Verfassern durchgeführten theoretischen und experimentellen Arbeiten über die Normung des Webvorgangs zusammenfassend darzustellen.

Dieses Buch erscheint nun in zweiter verbesserter und ergänzter Auflage. Der Abschnitt über die Bildung des Gewebes ist ebenso wie das Kapitel über die Einstellung und Regelung der Mechanismen automatischer Webstühle in der Baumwollweberei erweitert worden; ergänzt und umgearbeitet wurden die Kapitel bzw. Abschnitte: über die Mechanismen der Webstühle AT-100 und ATK-100 für die Baumwollweberei;

über den Einfluß der Einstellung einzelner Mechanismen auf die Breite des erzeugten Gewebes und auf die Bedingungen, unter denen die Gewebebildung vor sich geht; über Berechnungen auf Grund tensometrischer Messungen; über Messung der Fadenspannung unter Verwendung von Kathodenstrahl-Oszillographen; über Veränderung der textil-physikalischen Eigenschaften der Gewebe in Abhängigkeit von den Einstellungsparametern des Webstuhls und einige weitere Abschnitte.

Besprochen werden auch Methoden und Normen für die Einstellung und Regelung der Mechanismen automatischer Webstühle sowie die in Laboratorien und Fabriken der UdSSR angewandten Methoden für tensometrische Messungen.

Gegenwärtig, da die führenden Betriebe der UdSSR Maßnahmen zur Steigerung der Produktion je Quadratmeter der Produktionsfläche ergreifen, sind die Fragen der Normung der Weberei von großer Bedeutung und die in diesem Buch beschriebenen Methoden und Verfahren tragen zur Erhöhung der Arbeitsproduktivität der Arbeiter in den Webereien und der Leistung der Maschinen bei.

1 Die Normung des Webprozesses und ihre Bedeutung

Der technologische Prozeß in sowjetischen Webereien erfolgt in Übereinstimmung mit den „Regeln für die technische Nutzung der Maschinenanlagen der Webereien“. Diese Regeln enthalten jedoch nur allgemeine Hinweise über die Einstellungsparameter der Webstühle. So ist z. B. über die Größe des Fachumtritts[1]) und die Fachhöhe gesagt, daß ihre Abmessungen der Art des herzustellenden Gewebes entsprechen müssen; die Regeln enthalten jedoch keine Angaben darüber, in welcher Beziehung diese Abmessungen zu der Art des Gewebes und zur Webstuhlkonstruktion stehen. Es fehlen selbst allgemeine Hinweise über die Höheneinstellung des Streichbaums gegenüber dem Brustverbinder bei Exzenter- und Schaftstühlen.

Dieser Mangel wurde in vielen Fabriken dadurch überwunden, daß dort Untersuchungen über die Normung der Webstuhleinstellung durchgeführt und Schablonen hergestellt wurden, mit deren Hilfe die Einstellung der Webstühle kontrolliert wird. Die Überprüfung der Fabriken ergab jedoch, daß die Einstellungsparameter der Webstühle stark schwanken und daß selbst in der Einstellung der wichtigsten Webstuhlteile und bei der Herstellung gleicher Gewebe große Unterschiede vorhanden sind, und das nicht selten in ein und derselben Fabrik.

Im Melangekombinat Barnaul wurden bei der Herstellung des Gewebes Art. 1032[2]) auf automatischen Webstühlen AT-9 folgende Schwankungen in den einzelnen Parametern festgestellt: Die Größe des Fachumtritts variierte zwischen 20 und 40 mm, die Fachlänge zwischen 560 und 640 mm, der Abstand vom vordersten Schaft bis zum Ladendeckel zwischen 5 und 20 mm, die Entfernung vom Blatt bis zum Geweberand (Warenrand) im Augenblick des Schützenaustritts zwischen 90 und 100 mm, die Einstellung des Faches hinsichtlich der oberen Ladenbahn zwischen 0 und 5 mm.

Im Kammgarnkombinat Krassny Cholm wurden bei der Herstellung des Gewebes Art. 82 folgende Schwankungen in den Parametern der Oberschlagwebstühle festgestellt: Die Entfernung vom Geweberand bis zum ersten Schaft wechselte von 210 bis 240 mm, die Größe des Fachumtritts betrug 28 bis 45 mm, die Höhe des Streichbaums hinsichtlich des Brustbaums war 30 bis 65 mm, die Stellung des Geweberandes unterhalb des Brustbaums 9 bis 20 mm. Bei den automatischen Webstühlen AT-175, auf denen Gewebe Art. 1497 hergestellt wurde, schwankten die Parameter in folgenden Grenzen: Der Abstand von der Mitte des Kettenwächters bis zum ersten Schaft 360 bis 404 mm, von der Oberkante des Brustverbinders bis zum Mittelpunkt des Kett-

[1]) Die Definitionen der einzelnen Parameter sind im Abschnitt 4 gegeben.

[2]) Angaben über die erwähnten Gewebe siehe Anlage 1.

fadenwächter 13 bis 38 mm (in senkrechter Richtung); von der Oberkante des Brustverbinders bis zum Geweberand 0 bis 6 mm.

Im Textilkombinat Taschkent wurden bei der Herstellung von Leinwand auf automatischen Webstühlen folgende Schwankungen der Einstellungsparameter festgestellt: Die Fachhöhe am Blatt bei der hintersten Stellung der Lade 45 bis 50 mm, die Fachlänge 480 bis 600 mm, die Größe des Fachumtritts 35 bis 60 mm, der Abstand zwischen dem vordersten Schaft und dem Ladendeckel 5 bis 25 mm, der Abstand vom Geweberand bis zum Breithalter 2 bis 7 mm, der Abstand des Blattes vom Geweberand im Augenblick des Schützenaustritts 60 bis 90 mm.

Im Tuchkombinat von Kupawinsk wurden bei Herstellung von Tuchen folgende Schwankungen der Einstellungsparameter beobachtet: Abstand vom Geweberand bis zum Blatt bei der hinteren Stellung der Lade 151 bis 164 mm, die Lage des Geweberandes hinsichtlich der Oberkante des Brustverbinders 23 bis 26 mm und die Höhe des Streichbaums hinsichtlich des Brustverbinders 102 bis 186 mm.

Im Melangekombinat von Kurowsk schwankte die Größe des Fachumtritts bei der Herstellung von Gewebe Art. 605 vor der Normung zwischen 12 und 36 mm, die Fachhöhe am Blatt bei der hinteren Stellung der Lade zwischen 35 und 50 mm, die Fachlänge zwischen 450 und 620 mm, die Abstände zwischen den Kreuzschienen zwischen 100 und 225 mm. Die Ladenbahn befand sich bei der vordersten Stellung der Lade 15 bis 35 mm unterhalb des Brustverbinders.

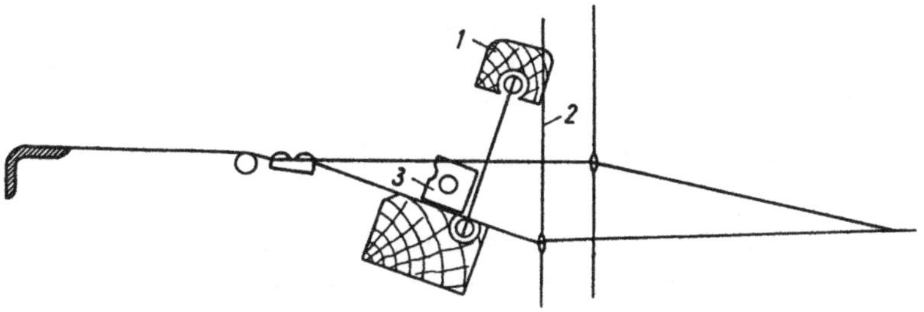

Abb. 1. Beispiel für falsche Webstuhleinstellung

Diese Beispiele zeigen, daß die Einstellungsparameter in den Fabriken nicht genormt sind, daß sie stark schwanken und bei einigen Geweben keineswegs den Erfordernissen entsprechen.

Abb. 1 zeigt einige Fehler und falsche Einstellung der Kette, die hier und da beobachtet wurde.

Aus der Zeichnung geht hervor, daß der Ladendeckel 1 in der hinteren Stellung gegen den Schaft 2 schlägt, daß der Schützen 3 auf seinem Weg durch das Fach sich an den Fäden des Oberfachs reibt, während das Unterfach mit der Ladenbahn in Berührung kommt.

Bei manchen Webstühlen war die Einzugslinie falsch: sie wies im Kettfadenwächter einen Knick auf, der Streichbaum lag zu hoch über dem Brustverbinder, wodurch das Unterfach zu sehr gespannt wurde und die Kette zu hoch über der Ladenbahn lag. Bei einer solchen Einzugslinie traten selbst bei guten Ketten zahlreiche Fadenbrüche auf, und die Leistung der Webstühle sank. Bei willkürlicher Einstellung der Mechanismen und bei Anwendung nicht genormter Parameter arbeiteten die Webstühle unbefriedigend. Die Fadenbruchzahl war hoch, der Verbrauch an Hilfsmaterial erhöht, die einzelnen Mechanismen mußten oft nachgestellt werden, die Leistung der Webstühle war gering.

Untersuchungen und Erfahrungen zeigen, daß nach der Normung der Webstuhleinstellung gemäß den festgesetzten Parametern die Zahl der Fadenbrüche zurückgeht und die Leistung steigt.

In einem Betrieb hatte die Normung beim Weben von Satin folgendes Ergebnis:

Fadenbrüche auf 1 m Gewebe	Vor der Normung	Nach der Normung	Veränderung
Kette	0,68	0,53	—22,0%
Schuß	0,27	0,11	—59,3%
Stuhlleistung m/Std.	1,87	2,10	+ 12,3%

In einem anderen Werk änderten sich die Kennziffern bei der Herstellung von Leinwand wie folgt:

Fadenbrüche auf 1 m Gewebe	Vor der Normung	Nach der Normung	Veränderung
Kette	0,45	0,38	— 15,5%
Schuß	0,24	0,22	— 8,3%
Stuhlleistung m/Std.	3,75	4,20	+ 12,0%

In einem Melangekombinat gingen die Stillstände nach der Normung von 0,90 auf 0,55% zurück, und die Fadenbruchzahl änderte sich wie folgt:

Fadenbrüche auf 1 m Gewebe	Vor der Normung	Nach der Normung	Veränderung
Kette	0,70	0,45	— 35,7%
Schuß	0,07	0,02	— 71,5%

Ähnlich waren die Ergebnisse auch in einer Reihe anderer Webereien.

Die guten Ergebnisse der Normung veranlaßte eine Reihe von Mitarbeitern der Textilindustrie, sich mit diesen Fragen eingehender zu befassen.

In der Weberei zu Pawlowo-Pokrowsk organisierte der Meister W. F. Karew [1] unter Anwendung der Methode des Stalinpreisträgers F. L. Kowaljow die Einstellung von Unterschlagstühlen nach einheitlicher Methode in allen drei Schichten. Nach längerer Beobachtung der Webstühle und der Methoden der technischen Überprüfung der Maschinen nach ihrer Instandsetzung kam Karew zu dem Ergebnis, daß die uneinheitliche Einstellung der Webstühle zu häufigen Stillständen führt und die Qualität der Produkte herabsetzt.

Auf seine Initiative arbeitete das Kollektiv der Meister und Untermeister der Weberei zu Pawlowo-Pokrowsk einheitliche Methoden für die Einstellung der wichtigsten Teile der Unterschlagstühle aus und führte diese Methoden im Betrieb ein.

Gegenwärtig werden die Webstühle in dieser Fabrik nach einer einheitlichen Methode eingestellt, wobei den Stuhlmeistern zur Pflicht gemacht ist, die Normen strengstens einzuhalten.

Genormt ist die Einstellung der Breithalterleiste und der Breithalter selbst, des Schlagmechanismus, die Einstellung der Kette, die Fachhöhe und die Größe des Fachumtritts. Die richtige Einstellung der Mechanismen wird nach der Flugbahn des Schützen kontrolliert.

Nach Einführung dieser Maßnahmen hat sich die Arbeit in der Fabrik von Pawlowo-Pokrowsk im 3. Quartal 1950 gegenüber dem 1. Quartal wesentlich gebessert:

	1. Quartal	3. Quartal	mehr (+) oder weniger (—)
Leistung pro Webstuhl (Schußzahl)	10270	10800	+5%
Anteil der Weber, die die Norm leisten	87,7%	97,6%	+10,1%
Abfall an Schußgarn in Prozent	0,80	0,66	+17%
Fadenbruchzahl (Kette) auf 1 m Gewebe	0,54	0,48	—11%
Materialverbrauch auf 1000 Webstühle pro Stunde:			
Picker	15,0	12,5	—16%
Schlagarme	2,50	2,25	—10%
Schützen	1,10	0,85	—22%
Schützenführungsrollen	0,39	0,20	—48%

W. A. NAUMOW (Wissenschaftliches Forschungsinstitut der Textilindustrie zu Iwanowo) schlug auf Grund seiner Beobachtungen eine neue Methode zur Bestimmung der Schlagkraft und der Unregelmäßigkeiten des Schlagmechanismus nach der Flugbahn des Schützens vor. Die Flugbahn des Schützen im Fach läßt sich aus der hellen Kurve erkennen, die die Schützenspitze bildet. Wenn man den Abstand der Flugbahn vom Breithalter kennt, kann man daraus die Schlagkraft und die Einstellung des Schlagmechanismus ermitteln.

Ferner stellte NAUMOW den Mitarbeitern der Betriebe und der wissenschaftlichen Forschungsinstitute die Aufgabe, ein Gerät (Lehre) zur Bestimmung des Abstandes vom Breithalter bis zur Flugbahn des Schützens zu entwickeln.

Der Oberingenieur der Weberei zu Dorochowo, G. A. BUROW, führte mit dem Kollektiv der Meister und Stuhlmeister eine Arbeit zur Bestimmung der Reibung des Schützens im Schützenkasten und der Stärke der

Federn bei der Schaftmaschine mit Hilfe eines Federdynamometers durch.

Diese Arbeiten zeigten die großen Unterschiede in der Einstellung der Schlagmechanismen und der einzelnen Teile der Schützenkästen bei Webstühlen gleichen Systems.

Ferner arbeitete Burow in Ergänzung der technischen Vorschriften Normen für die Bremsvorrichtung im Schützenkasten aus. Durch die Einführung dieser Normen erhöhte sich die Leistung der Webstühle wesentlich.

Die Benutzung von Lehren und eines Dynamometers erleichtert die Kontrolle der Webstuhleinstellung und ermöglicht eine schnellere und exaktere Einstellung.

In den Jahren 1950 bis 1951 wurden in der Fabrik „Wperjod" Arbeiten zur Ermittlung der optimalen Einstellungsparameter an den Webstühlen durchgeführt. An Unterschlagwebstühlen wurde die Reibung der Schützen im Schützenkasten und die Spannkraft der Federn gemessen, der Beginn des Schlags und die Größe des Fachumtritts ermittelt.

Durch Versuche an 1000 Webstühlen wurde die Beziehung zwischen der Einstellung der Webstuhlmechanismen und der Reibung des Schützens im Schützenkasten einerseits und der Leistung der Webstühle, ihren Stillständen und dem Verbrauch an Hilfsmaterial andererseits festgestellt.

Bei einheitlicher Einstellung des Schlagmechanismus und der Lade geht die zeitliche Beanspruchung des Unterstuhlmeisters durch die Regelung dieser Mechanismen von 45 auf 23% seiner Arbeitszeit zurück, der Verbrauch an Schützen verringert sich um 20%, an Pickern um 25% und die Zeit für die Ingangsetzung des Webstuhls von 5 auf 4 Sekunden.

Während der Untersuchung wurde auch festgestellt, daß der Energieverbrauch und die Drehzahl der Kurbelwelle von der Bremskraft des Schützen im Schützenkasten abhängt. Bei Erhöhung der Bremskraft von 3 auf 7 kg wächst der Stromverbrauch um 3,4 bis 3,5% und die Stuhlgeschwindigkeit wird ungleichmäßig und verringert sich manchmal.

Durch Anwendung einheitlicher Methoden für die Stuhleinstellung und für die technische Kontrolle der Webstühle erhöhte sich die durchschnittliche Produktion an Gewebe Artikel 114 im Werk „Wperjod" um 8,3%. Der Meister Susslow in der Weberei von Gawrilow Possad entwickelte eine Lehre für die richtige Einstellung der Lade und zur Bestimmung des Anschlagwinkels. Der Stuhlmeister Sokolow in der Weberei von Kineschma schlug eine Methode zur komplexen Einstellung der Webstühle vor. Bei Instandsetzungen und Einstellung eines Mechanismus kontrolliert und reguliert er nötigenfalls andere Einzelteile und Mechanismen, die mit der Arbeit des ersten unmittelbar verbunden sind. Bei Anwendung der komplexen Methode zur Einstellung der Webstühle verringern sich die Stillstände und die Stuhlleistung steigt. Diese zahlreichen Beispiele lassen deutlich die große Bedeutung der einheitlichen Webstuhleinstellung erkennen.

2 Der technologische Plan

Der technologische Plan für die Herstellung eines Gewebes setzt sich aus mehreren Teilen zusammen und enthält eine ganze Reihe von Elementen und Parametern. Er besteht in der Hauptsache aus folgenden Abschnitten:

1. Die Hauptbedingungen für die *Vorbereitung* des Garns zum Weben[1]). Der technologische Plan der Webereivorbereitung umfaßt im wesentlichen:

a) Spulen des Kettgarns.
Art und Nummer des Kettgarns, Fadengeschwindigkeit, Einstellung der Fadenreiniger, Fadenspannung, Abmessungen und Dichte des Garnkörpers (der Kreuzspule), zulässige Veränderung der Garneigenschaften durch das Spulen, zulässige Menge der Verluste u. a.

b) Schären und Bäumen der Kette.
Geschwindigkeit der Fäden, Fadenspannung, Dichte der Wicklung u. a.

c) Schlichten der Kette.
Geschwindigkeit des Fadens beim Schlichten, Dichte der Wicklung, Feuchtigkeitsgehalt der geschlichteten Kette, Temperatur beim Schlichten und Trocknen, Veränderung der Garneigenschaften durch das Schlichten u. a.

d) Vorbereitung des Schußgarns.
Art und Nummer des Schußgarns, Anfeuchten oder Schmälzen des Garns, Geschwindigkeit des Fadens beim Spulen, Spannung des Fadens, Einstellung des Fadenreinigers, Dichte der Aufwicklung, Abmessungen der Schußspulen u. a.

2. Technologischer Plan des eigentlichen Webvorgangs [2—4]. Dieser technologische Plan enthält Angaben über:

a) Art des Gewebes (Kett- und Schußgarn, Dichte von Kette und Schuß, Bindung), Bedeckungsgrad und Ausfüllungsgrad des Gewebes, angenäherte Arbeitsbedingungen, die die Einstufung des Gewebes in diese oder jene Gruppe ermöglichen;

---

[1]) Die Vorbereitung der Kett- und Schußgarne für das Weben wird in diesem Buch nicht näher besprochen. In den Anlagen sind lediglich die technologischen Karten für das Spulen, Schären, Schlichten und Einziehen angeführt.

b) Einzugsparameter auf dem Webstuhl, Einzugslinie, Stellung des Streichbaums, des Kettfadenwächters, der Schäfte;

c) Arbeitsparameter wie Größe des Fachumtritts, Anschlagwinkel, Stellung der Lade und des Blatts, Reibungsstrecken des Garns im Litzenauge usw.;

d) Ausarbeitung von Lehren für Einstellung und Kontrolle der Parameter.

Anlagen 2 bis 6 am Ende des Buches enthalten ausführliche technologische Karten für die Weberei, in denen sämtliche Einstellungs- und Arbeitsparameter angegeben sind und deren sorgfältige Ausfüllung die genaue Erfassung und Berücksichtigung der Arbeitsbedingungen gestattet.

3 Die Gewebedichte

Eines der wesentlichsten Merkmale eines Gewebes ist neben der Art und Nummer der verwendeten Garne die *Dichte*, d. h. die Zahl der Kett- bzw. Schußfäden je 1 bzw. 10 cm und die dadurch sowie durch die Art der Bindung bedingte Flächendichte. Die Dichte eines Gewebes steht in enger Beziehung zur (physikalischen) Dichte des Garns, die sich je nach Garnart, Spinnverfahren, Drehung usw. ändert. Für die Beziehung zwischen der Garnnummer Nm und dem Garndurchmesser d wird am häufigsten die Formel von ASHENHURST verwendet. Unter Vernachlässigung der übrigen Faktoren (außer Garnnummer und Materialart) ist

$$d = \frac{K}{\sqrt{Nm}}. \tag{1}$$

Hier ist K ein vom Material abhängiger Koeffizient, der für Streichgarn 1,36, für Kammgarn aus Crossbredwolle 1,32, für Kammgarn aus Merinowolle 1,27 bis 1,28 und für Baumwoll- und Leinengarn sowie Schappe- und Bouretteseide 1,25 beträgt. I. W. ILJIN [5] gibt für Flachsgarne folgende Werte an: $K = 1{,}13$ für trocken gesponnene und $K = 1{,}09$ für naß gesponnene[1]).

Über die Gewebedichte sind zahlreiche Arbeiten veröffentlicht, unter denen auf die von S. BRIERLEY [6], F. T. PEIRCE [7], P. KOBER [8], N. G.

[1]) Für die Werte von K ist im Buch von F. M. ROSANOW, O. S. KUTEPOW, D. M. SHUPIKOWA und S. W. MOLTSCHANOW, „Die Struktur und das Entwerfen von Geweben" (Gislegprom 1953) eine Tafel enthalten. Ihr zufolge ist K für

Baumwollgarn	1,24—1,26	Rohseide	1,4
Kammgarn (Wolle)	1,27	Naturseide	1,3
Streichgarn (Wolle)	1,36	Viskoseseide	1,03—1,2
Flachsgarn, trocken gesponnen	1,22	Zellwollgarn	1,23
		Acetatseide	1,48
Flachsgarn, naß gesponnen	1,05—1,15	Kapron (Perlon)	1,5

NOWIKOW [9], F. WALZ und J. LUIBRAND [10], W. WIECHMANN [11], O. S. KUTEPOW [12] hingewiesen werden soll.

Die Dichte eines Gewebes ist durch den *Bedeckungsgrad* in Kett- und Schußrichtung B_k bzw. B_s sowie den flächenmäßigen *Bedeckungsgrad* B_f gekennzeichnet. Unter dem Bedeckungsgrad soll das Verhältnis (in Prozent) der von den Fäden eines Systems bedeckten Fläche zur Gesamtfläche des Gewebes verstanden werden. Wenn n_k und n_s die Zahl der Kett- bzw. Schußfäden *auf 10 cm* und d_k bzw. d_s die Garndurchmesser sind, ist

$$\left.\begin{aligned} B_k &= n_k \cdot d_k = \frac{K \cdot n_k}{\sqrt{N_k}} \quad \text{(in Prozent)}, \\ B_s &= n_s \cdot d_s = \frac{K \cdot n_s}{\sqrt{N_s}} \quad \text{(in Prozent)}. \end{aligned}\right\} \tag{2}$$

Bei der Berechnung des flächenmäßigen Bedeckungsgrades sind die doppelt bedeckten Teile der Gewebefläche, d. h. die Kreuzungen von Kette und Schuß abzuziehen. Dann ist — unter der Voraussetzung[1]), daß B_k und $B_s < 100\%$ sind —

$$B_f = B_k + B_s - \frac{B_k \cdot B_s}{100}. \tag{3}$$

Unter dem Dichtekoeffizienten β in Kett- und Schußrichtung ohne Berücksichtigung der Garnart und der Bindung soll verstanden werden

$$\beta_k = \frac{n_k}{\sqrt{N_k}} \text{ und } \beta_s = \frac{n_s}{\sqrt{N_s}}. \tag{4}$$

Soll bei der Beurteilung der Dichte eines Gewebes auch die Bindung berücksichtigt werden, so bestimmt man den *Ausfüllungsgrad* A_k bzw. A_s. Es ist

$$\left.\begin{aligned} A_k &= \frac{n_k}{n'_k}(d_k n'_k + d_s t_s) = K \cdot \frac{n_k}{n'_k}\left[\frac{n'_k}{\sqrt{N_k}} + \frac{t_s}{\sqrt{N_s}}\right] \quad \text{(in Prozent)}, \\ A_s &= \frac{n_s}{n'_s}(d_s n'_s + d_k t_k) = K \cdot \frac{n_s}{n'_s}\left[\frac{n'_s}{\sqrt{N_s}} + \frac{t_k}{\sqrt{N_k}}\right] \quad \text{(in Prozent)}. \end{aligned}\right\} \tag{5}$$

Hier bedeutet

n'_k bzw. n'_s die Zahl der Kett- bzw. Schußfäden im Rapport,

t_k bzw. t_s die Zahl der Fadenverkreuzungen für einen Kett- bzw. Schußfaden im Rapport.

Diese Formeln haben folgenden geometrischen Sinn: Es ist $\frac{n_k}{n'_k}$ die Zahl der Rapporte auf 10 cm Gewebelänge bzw. -breite, und der Ausdruck in Klammern stellt die Besetzung der Kett- bzw. Schußlinie, d. h. die

---

[1]) Die Formel (3) für B_f und die Formeln für den Ausfüllungsgrad A_k bzw. A_s setzen voraus, daß Kette und Schuß aus gleichem Material bestehen, d. h. daß die K-Werte für Kette und Schuß gleich sind. Andernfalls müssen bei der Berechnung statt der Garnnummern und der K-Werte die jeweiligen nach Formel (1) berechneten Garndurchmesser benutzt werden.

Ausfüllung dieser Strecke mit Garnmaterial dar. Abb. 2 zeigt in Schußrichtung verlaufende Schnitte durch a) ein leinwandbindiges Gewebe und b) einen Köper mit 100% Ausfüllung. Im ersten Fall ist $n'_k = 2$ und t_s — die Zahl der zwischen den Kettfäden liegenden Schußfäden — ebenfalls 2. Beim Köper $\frac{1}{3}$ ist $n'_k = 4$ und $t_s = 2$. Entsprechend ist für Leinwand $n'_s = 2$ und $t_k = 2$; für $\frac{1}{3}$ Köper $n'_s = 4$, $t'_k = 2$; für achtbindigen Atlas $n'_k = n'_s = 8$, $t_k = t_s = 2$. Da die Garndurchmesser in mm gemessen und die Kett- und Schußdichte n_k bzw. n_s auf 100 mm bezogen sind, ergibt sich A aus Formel (5) in Prozenten. Bei einem Ausfüllungsgrad von 100% ist die Ketten- bzw. Schußlinie voll besetzt. Höhere Gewebedichten lassen sich nur durch senkrechte Verschiebung der Fäden eines Fadensystems, d. h. durch Änderung der sogenannten Strukturphase des Gewebes erreichen [9, 13].

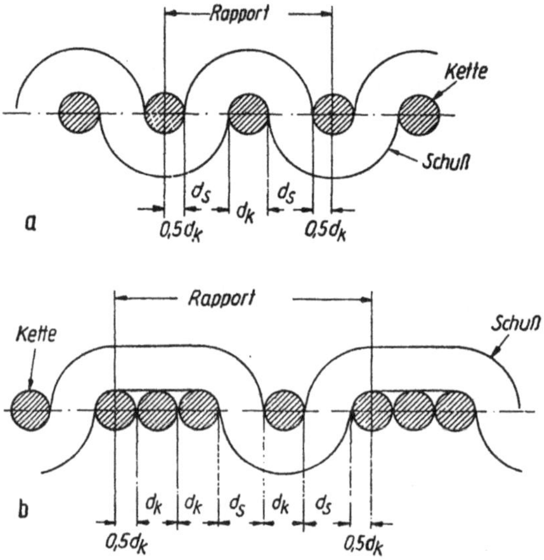

Abb. 2. Schnitt durch das Gewebe zur Erläuterung des Ausfüllungsgrades

Das Verhältnis des flächenmäßigen Bedeckungsgrades B_f eines Gewebes zum maximalen Bedeckungsgrad wird als *relative Dichte* des Gewebes bezeichnet.

Der maximale (flächenmäßige) Bedeckungsgrad B_{max} ergibt sich für ein Gewebe dann, wenn die Kett- und Schußfäden die Kett- bzw. Schußlinie unter Berücksichtigung der Bindung vollständig ausfüllen, d. h. wenn $A_k = 100\%$ und $A_s = 100\%$ sind.

Die entsprechende Formel wird dadurch erhalten, daß die Beziehungen aus Gleichung (2) in Gleichung (3) eingesetzt werden; dann ist

$$B_f = \frac{K n_k}{\sqrt{N_k}} + \frac{K n_s}{\sqrt{N_s}} - \frac{K^2 n_k n_s}{100 \sqrt{N_k N_s}}.$$

Jetzt löst man die beiden Gleichungen (5) nach n_k bzw. n_s auf und setzt diese Werte in die zuletzt erhaltene Gleichung für B_f ein. Dabei kürzt sich K fort. A_k und A_s werden voraussetzungsgemäß gleich 100 gesetzt. Nach entsprechender Umformung erhält man so die Gleichung

$$B_{max} = 100 \frac{n'_k n'_s + n'_k t_k \sqrt{\frac{N_s}{N_k}} + n'_s t_s \sqrt{\frac{N_k}{N_s}}}{\left[n'_k + t_s \sqrt{\frac{N_k}{N_s}}\right] \left[n'_s + t_k \sqrt{\frac{N_s}{N_k}}\right]}.$$

Bei den meisten einfacheren Bindungen ist $n'_k = n'_s = n'$ und $t_k = t_s = t$. In diesem Fall nimmt die Formel für B_{max} die Gestalt an:

$$B_{max} = 100 \frac{n'^2 + n't\left[\sqrt{\frac{N_k}{N_s}} + \sqrt{\frac{N_s}{N_k}}\right]}{n'^2 + n't\left[\sqrt{\frac{N_k}{N_s}} + \sqrt{\frac{N_s}{N_k}}\right] + t^2}.$$

Für leinwandbindige Gewebe ($n'_k = n'_s = 2$; $t_k = t_s = 2$) vereinfacht sich diese Formel weiter, und es ist dann

$$B_{max}\,(\text{Leinwand}) = 100 \frac{1 + \left[\sqrt{\frac{N_k}{N_s}} + \sqrt{\frac{N_s}{N_k}}\right]}{2 + \left[\sqrt{\frac{N_k}{N_s}} + \sqrt{\frac{N_s}{N_k}}\right]}.$$

Wenn bei einem leinwandbindigen Gewebe die Nummern des Kett- und Schußfadens einander gleich sind, ergibt sich $B_{max} = 75\%$. Dieser Wert wird mit wachsendem Unterschied zwischen den Nummern der Kett- und Schußfäden größer.

Mit Hilfe der obigen Formeln kann auch umgekehrt aus dem vorgesehenen Bedeckungsgrad bzw. dem Ausfüllungsgrad oder Dichte-

Tabelle 1. Dichte einiger Baumwollgewebe

Gewebe	Leinwand		Nessel	Moleskin		Diagonal	Trikot
Artikel-Nr.	583	1911	580	594	353	371	426
Kette N_k	54	28	40	34	40	24	54,2
Kette $\varnothing\ d_k$ (mm)	0,169	0,236	0,196	0,213	0,196	0,253	0,239
Schuß N_s	65	28	28	34	34	20	20
Schuß $\varnothing\ d_s$ (mm)	0,154	0,236	0,236	0,213	0,213	0,278	0,278
Mittlere Garnnummer N_{mittl}	58,9	28,0	32,9	34,0	36,8	23,0	23,0
Dichte (Fäden auf 10 cm)							
Kette n_k	279	242	246	246	259	287	330
Schuß n_s	268	188	240	256	551	204	225
Bedeckungsgrad (in Prozent)							
Kette B_k	47,1	56,7	48,2	52,2	50,8	72,7	78,7
Schuß B_s	41,3	54,0	56,3	54,3	124,0	56,5	62,2
flächenmäßiger B_f	67	75,7	77,3	78,1	—	88,0	92,5
Ausfüllungsgrad (in Prozent)							
Kette A_k	90,0	113,0	106,5	104,5	64,7	112,5	124,8
Schuß A_s	86,6	88,0	103,0	109,0	144,0	82,3	89,5
Dichtekoeffizient							
Kette β_k	38,0	45,7	38,9	42,1	41,0	58,7	63,6
Schuß β_s	33,3	35,5	45,4	43,8	116,3	45,6	50,2

Tabelle 2. Dichte und

Gewebe		K	Breite cm	Bindung	Garn N_m		Fäden auf 10 cm	
Art. Nr.	Bezeichnung				N_k	N_s	n_k	n_s
581	Leinwand	1,25	68	L	54	65	260	236
583	Leinwand	1,25	69	L	54	65	279	268
584	Leinwand	1,25	69	L	54	65	279	283
590	Leinwand	1,25	124	L	54	65	202	189
591	Nessel	1,25	69	L	40	34	229	212
592	Nessel	1,25	69	L	40	34	247	224
580	Nessel	1,25	136	L	40	28	248	240
594	Nessel	1,25	71	L	34	34	247	256
1911	Nessel	1,25	69	L	28	28	243	188
110	Satin	1,25	68	$A\frac{1}{7}$	54	65	258	456
111	Satin	1,25	70	$A\frac{1}{7}$	54	65	275	475
195	Dalemba	1,25	80	$K\frac{2}{2}$	40	28	225	264
326	Flanell	1,27	69	$K\frac{3}{2}$	40	20	256	210
605	Barchent	1,25	71	$K\frac{2}{3}$	40	12	254	210
371	Diagonal	1,27	72	$K\frac{2}{3}$	24	20	287	204
373	Diagonal	1,27	72	$K\frac{4}{4}$	24	12	287	216
103	Gingham	1,25	82,5	$A\frac{1}{4}$	40	28	319	300

koeffizient die erforderliche Fadenzahl in Kett- und Schußrichtung berechnet werden. Dafür gelten die Formeln:

$$n_k = \frac{B_k}{d_k} = \frac{B_k \sqrt{N_k}}{K}; \qquad n_s = \frac{B_s}{d_s} = \frac{B_s \sqrt{N_s}}{K}; \tag{6}$$

$$\left.\begin{aligned} n_k &= \frac{n_k' \cdot A_k}{d_k n_k' + d_s t_s} = \frac{n_k' \cdot A_k}{K\left[\frac{n_k'}{\sqrt{N_k}} + \frac{t_s}{\sqrt{N_s}}\right]}; \\ n_s &= \frac{n_s' \cdot A_s}{d_s n_s' + d_k t_k} = \frac{n_s' \cdot A_s}{K\left[\frac{n_s'}{\sqrt{N_s}} + \frac{t_k}{\sqrt{N_k}}\right]}. \end{aligned}\right\} \tag{7}$$

Für einige Baumwollgewebe sind in Tab. 1 Angaben über Dichte, Bedeckungsgrad usw. enthalten. Die hier vorkommende mittlere Garn-

Bedeckungsgrad einiger Gewebe

Bedeckungsgrad (%)			$\sqrt{\frac{N_k}{N_s}}$	$\sqrt{\frac{N_s}{N_k}}$	Fäden im Rapport		Fadenkreuzungen		maximale Dichte	relative Dichte
B_k	B_s	B_f			n'_k	n'_s	t_k	t_s	B_{max}	$\frac{B_f}{B_{max}}$ (%)
44,3	36,6	64,7	0,911	1,097	2	2	2	2	75,1	86,2
47,5	41,5	69,3	0,911	1,097	2	2	2	2	75,1	92,3
47,5	43,9	70,6	0,911	1,097	2	2	2	2	75,1	94,0
34,4	29,3	53,6	0,911	1,097	2	2	2	2	75,1	71,3
45,3	45,4	70,1	1,085	0,922	2	2	2	2	75,1	93,3
48,8	48,0	73,4	1,085	0,922	2	2	2	2	75,1	97,7
49,0	56,7	77,9	1,096	0,837	2	2	2	2	75,2	103,7
52,8	54,8	78,6	1	1	2	2	2	2	75,0	105,0
57,5	44,4	76,2	1	1	2	2	2	2	75,0	101,5
43,9	70,7	83,6	0,911	1,097	8	8	2	2	95,9	87,2
46,7	73,6	85,9	0,911	1,097	8	8	2	2	95,9	89,6
44,5	62,3	79,1	1,096	0,837	4	4	2	2	89,0	88,8
51,4	59,6	80,3	1,414	0,707	5	5	2	2	92,0	87,3
50,1	75,7	87,9	1,827	0,547	5	5	2	2	92,4	95,2
74,4	57,9	88,9	1,095	0,912	5	5	2	2	91,8	96,8
74,4	79,0	94,6	1,414	0,707	8	8	2	2	96,1	98,3
63,0	70,8	89,2	1,196	0,837	5	5	2	2	91,9	97,2

nummer[1]) im Gewebe (ohne Berücksichtigung des Einwebens) errechnet sich nach der Formel

$$N_{\text{mitt.}} = \frac{n_k + n_s}{\frac{n_k}{N_k} + \frac{n_s}{N_s}}. \tag{8}$$

Über die relative Dichte einiger Gewebe gibt Tab. 2 Auskunft.

Von der relativen Dichte des Gewebes hängt der Anschlagwinkel und die Gestalt der Einzugslinie ab. Davon wird noch die Rede sein.

[1]) Die mittlere Garnnummer im Gewebe gibt an, welches Garn bei gleicher metrischer Nummer von Kette und Schuß verwendet werden müßte, um ein Gewebe (ohne Berücksichtigung des Einwebens) gleichen Quadratmetergewichts zu erhalten.
Die Formel für $N_{\text{mitt.}}$ erhält man, indem man die Länge aller Fäden (in einem 100 · 100-mm-Quadrat) $n_k + n_s$ durch das Gewicht aller dieser Fäden (Gewicht = Länge durch Nummer) $\frac{n_k}{N_k} + \frac{n_s}{N_s}$ dividiert.

4 Einstellungs- und Arbeitsparameter

4.1 Allgemeines

Die den Webprozeß beeinflussenden Parameter unterteilen sich in konstante und veränderliche.

Zu den *konstanten Parametern* gehören die durch die Stuhlkonstruktion bedingten wie Stellung des Brustverbinders, Amplitude (Bewegung) der Lade u. a.

Zu den *veränderlichen Parametern* gehören Stellung des Streichbaums und Kettfadenwächters, der Schäfte und der Breithalter und die dadurch bestimmte Einzugslinie, Größe des Fachumtritts, des Anschlagwinkels und Breite des Anschlagstreifens.

Die Stellung des *Brustverbinders* dient, da sie unveränderlich ist, als Bezugspunkt für andere Parameter.

Von den genannten Parametern sollen einige genauer definiert werden.

4.2 Anschlagstreifen und Größe des Fachumtritts

Das Blatt B (Abb. 3), das den zuletzt eingetragenen Schußfaden S_1 an den Geweberand anschlägt, kann — nachdem dieser Schußfaden an den vorhergehenden S_2, der den Geweberand bildet, angeschlagen ist — noch eine gewisse Strecke v, Anschlagstreifen (auch Vortuch) genannt, zurücklegen, bevor es seine äußerste Stellung M erreicht. Dabei bewegen sich die Schußfäden S_2 und S_3 usw. infolge des Blattanschlags ein wenig in Richtung auf den Brustverbinder, auf dem Bild also nach links.

Wenn die Lade aus der äußersten linken Stellung zurückgeht, bewegt sich der Schußfaden S_1 und einige ihm unmittelbar folgende in Richtung auf das Blatt (auf dem Bild also nach rechts vom äußersten Punkt M) und bilden so den Anschlagstreifen v.

Während des Anschlags erfolgt die Verschiebung der Fäden unter Einwirkung der vom Blatt B ausgeübten Kraft P. Diese Kraft kann in die in Richtung der Gewebebewegung wirkende Kraft P_1 und die auf den weniger gespannten Teil der Kettfäden wirkende Kraft P_2 zerlegt werden. Da der Schußfaden im Augenblick des Anschlags an den Geweberand unter Einwirkung dieser Kräfte steht, ist es verständlich, daß sich, bei verschiedenen Bindungen und bei wechselnder Einstellung des Webstuhls, die Breite v des Anschlagstreifens ändert.

Dabei sind die Deformationen der Schuß- und Kettfäden ebenfalls verschieden, und sie wirken bei der Bildung des Gewebes sowohl im statischen als auch im dynamischen Sinne aufeinander ein, wovon in Abschnitt 6 noch ausführlicher die Rede sein wird.

Damit der Schußfaden den erforderlichen Platz am Geweberand einnimmt, muß das Blatt ihn quer zu den Kettfäden verschieben. Wovon hängt nun die Möglichkeit einer Verschiebung des Schußfadens zwischen den Kettfäden in diesem Augenblick ab?

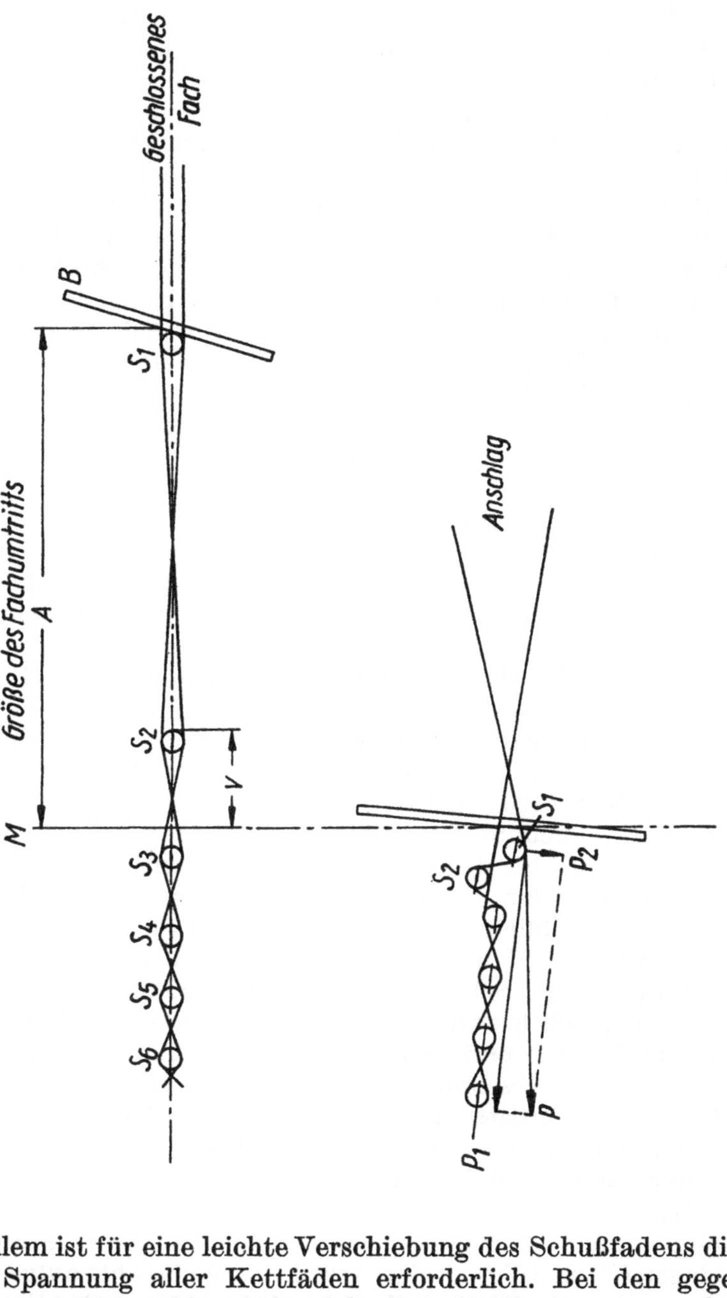

Abb. 3. Entstehung des Anschlagstreifens

Vor allem ist für eine leichte Verschiebung des Schußfadens die gleichmäßige Spannung aller Kettfäden erforderlich. Bei den gegenwärtig verwendeten Webstühlen läßt sich diese Bedingung nur schwer verwirklichen. Offensichtlich wird sich der Schußfaden bei einem sich bereits wieder öffnenden Fach (der Anschlag erfolgt in einem späteren

Zeitpunkt als die Fachschließung), wenn die Kettfäden stärker und gleichmäßiger gespannt sind, leichter verschieben lassen, da diese Kettfäden infolge der Spannung besser ausgerichtet sind und der Widerstand, dem die Schußfäden bei ihrer Bewegung infolge der ungleichmäßigen Struktur des Garns an einzelnen Stellen begegnen, kleiner ist. Bei einer ungleichmäßigen und ungenügenden Spannung der Kettfäden findet der Schußfaden an verschiedenen Stellen der Kette verschiedene Bedingungen für sein Gleiten vor und dort, wo die Spannung zu klein ist, wird sich der Schußfaden zwischen den Kettfäden einklemmen. Ein derart eingeklemmter Faden nimmt einen Teil der Kettfäden mit, so daß die Kettbaumbremse nur auf einen Teil der Kettfäden wirkt und die Spannung der Kettfäden an diesen Stellen ganz erheblich steigt, wodurch die Zahl der Fadenbrüche sich bedeutend erhöht.

Je größer die Unterschiede zwischen den Spannungen der einzelnen Kettfäden in diesem Zeitpunkt an verschiedenen Stellen des Anschlagstreifens sind, um so mehr kommt es zu den beschriebenen Erscheinungen. Ein deutlicher Beweis dafür, daß die Kettspannung bei Änderung der Schußdichte geändert werden muß, ist die Verschiebung der Kette in waagerechter Richtung beim Ansteigen der Schußdichte, was bei der Arbeit des Webstuhls mit bloßem Auge zu erkennen ist (das sogenannte Pauken).

Je früher der Fachumtritt erfolgt, um so kleiner ist die Breite des Anschlagstreifens; je später das Fach wechselt, um so kleiner und ungleichmäßiger ist die Gesamtspannung der Kettfäden beim Schußanschlag. Daher erreicht der Anschlagstreifen seine größte Breite, wenn die Größe des Fachumtritts gleich Null ist.

Die Größe des Fachumtritts ist beim Weben ganz allgemein von großer Bedeutung. Unter der Größe des Fachumtritts (auch Anschlag*strecke* genannt) wird der Weg (in mm) verstanden, den das Blatt vom Zeitpunkt der Fachschließung bis zum Anschlag (d. h. seiner vorderen Stellung) zurücklegt. Man webt „mit vertretenem Fach", um ein besseres Einbinden der Schußfäden zu erreichen, da die im neu aufspringenden Fach sich kreuzenden Kettfäden den Schuß fester an den Geweberand andrücken und sein Zurückgehen bei Rückgang der Lade verhindern, was in Abschnitt 6 ausführlicher besprochen ist. Der Zeitpunkt des Fachumtritts kann auch auf die Stellung der Kurbelwelle bezogen werden; die vordere Stellung der Lade entspricht dem Winkel 0° bzw. 360°, und der Fachumtritt findet gewöhnlich bei 290 bis 330° statt.

Zur Überprüfung und Bestätigung des Gesagten wurde die Breite des Anschlagstreifens während der Arbeit des Webstuhls aufgezeichnet. Hergestellt wurden Gewebe mit Leinwand-, Köper- und Atlasbindung mit verschiedener Einstellung des Streichbaums und mit verschieden großem Fachumtritt.

Über das dazu verwendete Gerät siehe Abschnitt 9.

Das Diagramm in Abb. 4 zeigt, wie sich die Breite des Anschlagstreifens in Abhängigkeit von der Größe des Fachumtritts und der Bindung ändert.

Aus diesem Diagramm ist ersichtlich, daß die Breite des Anschlagstreifens bei allen Bindungen ihren maximalen Wert erreicht, wenn der Fachumtritt den Wert Null hat, d. h. wenn die Fachschließung zeitlich mit dem Anschlag zusammenfällt; bei Vergrößerung des Fachumtritts geht die Breite des Anschlagstreifens zurück. Daraus kann ersehen werden, daß bei höherer Spannung der Kettfäden und insbesondere bei ausgeglichener Spannung der Kette der Anschlagstreifen schmaler wird. Die Spannung der Kettfäden kann jedoch nur bis zu einer bestimmten Grenze erhöht werden, da die Fäden sonst eine bleibende Deformation erleiden. Bei höherer Spannung können in der Kette während der Fachbildung und während des Anschlags des Schußfadens Fadenbrüche auftreten.

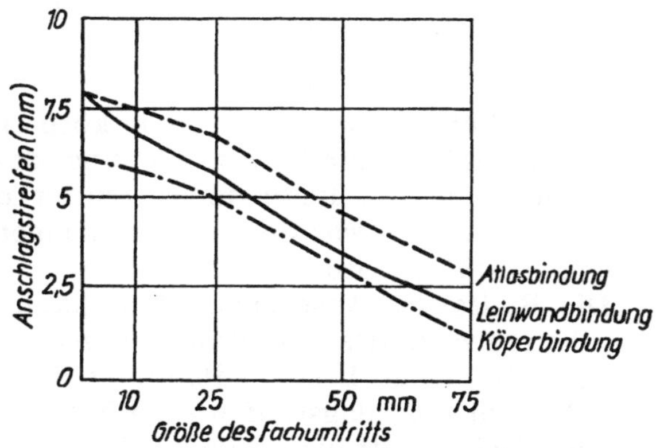

Abb. 4
Beziehung zwischen der Breite des Anschlagstreifens und der Größe des Fachumtritts

Durch Messung der Breite des Anschlagstreifens und der Fadenspannung sowie Beobachtung der Fadenbruchzahl kann man die optimale Größe des Fachumtritts bestimmen, bei der die Fadenbruchzahl zu einem Minimum wird.

Durch Versuche ist ermittelt worden, daß die Fadenbruchzahl den kleinsten Wert erreicht, wenn die Schußfäden im Anschlagstreifen während der Gewebebildung eine möglichst geringe Verschiebung erleiden.

Eine Verlagerung des Streichbaums in senkrechter Richtung in bezug auf den Brustverbinder ändert die Breite des Anschlagstreifens nur wenig (s. Tab. 3).

Wenn man beim Weben eines leinwandbindigen Gewebes den Streichbaum in bezug auf den Brustverbinder nach oben verschiebt, erhöht sich die Spannung der Kettfäden im Unterfach und die Spannung der Fäden im Oberfach verringert sich. Zu bedenken ist, daß durch die größere Differenz der Spannungen des Ober- und Unterfachs die Zahl der Kettfadenbrüche größer wird.

Tabelle 3
Breite des Anschlagstreifens in Abhängigkeit von der Lage des Streichbaums

Stellung des Streichbaums über (+) bzw. unter (—) dem Brustverbinder in mm	Breite des Anschlagstreifens in mm bei Geweben		
	mit Leinwandbindung Fachumtritt 50 mm	mit Atlasbindung Fachumtritt 25 mm	mit Köperbindung Fachumtritt 25 mm
0	3,5	—	—
+5	3,0	—	—
+15	2,5	—	—
—30	—	7	5,0
—50	—	6	4,5

Beim Weben von atlas- und körperbindigen Geweben wird der Anschlagstreifen durch Verschiebung des Streichbaums nach unten schmaler, und die Bedingungen, unter denen das Gewebe entsteht, werden günstiger, was durch die Verringerung der Zahl der Kettfadenbrüche bestätigt wird.

Die Breite des Anschlagstreifens kann auch durch den Drehwinkel der Kurbelwelle des Webstuhls ausgedrückt werden. Wenn der Fachumtritt bei einer Leinwandbindung die Größe von 50 mm hat, entspricht dem Anschlagstreifen ein Winkel von 10°, bei Atlasbindung und einem Fachumtritt von 25 mm ein Winkel von 15° und bei Körperbindung und einem Fachumtritt von ebenfalls 25 mm ein Winkel von 10°.

4.3 Die Einzugslinie

Die Stellung des Streichbaums, des Kettfadenwächters, der Schäfte und der Breithalter bestimmt die *Einzugslinie* [15—18] der Kette, die bei Exzenterwebstühlen und Webstühlen mit Geschlossenfach-Schaftmaschine durch das Mittelfach verläuft, während sie bei Offenfach-Schaftmaschinen im Tieffach (Unterfach) liegt. Die Einzugslinie ist durch eine Anzahl von Strecken und Winkeln festgelegt; sie besteht aus den geradlinigen Abschnitten „Brustverbinder-Geweberand", „Geweberand-Schaft", „Schaft-Kettfadenwächter" und „Kettfadenwächter-Streichbaum". Abb. 5 zeigt die Einzugslinie für einen Exzenterwebstuhl (leinwandbindiges Gewebe) und Abb. 6 für einen Webstuhl mit Offenfach-Schaftmaschine. Die vorkommenden Strecken und Winkel sind wie folgt bezeichnet:

Winkel

τ_g Winkel, den das Gewebe im Abschnitt Breithalter-Geweberand mit der Waagerechten bildet;

τ Winkel, den die Kette zwischen Geweberand und Litzenauge bei geschlossenem Fach mit der Waagerechten bildet;

ϱ Winkel zwischen den Kettfäden im Unterfach und der Waagerechten bzw. zwischen der Ladenbahn in hinterer Stellung der Lade und der Waagerechten. Die Neigung der Ladenbahn kann durch Verschiebung der Ladenachslager verändert werden;

λ bzw. μ } Winkel zwischen Kette bei Geschlossenfach und der Ebene des Schafts;

φ Winkel zwischen Schaftebene und der Senkrechten;

ω Anschlagwinkel, d. h. Winkel zwischen Gewebe und Blatt beim Anschlag. Dieser Winkel kann durch senkrechte Verschiebung der Breithalter und andere Stellung des Webeblatts in der Lade geändert werden;

ψ Winkel zwischen Blatt und Ladenbahn;

α Knick der Einzugslinie im Litzenauge im Mittelfach bzw. Winkel, den der Kettfaden bei Offenfach-Schaftmaschine im Unterfach bildet; über die Größe dieses Winkels siehe Tab. 4;

σ Winkel zwischen Kette bei Geschlossenfach und der Waagerechten im Abschnitt Litzenauge-Kettfadenwächter;

δ Winkel, den die Kette im Abschnitt Kettfadenwächter-Streichbaum mit der Waagerechten einschließt;

γ Ausschlagwinkel der Lade.

Die Winkel τ_g, τ und ϱ werden als *positiv* gerechnet, wenn sie von der Waagerechten nach *unten* gehen.

Die Winkel σ und δ sind *positiv*, wenn sie nach *oben* gerichtet sind.

Für die *Strecken* sind folgende Bezeichnungen angenommen:

q waagerechte Entfernung zwischen Brustverbinder und Geweberand;

q_b waagerechte Entfernung zwischen Breithalter und Geweberand;

v Breite des Anschlagstreifens;

a waagerechte Entfernung vom Geweberand bis Litzenauge;

b waagerechte Entfernung vom Litzenauge bis Mitte Kettfadenwächter;

c waagerechte Entfernung von Mitte Kettfadenwächter bis Streichbaum;

d waagerechte Entfernung vom Geweberand bis zum Blatt in hinterer Ladenstellung;

m_1 Höhenstellung des Breithalters hinsichtlich Brustverbinder;

m_2 Höhenstellung des Geweberandes hinsichtlich Brustverbinder;

s Höhenstellung des Litzenauges bei Mittelfach;

t Höhenstellung des Litzenauges im Unterfach;

H Höhe des Faches, d. h. senkrechte Bewegung des Litzenauges;

f Höhenstellung des Kettfadenwächters;

z Höhenstellung des Streichbaums (Oberkante);

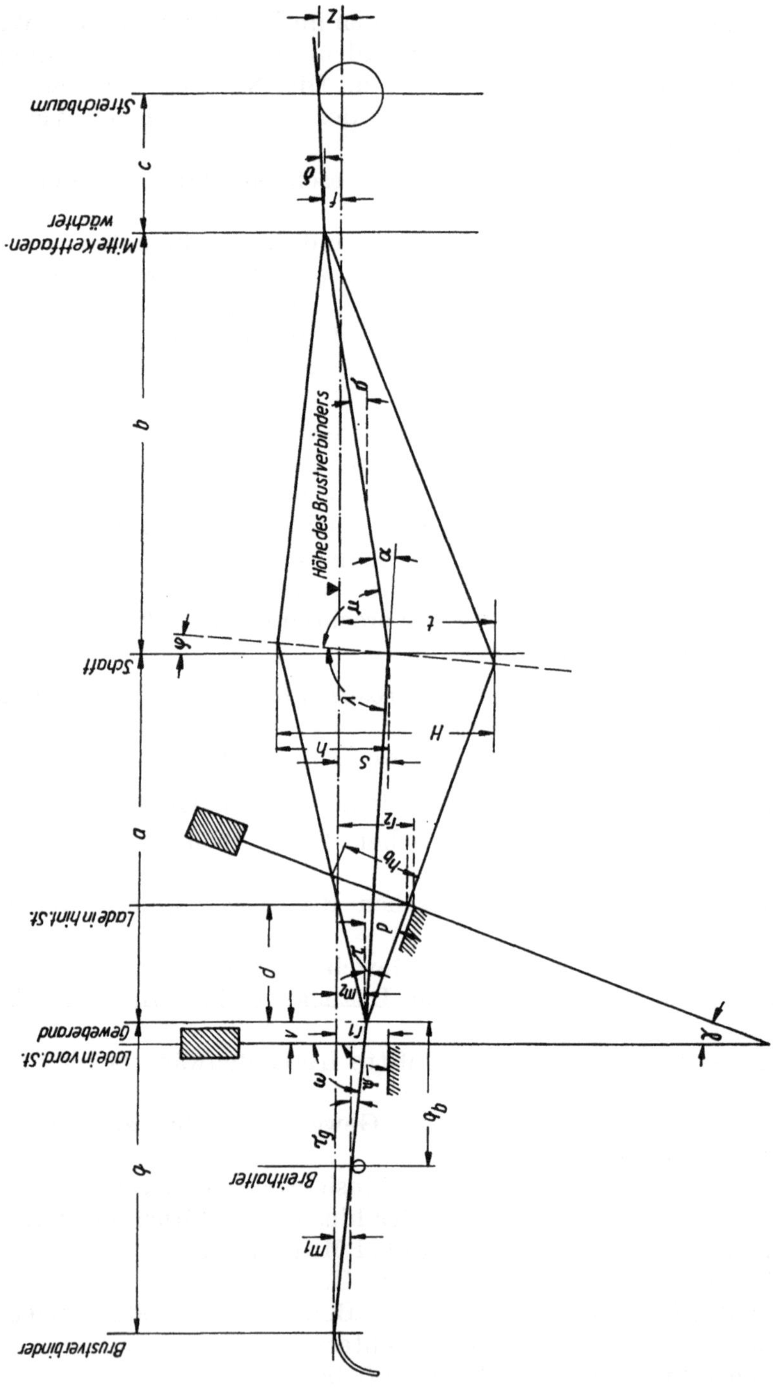

Abb. 5. Einzugslinie für Exzenterstuhl bzw. Geschlossenfachschaftmaschine

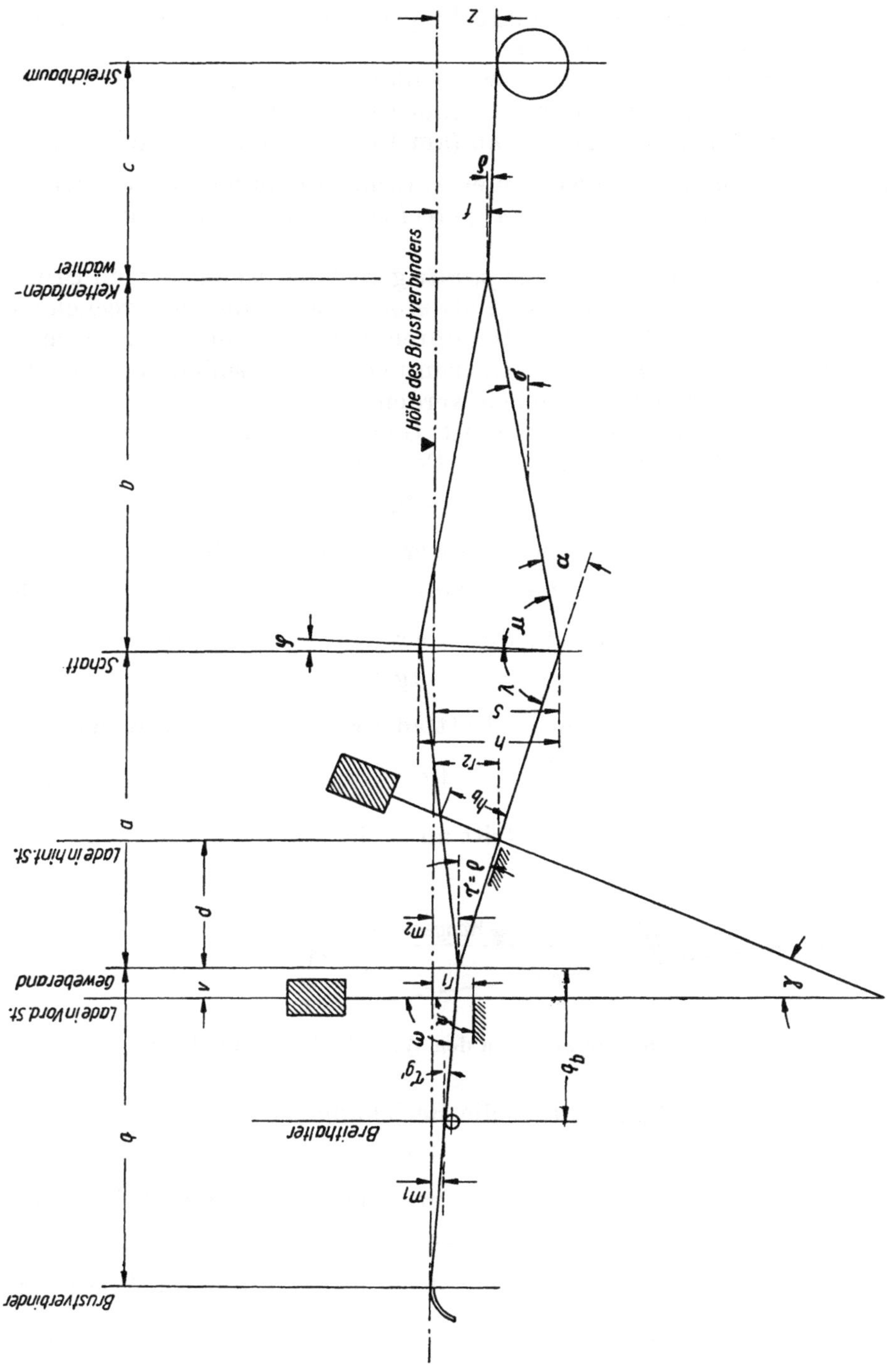

Abb. 6. Einzugslinie für Offenfach-Schaftmaschine

h Höhe des Oberfaches (senkrecht gemessen). Bei einer Offenfach-Schaftmaschine ist $h = H$;

h_b ist die Fachhöhe unmittelbar am Blatt gemessen;

r_1 Höhenstellung der Ladenbahn (am Blatt) in vorderer Stellung;

r_2 Höhenstellung der Ladenbahn (am Blatt) in hinterer Stellung.

Die Strecken *a*, *b*, *s*, *t*, *h* werden entsprechend dem Schaft, auf den sie sich beziehen, mit Indizes 1 bis *n* (gerechnet vom Brustverbinder aus) versehen;

die Strecken *f* und *z* werden als *positiv* gerechnet, wenn sie vom Brustverbinder nach *oben* verlaufen und als *negativ*, wenn die entsprechenden Punkte *unterhalb* der Waagerechten durch den Brustverbinder liegen.

Für die Bestimmung einiger Strecken und Winkel sollen nachstehend die Berechnungsformeln angegeben werden.

Die Lage der Kette im Abschnitt Geweberand-Litzenauge bei geschlossenem Fach ergibt sich aus der Formel:

$$s - m_2 = a \operatorname{tg} \tau .$$

Die Stellung des Kettfadenwächters ergibt sich aus der Formel

$$f = b \operatorname{tg} \sigma - s. \tag{9}$$

Für die Höhe des Streichbaums über dem Brustverbinder gilt die Formel:

$$z = f + c \cdot \operatorname{tg} \delta \tag{10}$$

oder, wenn die Einzugslinie im Kettfadenwächter keinen Knick aufweist:

$$\frac{z + s}{b + c} = \operatorname{tg} \sigma \tag{11}$$

(bei Offenfach-Schaftmaschinen tritt an Stelle von *s* die Größe *t*).

Abb. 7. Beziehung zwischen den Winkeln der Einzugslinie

Zwischen den Winkeln besteht die Beziehung (s. Abb. 7)

$$\alpha = \sigma + \tau \tag{12}$$

oder, wenn die Einzugslinie im Unterfach liegt (Offenfach-Schaftmaschine)

$$\alpha = \sigma + \varrho . \tag{13}$$

Der Winkel λ zwischen der Schaftebene und der Kette bei geschlossenem Fach ist

$$\lambda = \mu = \frac{180^\circ - \alpha}{2} = 90^\circ - \frac{\alpha}{2}, \tag{14}$$

und die Abweichung der Schaftebene von der Senkrechten ist

$$\varphi = \tau + \lambda - 90° = \tau - \frac{\alpha}{2} = \frac{\tau - \sigma}{2}. \tag{15}$$

Die Kettfäden zwischen Schaft und Geweberand liegen für alle Schäfte in einer Ebene, so daß der Winkel τ für alle Schäfte stets der gleiche ist. Die Winkel α und σ sind jedoch für die weiter hinten gelegenen Schäfte etwas größer; sie errechnen sich aus den Formeln

$$\operatorname{tg} \sigma_n = \frac{s_n + f}{b_n}, \quad \alpha_n = \tau + \sigma_n. \tag{16}$$

Der Winkel α_n kann annähernd aus der Formel

$$\alpha_n = \frac{b_1}{b_n} \cdot \alpha_1 \tag{17}$$

berechnet werden.

Wie bereits erwähnt, stehen die Einzugs- und Arbeitsparameter in Beziehung zur Gewebedichte. Über die vom Wissenschaftlichen Forschungsinstitut für Textilindustrie zu Iwanowo empfohlenen Werte für ω und α siehe Tab. 4 im Abschnitt 4.6.

4.4 Die Stellung des Streichbaums

Bei der Herstellung von Geweben mit Leinwand-, Köper- und Atlasbindung wird der Streichbaum hinsichtlich des Brustverbinders verschieden hoch eingestellt. Die verschieden hohe Lage des Streichbaums bezweckt eine Herabsetzung der Kettfadenbrüche und bessere Bedingungen für den Webprozeß durch entsprechende unterschiedliche Spannung der Fäden im Oberfach und Unterfach. Bei leinwandbindigen Geweben hängt das Aussehen des Rohgewebes von der Streichbaumlage ab.

Man unterscheidet drei Arten der Streichbaumstellung hinsichtlich des Brustverbinders:

1. Streichbaum höher als Brustverbinder;
2. Streichbaum in gleicher Höhe wie Brustverbinder;
3. Streichbaum tiefer als Brustverbinder.

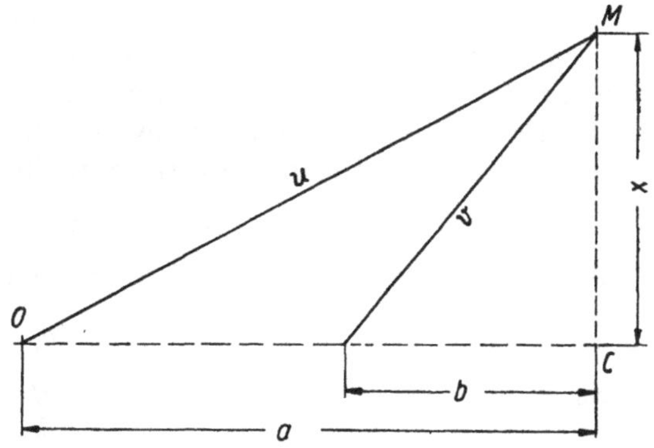

Abb. 8. Skizze für einen geometrischen Satz (I)

Bevor der Einfluß der Streichbaumlage auf die Spannungsverhältnisse der Fäden bei offenem und geschlossenem Fach ermittelt wird, sollen zwei rein geometrische Fragen geklärt werden.

I. Wie ändert sich die Differenz $z = u - v$, wenn sich der Punkt M auf der Senkrechten über C verschiebt (Abb. 8)?

Es ist $z = u - v = \sqrt{x^2 + a^2} - \sqrt{x^2 + b^2}$. Die Ableitung dieser Funktion ist:

$$\frac{dz}{dx} = \frac{x}{\sqrt{x^2 + a^2}} - \frac{x}{\sqrt{x^2 + b^2}}.$$

Da $a > b$ ist, ist der erste Bruch stets kleiner als der zweite und $\frac{dz}{dx}$ ist negativ. Also wird $z = u - v$ *mit wachsendem x immer kleiner.* Für $x \to \infty$ ist $z \to 0$.

II. Wie ändert sich die Differenz $z = u - v$, wenn der Punkt M sich auf der Waagerechten parallel zu OC nach rechts verschiebt (Abb. 9)?

Es ist $z = u - v = \sqrt{h^2 + (a + x)^2} - \sqrt{h^2 + x^2}$

$$\frac{dz}{dx} = \frac{a + x}{\sqrt{h^2 + (a + x)^2}} - \frac{x}{\sqrt{h^2 + x^2}} = \frac{\sqrt{(a + x)^2 h^2 + (a + x)^2 x^2} - \sqrt{x^2 h^2 + (a + x)^2 x^2}}{\sqrt{[h^2 + (a + x)^2] \cdot (h^2 + x^2)}}$$

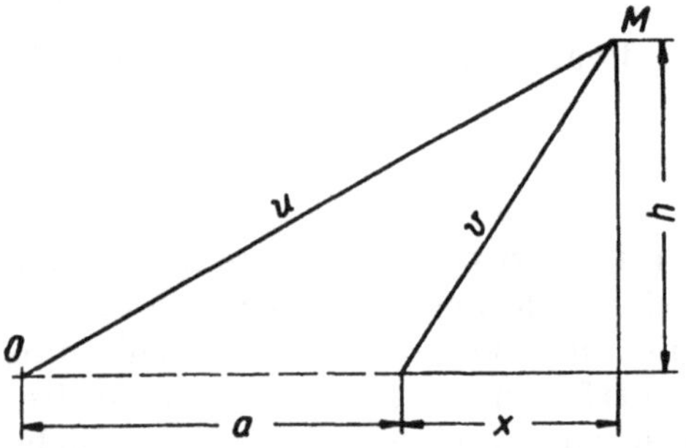

Abb. 9. Skizze für einen geometrischen Satz (II)

Die beiden Wurzeln im Zähler unterscheiden sich nur in bezug auf das erste Glied, das bei der ersten Wurzel $(a + x)$ und bei der zweiten x ist. Da $a + x > x$ ist, ist die erste Wurzel im Zähler größer als die zweite; der Nenner ist positiv und somit ist $\frac{dz}{dx} > 0$, d. h. $z = u - v$ *wächst mit wachsendem x.*

Jetzt sollen die bei der Fachbildung auftretenden Längenänderungen der Kette untersucht werden:

1. Welche Veränderungen gehen *im Oberfach* vor, wenn der Streichbaum *höher* gelegt wird, und zwar von S_1 nach S_2 (Abb. 10)?

Die Fadenlänge zwischen Geweberand W und Streichbaum S_1 ändert sich infolge Fachbildung um die Strecke

$$z_1 = p_1 + q_1 - l_1.$$

Wenn der Streichbaum in S_2 liegt, beträgt diese Längenänderung

$$z_2 = p_1 + q_2 - l_2.$$

Es ist
$$q_1 > q_2$$
$$l_1 < l_2.$$

Somit ist
$$q - l_1 > q_2 - l_2$$

und
$$p_1 + q_1 - l_1 > p_1 + q_2 - l_2,$$

d. h.
$$z_1 > z_2.$$

Wenn der Streichbaum in senkrechter Richtung, und zwar im gleichen Sinne wie die Fachbildung, verschoben wird, wird der Längenzuwachs und somit die Garnspannung bei der Fachbildung kleiner.

2. Welche Längenänderungen treten im Oberfach auf, wenn der Streichbaum *tiefer* (von S_1 nach S_2) gelegt wird (Abb. 11)?

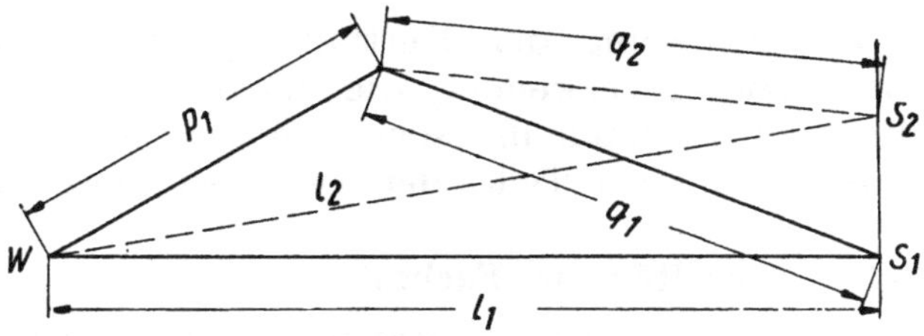

Abb. 10. Längenänderungen bei Verschiebung des Streichbaums nach oben

Es ist $z_1 = p_1 + q_1 - l_1$,
$z_2 = p_1 + q_2 - l_2$.

Es ist

$q_2 - q_1 > r_2 - r_1$ ($F \to W' \perp \overline{S_2S_1}$ — erster oben abgeleiteter Satz),
$r_2 - r_1 > l_2 - l_1$ ($W \to W' \parallel \overline{S_2S_1}$ — zweiter oben abgeleiteter Satz).

Folglich ist
$$q_2 - q_1 > l_2 - l_1,$$
$$q_1 - l_1 < q_2 - l_2,$$
und
$$p_1 + q_1 - l_1 < p_1 + q_2 - l_2,$$
$$z_1 < z_2.$$

Wenn der Streichbaum in senkrechter Richtung entgegengesetzt zur Fachbildung verschoben wird, wird der Längenzuwachs bei der Fachbildung und dadurch auch die Kettspannung größer.

Daraus ergibt sich allgemein:

Eine Verlagerung des Streichbaums senkrecht nach oben verringert die Fadenspannung im Oberfach und erhöht die Fadenspannung im Unterfach.

Eine Verlagerung des Streichbaums senkrecht nach unten erhöht die Fadenspannung im Oberfach und verringert die Fadenspannung im Unterfach.

Liegt der Streichbaum auf gleicher Höhe wie der Brustverbinder, so erfahren Oberfach und Unterfach unter sonst gleichen Bedingungen gleiche Spannungen.

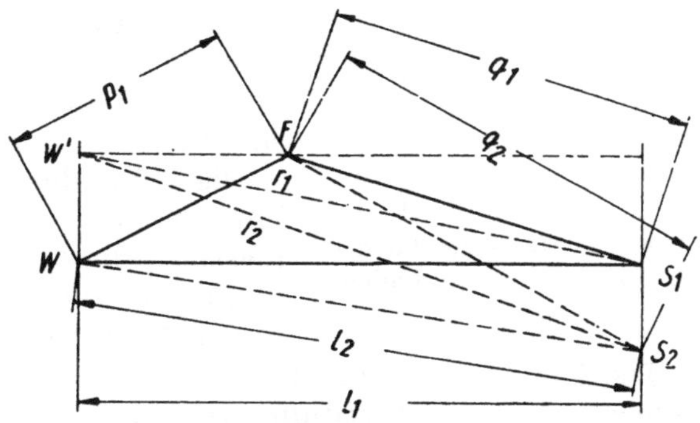

Abb. 11. Längenänderungen bei Verschiebung des Streichbaums nach unten

Um die Spannung der Kette auszugleichen und sie bei der Fachbildung zu verringern, verwendet man bei Webstühlen, die leinwandbindige Gewebe herstellen, manchmal einen zweiten Streichriegel. Dieser Riegel liegt auf der Kette auf, etwas tiefer als der Streichbaum, und ist mit den Ladenstützen durch Federn verbunden. Wenn die Lade sich dem Geweberand nähert, spannen sich die Federn und der Riegel drückt auf die Kette, wodurch ihre Spannungsverringerung ausgeglichen wird. Wenn die Lade zurückgeht, gibt der Riegel die Kette wieder frei.

Zur Änderung der Kettfadenspannung werden auch exzentrische Streichriegel verwendet, die bei der Fachbildung die Kette lockern. Bekannt ist auch die sogenannte *Fadenkreuzwalke* für Spannen und Nachlassen eines Teiles der Kette bei Geweben mit hoher Schußdichte.

4.5 Die Höhe des Faches

Das Fach muß so bemessen sein, daß der normale Flug des Schützen im Fach gewährleistet ist.

Bei einem hohen Fach sind die Kettfäden einer erhöhten Spannung ausgesetzt, bei einem zu niedrigen Fach wird der Schützen von den Kettfäden festgehalten und die Gewebekanten können leicht beschädigt werden. Der Schützen kann im Fach auch dann steckenbleiben, wenn der Schlag zu früh oder zu spät einsetzt.

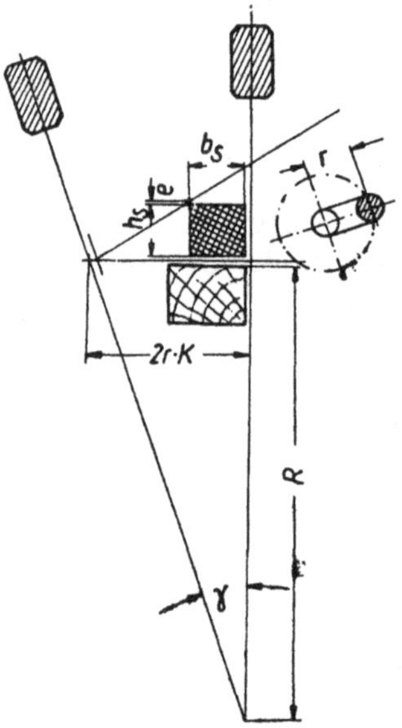

Abb. 12. Höhe des Faches am Blatt in hinterer Ladenstellung

Von der Höhe des Fachs hängt im wesentlichen die Spannung der Kettfäden bei der Fachbildung und die Reibungsstrecke der Fäden in den Litzenaugen ab.

Abb. 12 zeigt die Stellung des Schützen im Fach bei der hinteren Stellung der Kurbelwelle und Lade.

Wenn die Lade sich in hinterer Stellung befindet, müssen die Fäden des Oberfachs von der vordersten Kante des Schützen 1 bis 2 mm entfernt sein und das Unterfach muß 1 bis 2 mm über der Ladenbahn liegen, ohne sie zu berühren.

Die Höhe des Faches wird bei hinterer Stellung der Kurbelwelle mit Hilfe einer Lehre gemessen. Dabei muß sie bei allen Schaftstellungen sowohl an der rechten als auch an der linken Kante der Kette stets die gleiche sein.

Die Höhe des Faches am Blatt h_b in hinterer Ladenstellung kann aus folgender Formel bestimmt werden:

$$h_b = (h_s + e) \cdot \frac{R \operatorname{tg} \gamma}{R \operatorname{tg} \gamma - b_s} = (h_s + e) \frac{2\,r K}{2\,r K - b_s}. \tag{18}$$

Hier bedeuten:

r Halbmesser der Kurbel (Kröpfung) der Kurbelwelle;

h_s Höhe der vorderen Schützenwand;

b_s Breite der Schützenbasis;
e senkrechter Abstand des Oberfachs von der vorderen Schützenkante (1 bis 2 mm);
γ Ausschlagwinkel der Lade;
R Entfernung von Ladenachse bis Ladenbahn;
K Koeffizient, der das Verhältnis der vom Pleuelbolzen zurückgelegten Strecke und von der Oberkante des Ladenbalkens zurückgelegten Strecke berücksichtigt;
$2rK$ ist angenähert der Ladenausschlag.

Bei Exzenterstühlen muß vor der Bestimmung der Einstellungsparameter das Profil und die Größe der Exzenter ermittelt werden, von der die Höhe des Faches abhängt.

Das Profil eines eingebauten Exzenters läßt sich mit Hilfe eines Pappstückes annähernd ermitteln, in dem man in der Mitte eine Öffnung, die der Exzenterwelle entspricht, herausschneidet, das Blatt bis zur Mitte durchschneidet, auf die Welle setzt und das Exzenterprofil nachzeichnet.

4.6 Der Anschlagwinkel

Der Anschlagwinkel ω wird durch die Gewebeebene und das Blatt im Augenblick des Anschlags gebildet. Seine Größe muß der Art des Gewebes entsprechen. Dieser Winkel ist häufig ein rechter, bei dichten Geweben, insbesondere solchen für technische Zwecke, ist er kleiner, dadurch werden die Fäden im Ober- und Unterfach verschieden stark gespannt und die Gewebebildung erleichtert.

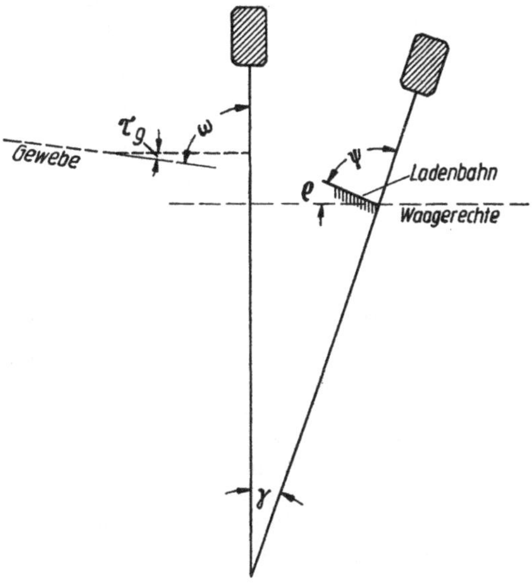

Abb. 13. Beziehung der Winkel an der Lade

Die Größe des Anschlagwinkels steht in Beziehung zu den übrigen Parametern der Einzugslinie. Es ist

$$\omega + \tau_g + 180° - (\psi + \varrho) + \gamma = 180°$$

oder

$$\omega + \tau_g + \gamma = \psi + \varrho. \quad (19)$$

Da die Winkel γ, ψ und ϱ meistens feststehen, kann bei vorgegebenem Anschlagwinkel ω der Winkel τ_g zwischen dem Gewebe und der Waagerechten ermittelt werden.

Der Anschlagwinkel steht auch in Beziehung zum Winkel 2β, den das Fach im Augenblick des Anschlags bildet, wenn mit vertretenem Fach gearbeitet wird. NOWIKOW [19] gibt für die Grenzen, in denen der

Anschlagwinkel liegen muß, die Formel

$$\omega_{gr} = (90^\circ - \tau_g) \pm \beta \tag{20}$$

an. Bei stärker gespanntem Oberfach gilt das (+)-Zeichen, bei stärker gespanntem Unterfach das (—)-Zeichen. Als optimalen Wert auf Grund von Versuchen empfiehlt Nowikow

$$\omega = 90^\circ - \frac{\tau_g + \beta}{2}. \tag{21}$$

Das Wissenschaftliche Forschungsinstitut für Textilindustrie zu Iwanowo empfiehlt folgende Werte für den Anschlagswinkel ω und für den Knick der Einzugslinie im Litzenauge, d. h. den Winkel α je nach der relativen Dichte des Gewebes.

Tabelle 4. Anschlagwinkel ω und Knick der Einzugslinie α je nach Gewebedichte (für Unterschlagstühle) nach Untersuchungen des Wissenschaftlichen Forschungsinstituts für Textilindustrie zu Iwanowo

Gewebegruppe	Relative Gewebedichte in Prozent	Winkel in Grad	
		α	ω
	Exzenterstühle		
1	97 und höher	7—8	72
2	95—96,9	5—6	74
3	90—94,9	3—4	76
4	85—89,9	1—2	87
5	unter 85	0	87
	Webstühle mit Offenfach-Schaftmaschine		
1	95 und höher	10,5—10	72
2	85,1—94,9	12 —11	75—80
3	unter 85	13 —12,5	85—87

4.7 Längenänderungen und Verschiebungen bei der Fachbildung

Bei der Berechnung der durch die Fachbildung verursachten Längenänderung und Dehnung sowie der Größe der Reibungsstrecke benutzen Wlassow und Rosanow stets den Cosinussatz, der eine langwierige Rechnung ergibt und die Verwendung des Rechenschiebers ausschließt, da hierbei von drei- bis fünfstelligen Zahlen Quadrate berechnet und Wurzeln aus ihnen gezogen werden müssen. Daher sind alle im Original vorkommenden derartigen Formeln und Berechnungen durch Näherungsverfahren ersetzt, die ein leichtes und schnelles Rechnen gestatten und eine für die Praxis voll ausreichende Genauigkeit ergeben.

Während der Fachbildung muß sich die Länge der Kettfäden zwischen Warenrand und Kettfadenwächter ändern, wobei diese Längenänderungen im Vorderfach und Hinterfach bzw. im Oberfach und Unterfach verschieden sind. Sie hängen von der Gestalt der Einzugslinie, der Fachhöhe usw. ab [20, 21].

Die Längenänderungen sollen erst am einfachsten Beispiel besprochen werden, und zwar wird angenommen, daß die Einzugslinie eine Waagerechte ist und die Schaftebene senkrecht auf ihr steht (Abb. 14). Die hier verwendeten Bezeichnungen entsprechen denen in Abb. 5. Es bedeutet also a bzw. b die Länge des Fadens im geschlossenen Vorder- bzw. Hinterfach, a' bzw. b' die entsprechenden Längen bei geöffnetem Fach; h ist die halbe Fachhöhe, d. h. die Sprunghöhe vom Mittelfach ins Ober- bzw. Unterfach.

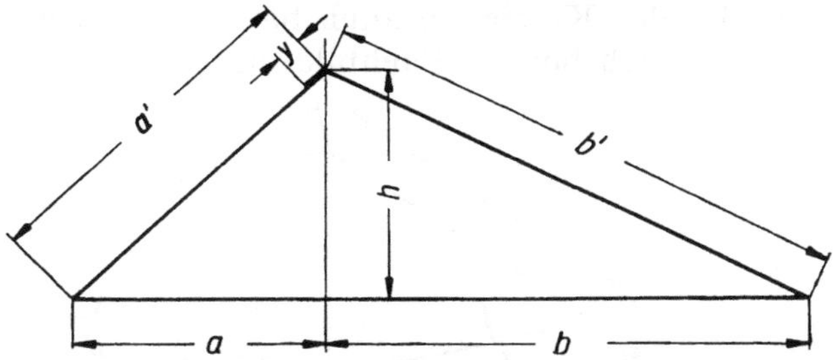

Abb. 14. Längenänderungen und Reibungsstrecke bei geradliniger Einzugslinie

Die Längenänderungen Δa und Δb ergeben sich aus den Formeln

$$\Delta a = a' - a = \sqrt{a^2 + h^2} - a = a\left[\sqrt{1 + \left(\frac{h}{a}\right)^2} - 1\right],$$

$$\Delta b = b' - b = \sqrt{b^2 + h^2} - b = b\left[\sqrt{1 + \left(\frac{h}{b}\right)^2} - 1\right].$$

In der Praxis ist das Verhältnis zwischen Fachhöhe und Fachlänge meistens unter 1 : 4, so daß $\frac{h}{a} \leq \frac{1}{4}$ und $\left(\frac{h}{a}\right)^2 \leq 0{,}0625$ ist. Daher kann man in erster Näherung

$$\sqrt{1 + \left(\frac{h}{a}\right)^2} \approx 1 + \frac{1}{2}\left(\frac{h}{a}\right)^2 = 1 + \frac{h^2}{2a^2} \tag{22}$$

setzen. So ist z. B. $\sqrt{1 + \left(\frac{1}{4}\right)^2} = 1{,}03077\ldots$, während die Näherungsformel $1 + \frac{1}{2} \cdot 0{,}0625 = 1{,}03125$ ergibt, der Fehler beträgt in diesem Fall also 0,047% und ist bei kleinerem Verhältnis zwischen Fachhöhe und Fachlänge noch kleiner.

Es ist also

$$\Delta a = \frac{h^2}{2a} \text{ und } \Delta b = \frac{h^2}{2b}$$

und der gesamte Längenzuwachs

$$\Delta L = \frac{h^2}{2}\left[\frac{1}{a} + \frac{1}{b}\right] = \frac{h^2}{2} \cdot \frac{a + b}{ab}. \tag{23}$$

Der Längenzuwachs und damit die Fadendehnung nimmt also mit dem Quadrat der Fachhöhe zu, und daher ist es erstrebenswert, die Fachhöhe so niedrig wie möglich zu halten. Bei konstantem Wert von

$(a + b)$ ist ΔL umgekehrt proportional dem Produkt ab und ist somit am kleinsten, wenn $a = b$ ist[1]).

Bildet der Kettfaden auch bei Geschlossenfach eine geknickte Linie, so ergibt sich bei der Fachbildung folgende Längenänderung (Abb. 15):

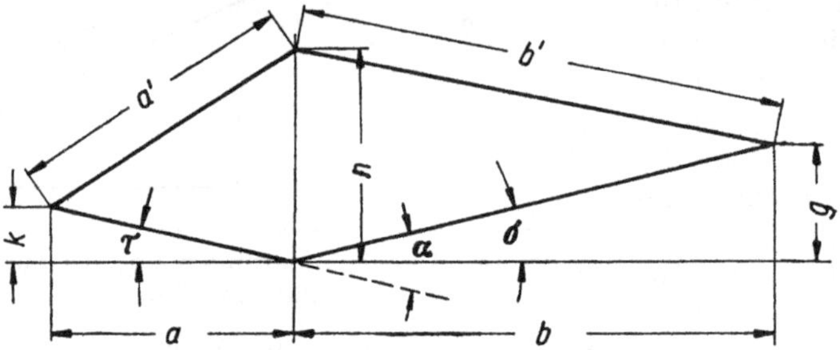

Abb. 15. Längenänderungen bei geknickter Einzugslinie

Die Längenänderung im Vorderfach ist

$$\left.\begin{aligned} \Delta a &= \sqrt{a^2 + (h-k)^2} - \sqrt{a^2 + k^2} \approx \frac{h(h-2k)}{2a}, \\ \Delta b &= \sqrt{b^2 + (h-g)^2} - \sqrt{b^2 + g^2} \approx \frac{h(h-2g)}{2b}. \end{aligned}\right\} \quad (24)$$

Gemäß Abb. 5 ist

$$k = s - m_2 = a \operatorname{tg} \tau,$$
$$g = s - f \quad = b \operatorname{tg} \sigma.$$

Die gesamte Längenänderung ist dann

$$\Delta L = \frac{h}{2}\left[\frac{h-2k}{a} + \frac{h-2g}{b}\right] = \frac{h^2}{2} \cdot \frac{a+b}{ab} - h\,(\operatorname{tg}\tau + \operatorname{tg}\sigma). \quad (25)$$

Wenn die Einzugslinie, wie es meistens der Fall ist, nur wenig geknickt ist und die Winkel τ und σ etwa 3 bis 5° betragen, kann man Formel (25) vereinfachen, indem man $\operatorname{tg}\tau + \operatorname{tg}\sigma = \operatorname{tg}(\tau + \sigma) = \operatorname{tg}\alpha$ setzt. Es ist dann

$$\Delta L = \frac{h^2}{2} \cdot \frac{a+b}{ab} - h \operatorname{tg} \alpha. \quad (26)$$

---

[1]) Das ergibt sich aus folgender Rechnung: L wird zum Minimum, wenn der Faktor $a \cdot b$ im Nenner zum Maximum wird. Da $a + b = l =$ const ist, wird das Produkt $P = a \cdot b = a(l - a)$ einen extremen Wert dort erreichen, wo der 1. Differentialquotient $\frac{dP}{da} = l - 2a$ gleich Null wird. Daraus ergibt sich

$$a = \frac{l}{2} \text{ und } b = \frac{l}{2}.$$

Daß es sich hier um ein Maximum handelt, erkennt man daran, daß die 2. Ableitung

$$\frac{d^2 P}{da^2} = -2, \quad \text{d. h.} < O$$

ist.

Handelt es sich um das Unterfach und nicht um das Oberfach, so treten die Größen k und g mit umgekehrtem Vorzeichen auf. Allgemein ist

$$\Delta L = \frac{h^2}{2} \cdot \frac{a+b}{ab} \mp h \operatorname{tg} \alpha, \tag{27}$$

d. h. die Längenänderung unterscheidet sich vom Fall der geraden Einzugslinie (Formel 23) um den Wert $h \cdot \operatorname{tg} \alpha$.

Es ist leicht zu erkennen, daß ein Knick der Einzugslinie die Längenänderungen und damit die Fadenspannung im Oberfach verringert, im Unterfach dagegen vergrößert.

Die Fadendehnung ist im kürzeren Teil der Kette, also meistens im Vorderfach, größer und würde dort stärkere Spannungen hervorrufen, wenn der Kettfaden nicht im Litzenauge gleiten würde. Bei diesem Spannungsausgleich verschiebt sich der Faden unter Reibung um eine Strecke, die als *Reibungsstrecke* y des Fadens im Litzenauge bezeichnet werden soll. Die Reibungsstrecke hängt vom Verhältnis der Vorderfach- und Hinterfachlänge sowie von der Gestalt der Einzugslinie ab [22], [23].

Die Größe der Reibungsstrecke berechnet sich wie folgt:

1. Fall. Die Einzugslinie ist eine Gerade (s. Abb. 14).

Der Faden im Litzenauge verschiebt sich um das Stück y derart, daß die Spannungen im Vorder- und Hinterfach und somit die relativen Dehnungen gleich werden. Die relative Dehnung ist aber „Längenzuwachs : ursprüngliche Länge". Es ist also (unter der Bedingung, daß $a < b$ ist)

$$(\Delta a - y) : a = (\Delta b + y) : b,$$

$$y = \frac{ab}{a+b}\left[\sqrt{1+\left(\frac{h}{a}\right)^2} - \sqrt{1+\left(\frac{h}{b}\right)^2}\right].$$

Unter Benutzung der Näherungsformeln ist

$$y = \frac{h^2}{2} \cdot \frac{b-a}{ab}. \tag{28}$$

2. Fall. Die Einzugslinie ist gebrochen (s. Abb. 15).

Analog dem 1. Fall ist

$$(\Delta a - y) : a = (\Delta b + y) : b.$$

Zur Vereinfachung werden hier die Dehnungen auf a und b und nicht auf $\sqrt{a^2 + k^2}$ bzw. $\sqrt{b^2 + g^2}$ bezogen. Der dadurch entstehende Fehler gleicht sich auf beiden Seiten im wesentlichen aus. Wenn für Δa und Δb die früher abgeleiteten Werte eingesetzt werden, ergibt sich

$$y = \frac{h}{2\,(a+b)}\left[\frac{b}{a}\,(h - 2k) - \frac{a}{b}\,(h - 2g)\right] \tag{29}$$

oder

$$y = \frac{h^2}{2} \cdot \frac{(b-a)}{ab} \mp \frac{h}{(a+b)}\,[b \operatorname{tg} \tau - a \operatorname{tg} \sigma]. \tag{30}$$

Hier ist das nach dem (—)- bzw. (+)-Zeichen stehende Glied die Korrektur gegenüber dem 1. Fall, wobei das (—)-Zeichen für das Oberfach und das (+)-Zeichen für das Unterfach gilt, wenn das Litzenauge

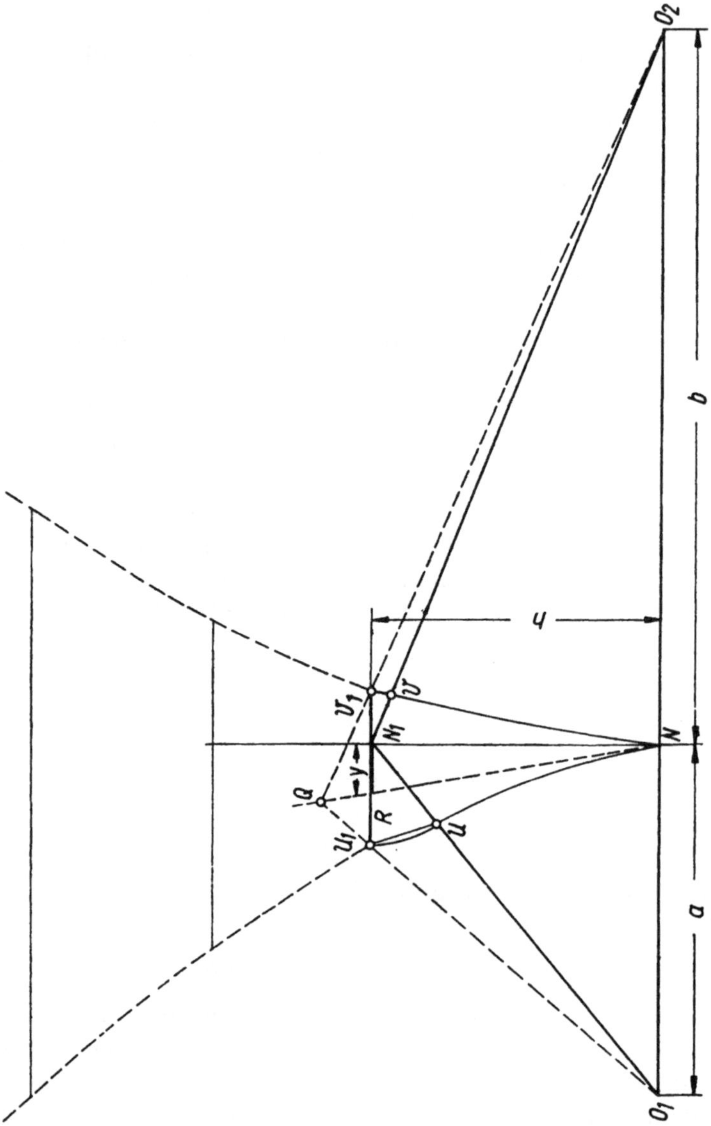

Abb. 16. Graphische Ermittlung der Längenänderungen und der Reibungsstrecke

im Mittelfach tiefer als die Verbindungsgerade von Geweberand und Streichbaum liegt.

Wenn bei der Fachbildung zur Verringerung der Spannung Kette nachgeliefert wird (durch einen Schwingbaum oder eine andere Vorrichtung), und zwar das Stück w, ergibt sich für die Berechnung der Reibungsstrecke der Ansatz

$$(\Delta a - y) : a = (\Delta b + y - w) : b,$$

woraus
$$y = \frac{h^2}{2} \cdot \frac{(b - a)}{ab} + w \cdot \frac{a}{a + b} \tag{31}$$

folgt. Die zusätzliche Kettenlänge w verteilt sich auf Vorder- und Hinterfach, und die Reibungsstrecke wird um den auf das Vorderfach entfallenden Anteil größer.

Bei der Ableitung aller dieser Formeln wurde stillschweigend vorausgesetzt, daß die Schäfte sich in einer senkrechten Ebene bewegen, d. h., daß der Winkel $\varphi = 0$ ist. Diese Vereinfachung ist berechtigt, da φ stets einen kleinen Wert hat. Laut Formel (15) ist $\varphi = \frac{\tau - \sigma}{2}$. Bei $\tau = 4°$ und $\sigma = 6°$ ist $\varphi = -1°$. Der Scheitelpunkt des Kettfadens bei der Fachbildung verschiebt sich also gegenüber der abgeleiteten Formel um einige Zehntel Millimeter, höchstens um 1—2 mm; der gesamte Längenzuwachs verändert sich so gut wie nicht. Ist φ größer als 1°, wird die Reibungsstrecke y dadurch beeinflußt. Die Korrektur für y nach Formel (28) bzw. (29) oder (30) beträgt $\Delta y = h \cdot \operatorname{tg} \varphi = h \cdot \operatorname{tg} \left(\frac{\tau - \sigma}{2}\right)$ und ist bei vorwärts geneigtem Schaft im Oberfach negativ und im Unterfach positiv.

Die Verschiebung des Fadens im Litzenauge kann auch graphisch veranschaulicht werden, obwohl dieses Verfahren bei der relativ geringen Höhe des Faches gegenüber seiner Länge für die praktische Berechnung nicht brauchbar ist.

Man schlage (Abb. 16) um die Punkte O_1 und O_2 Kreisbögen mit den Halbmessern a und b, so erhält man die Punkte U und V. Die beiden Abschnitte $\overline{UN_1}$ und $\overline{VN_1}$ werden um N_1 in die Waagerechte geklappt. Dann entspricht die Gerade $\overline{U_1V_1}$ der gesamten Fadendehnung bei der Fachbildung. Die Gesamtdehnung wird proportional den Fachlängen a und b geteilt; dazu wird das Dreieck O_1QO_2 gezeichnet und Q mit N verbunden. Der Punkt R teilt die Strecke $\overline{U_1V_1}$ derart, daß die Strecke $\overline{RN_1}$ der Reibungsstrecke y entspricht. Wenn die Fachhöhe wechselt, zeichnen die Punkte U_1 und V_1 gleichseitige Hyperbeln. Eine solche Konstruktion läßt sich auch bei gebrochener Einzugslinie vornehmen.

4.8 Beispiele für die Berechnung der Einzugslinie

Es sollen die Einzugslinie und die Parameter für einige Gewebe berechnet werden.

I. Diagonal, Art. Nr. 371; 72 cm breit.

Kette: Nm 24, 287 Fäden/10 cm; Bedeckungsgrad $B_k = 73{,}8\,\%$
Schuß: Nm 20, 204 Fäden/10 cm; Bedeckungsgrad $B_s = 57{,}5\,\%$
$B_f = 88{,}8\,\%$.

Bindung: Köper; Webstuhl mit Offenfach-Schaftmaschine; das Gewebe gehört seiner Dichte nach zur ersten Gruppe.

Am Webstuhl wurden folgende Größen ermittelt:

Knickwinkel im Litzenauge $\alpha = 10°$ (s. Abb. 6)
Anschlagwinkel $\omega = 72°$
Größe des Fachumtritts 35 mm
Winkel zwischen Ladenbahn und der Waagerechten in hinterer Ladenstellung $\varrho = 13°$
Stellung des Blatts $\psi = 87°$, Ladenausschlag $\gamma = 10° 25'$.
Die Abstände in der Waagerechten:

vom Brustverbinder bis Geweberand	$q = 160$—190 mm
vom Breithalter bis Geweberand	$q_b = 68$ mm
vom Geweberand bis ersten Schaft	$a_1 = 200$ mm
vom Geweberand bis letzten Schaft	$a_n = 250$ mm
vom ersten Schaft bis Kettfadenwächter	$b_1 = 350$ mm
vom letzten Schaft bis Kettfadenwächter	$b_n = 300$ mm
vom Kettfadenwächter bis Mitte Streichbaum	$c = 360$ mm
vom Geweberand bis zum Blatt in hinterer Ladenstellung	$d = 134$ mm
Breite des Anschlagstreifens	$v = 4$ mm
Ladenbewegung	$d + v = 138$ mm.

Die Ladenbahn (am Blatt) befindet sich bei hinterer Ladenstellung unterhalb des Brustverbinders um die Strecke $r_2 = 42$ mm.

1. Der Geweberand liegt unterhalb des Brustverbinders um die Strecke

$$m_2 = (r_2 - 1) - d \operatorname{tg} \varrho = (42 - 1) - 134 \cdot 0{,}231 = 10 \text{ mm}.$$

Hier wurde von r_2 die Strecke 1 mm abgezogen, da der Kettfaden auf der Ladenbahn nicht aufliegen soll.

2. Die Lage des Gewebes im Abschnitt Geweberand/Breithalter ergibt sich aus dem Anschlagwinkel (Formel 19).

$$\omega + \tau_g + \gamma = \psi + \varrho$$
$$72° + \tau_g + 10° 25' = 87° + 13°$$
$$\tau_g = 17° 35'.$$

Der Breithalter muß also um

$$m_1 = m_2 - q_b \cdot \operatorname{tg} \tau_g = 10 - 68 \cdot 0{,}3175 = -11{,}6 \text{ mm}$$

unterhalb, d. h. $+11{,}6$ mm *höher* als der Brustverbinder liegen.

3. Die Lage der Kette im Unterfach ergibt sich aus

$$t_1 = m_2 + a_1 \operatorname{tg} \varrho = 10 + 200 \cdot 0{,}231 = 56{,}2 \text{ mm}$$

$$t_n = m_2 + a_n \operatorname{tg} \varrho = 10 + 250 \cdot 0{,}231 = 67{,}7 \text{ mm}.$$

Die Neigung der Kette im Abschnitt Schaft/Streichbaum ist (Formel 13)

$$\sigma = \alpha - \varrho = 10° - 13° = -3°,$$

d. h. der Streichbaum liegt tiefer als das Litzenauge (bei Geschlossenfach), und zwar ist z (wenn die Kette im Kettfadenwächter keinen Knick hat) laut Formel (11)

$$z + t_1 = (b_1 + c) \operatorname{tg} \sigma$$
$$z = (350 + 360) \cdot (-0{,}0524) - 56{,}2 = -93{,}4 \text{ mm.}$$

4. Die Höhe des Faches:

a) Die Fachhöhe h_b am Blatt soll aus den Abmessungen des Schützen laut Formel (18) den Wert $h_b = 48$ mm ergeben haben;

b) dann gilt für die gesamte Fachhöhe H_1

$$H_1 = h_b \cdot \frac{a_1}{d} = 48 \cdot \frac{200}{134} = 71{,}6 \text{ mm} \approx 72 \text{ mm.}$$

Genau genommen müßte hier an Stelle von h_b der Ausdruck $h_b \cdot \cos \gamma$ stehen, bei $\gamma = 10° 25'$ beträgt der Fehler nur 1,6%. Entsprechend ist

$$H_n = 48 \frac{250}{134} = 89{,}6 \approx 90 \text{ mm};$$

c) Höhenstellung des Kettfadenwächters:

$$f = b_1 \operatorname{tg} \sigma - t_1 = 350 \cdot (-0{,}0524) - 56{,}2 = -74{,}5 \text{ mm.}$$

Der Kettfadenwächter liegt also *tiefer* als der Brustverbinder.

II. Baumwollrohnessel Art. Nr. 11, 89 cm breit.

Kette Nm 48; 258 Fäden/10 cm, Bedeckungsgrad	B_k	= 46,5%
Schuß Nm 60; 262 Fäden/10 cm, Bedeckungsgrad	B_s	= 42,2%
Flächenmäßiger Bedeckungsgrad	B_f	= 69,1%

Bindung: Leinwand.

Arbeitsbedingungen:

Knickwinkel der Einzugslinie im Litzenauge	α	= 7°
Anschlagwinkel	ω	= 84°
Größe des Fachumtritts		= 50 mm
Stellung des Blatts in der Lade $\psi = 87°$, Ladenbewegung	γ	= 10°
Neigung der Ladenbahn in hinterer Stellung	ϱ	= 13°.

Die Abstände in der Waagerechten gemäß Abb. 5:

vom Brustverbinder bis Geweberand	q	= 175 mm
vom Breithalter bis Geweberand	q_b	= 66 mm
vom Geweberand bis zum ersten Schaft	a_1	= 200 mm
vom Geweberand bis zum zweiten Schaft	a_2	= 250 mm
vom ersten Schaft bis Kettfadenwächter	b_1	= 320 mm
vom zweiten Schaft bis Kettfadenwächter	b_2	= 270 mm

vom Kettfadenwächter bis Streichbaum $c = 325$ mm
vom Geweberand bis zum Blatt in hinterer Ladenstellung $d = 137$ mm
Breite des Anschlagstreifens $v = 3$ mm
Ladenbewegung (in der Waagerechten) $d + v = 140$ mm.

Die Ladenbahn (am Blatt) liegt in hinterer Stellung um $r = 50$ mm unterhalb des Brustverbinders.

1. Der Geweberand liegt unterhalb des Brustverbinders um

$$m_2 = (r_2 = 1) - d \operatorname{tg} \varrho = (50 - 1) - 137 \cdot 0{,}231 = 17{,}4 \text{ mm}.$$

2. Der Winkel τ_g ist (Formel 19)

$$\tau_g = \psi + \varrho - \omega - \gamma = 87° + 13° - 84° - 10° = 6°.$$

Der Breithalter liegt also um

$$m_1 = m_2 - q_b \operatorname{tg} \tau_g = 17{,}4 - 66 \cdot 0{,}105 = 10{,}5 \text{ mm}$$

unterhalb des Brustverbinders.

3. Die Höhe des Faches: Für h_b soll laut Formel (18) sich der Wert $h_b = 47$ mm ergeben haben. Dann ist

$$H_1 = h_b \cdot \frac{a_1}{d} = 47 \cdot \frac{200}{137} = 68{,}7 \approx 69 \text{ mm},$$

$$H_2 = h_b \cdot \frac{a_2}{d} = 47 \cdot \frac{250}{137} = 85{,}8 \approx 86 \text{ mm}.$$

4. Die Neigung der Einzugslinie im Abschnitt Geweberand/Schaft ergibt sich angenähert aus

$$\tau = \varrho - \operatorname{arc\,tg} \frac{H_1}{2a_1} = 13° - 10° = 3°.$$

5. Der Breithalter liegt unterhalb des Brustverbinders um

$$m_1 = m_2 - q_b \cdot \operatorname{tg} \tau_g = 17{,}4 - 66 \cdot 0{,}105 = 10{,}5 \text{ mm}.$$

6. Die Einzugslinie bei geschlossenem Fach ergibt sich aus

$$s_1 = m_2 + a_1 \operatorname{tg} \tau = 17{,}4 + 200 \cdot 0{,}0524 = 27{,}9 \text{ mm},$$

$$s_2 = m_2 + a_2 \operatorname{tg} \tau = 17{,}4 + 250 \cdot 0{,}0524 = 30{,}5 \text{ mm}.$$

7. Die Neigung der Einzugslinie zwischen den Schäften und dem Kettfadenwächter ist

$$\sigma = \alpha - \tau = 7° - 3° = 4°.$$

8. Die Höhenstellung des Kettfadenwächters ist

$$f = b_1 \operatorname{tg} \sigma - s_1 = 320 \cdot 0{,}0699 - 27{,}9 = -5{,}5 \text{ mm},$$

also unterhalb des Brustverbinders.

9. Wenn die Einzugslinie im Abschnitt Kettfadenwächter/Streichbaum eine derartige Neigung hat, daß $\delta = 2°$ ist, ergibt sich die Stellung des Streichbaums

$$z = f + c \operatorname{tg} \delta = -5{,}5 + 325 \cdot 0{,}0349 = +5{,}9 \text{ mm}.$$

10. Die Neigung der Schaftebene gegen die Einzugslinie ergibt sich aus Formel (14).

$$\lambda = \mu = 90^\circ - \frac{\alpha}{2} = 90^\circ - \frac{7^\circ}{2} = 86{,}5^\circ.$$

Die Neigung der Schaftebene gegen die Senkrechte ist (Formel 15)

$$\varphi = \frac{\tau - \sigma}{2} = \frac{3^\circ - 4^\circ}{2} = -\,0{,}5^\circ;$$

die Schäfte sind somit leicht nach vorn geneigt.

Für den zweiten Schaft ergeben sich laut Formel (16) die Winkel

$$\sigma_2 = \operatorname{arc\,tg} \frac{s_2 + f}{b_2} = 5{,}3^\circ \text{ und } \alpha_2 = \tau + \sigma_2 = 3^\circ + 5{,}3^\circ = 8{,}3^\circ.$$

Für das gleiche Gewebe sollen die Längenänderungen der Kettfäden bei der Fachbildung und die Reibungsstrecken im Litzenauge berechnet werden. Unter Benutzung der berechneten Werte ergibt sich nach Formel (27)

$$\Delta L = \frac{h^2}{2} \cdot \frac{a + b}{ab} \mp h \operatorname{tg} \alpha.$$

Aus dem früher ermittelten Wert $H_1 = 69$ bzw. $H_2 = 86$ berechnet sich die Größe von $h \approx \frac{H}{2}$.

Es ist für den Kettfaden im ersten Schaft für das *Oberfach*

$$\Delta L_{Io} = \frac{35^2}{2} \cdot \frac{200 + 320}{200 \cdot 320} - 35 \cdot \operatorname{tg} 7^\circ = +\,0{,}67 \text{ mm}$$

und für das *Unterfach*

$$\Delta L_{Iu} = \frac{35^2}{2} \cdot \frac{200 + 320}{200 \cdot 320} + 35 \cdot \operatorname{tg} 7^\circ = +\,9{,}27 \text{ mm}.$$

Beim zweiten Schaft ist im *Oberfach*

$$\Delta L_{IIo} = \frac{43^2}{2} \cdot \frac{250 + 270}{250 \cdot 270} - 43 \cdot \operatorname{tg} 8{,}3^\circ = +\,0{,}86 \text{ mm}$$

und für das *Unterfach*

$$\Delta L_{IIu} = \frac{43^2}{2} \cdot \frac{250 + 270}{250 \cdot 270} + 43 \cdot \operatorname{tg} 8{,}3^\circ = +13{,}40 \text{ mm}.$$

Berechnung der Reibungsstrecke im Litzenauge:

Gemäß Formel (30) sowie unter der Annahme, daß ein Schwingbaum beim Öffnen des Faches 3 mm Kette liefert (s. Formel 31), ist für den ersten Schaft:

$$y_{Io} = \frac{h^2}{2} \frac{b - a}{ab} \mp \frac{h}{(a + b)} (b \operatorname{tg} \tau - a \operatorname{tg} \sigma) + w \frac{a}{a + b}$$

$$y_{Io} = \frac{35^2}{2} \cdot \frac{320 - 200}{320 \cdot 200} - \frac{35}{320 + 200} (320 \cdot \operatorname{tg} 3^\circ - 200 \cdot \operatorname{tg} 4^\circ) +$$

$$+ 3 \cdot \frac{200}{320 + 200} = 1{,}15 - 0{,}12 + 1{,}15 = 2{,}18 \text{ mm}$$

$$y_{Iu} = 1{,}15 + 0{,}12 + 1{,}15 = 2{,}42 \text{ mm}.$$

Wenn die Neigung der Schaftebene berücksichtigt wird, kommt die Korrektur hinzu:

$$\Delta y = h \cdot \mathrm{tg} \frac{\sigma - \tau}{2} = 35 \cdot \mathrm{tg}\, 0{,}5^\circ = 0{,}31 \text{ mm}.$$

Dann ist

$$y_{I\,o} = 2{,}18 - 0{,}31 = 1{,}87 \text{ mm}$$

$$y_{I\,u} = 2{,}42 + 0{,}31 = 2{,}73 \text{ mm}.$$

Und für den zweiten Schaft:

$$y_{II\,o} = \frac{43^2}{2} \cdot \frac{270 - 250}{250 \cdot 270} - \frac{43}{250 + 270} (270 \cdot \mathrm{tg}\, 3^\circ - 220\, \mathrm{tg}\, 5{,}3^\circ) +$$

$$+ 3 \cdot \frac{250}{250 \cdot 270} = 0{,}27 + 0{,}51 + 1{,}45 = 2{,}23 \text{ mm}$$

$$y_{II\,u} = 0{,}27 - 0{,}51 + 1{,}45 = 1{,}21 \text{ mm}$$

Beziehungsweise bei:

$$y = 43 \cdot \mathrm{tg} \frac{(5{,}3^\circ - 3^\circ)}{2} = 0{,}86 \text{ mm}.$$

$$y_{II\,o} = 2{,}23 - 0{,}86 = 1{,}37 \text{ mm}$$

$$y_{II\,u} = 1{,}21 + 0{,}86 = 2{,}07 \text{ mm}.$$

5 Die Dehnung des Kettfadens

Die Spannung der Kettfäden auf dem Webstuhl ist bei den einzelnen Fäden und in den einzelnen Zonen des Webstuhls verschieden. Die Spannung wird vom Kettbaum zum Geweberand immer größer und erreicht den größten Wert während der Fachbildung und beim Anschlag des Schußfadens. Über die Kettfadenspannung und ihre Veränderung während des Webprozesses liegen theoretische und experimentelle Untersuchungen vor [24], [25], [26], [27].

Während der Arbeit des Webstuhls wechselt die Kettspannung dauernd. Die Gesamtspannung des Kettfadens auf dem Webstuhl und der Wechsel dieser Spannung hängt von der Kettbaumbremse und von den Einzugs- und Arbeitsparametern des Webprozesses, wie Größe des Fachumtritts, Stellung des Streichbaums, Höhe und Länge des Faches, Drehzahl der Kurbelwelle, ab. Bei der Herstellung von Geweben mit hoher Schußdichte erhöht sich die Gesamtspannung der Kettfäden. Die Spannungsverhältnisse während des Webvorgangs sind von Forschungsinstituten, Maschinenbauwerken, Lehranstalten und einzelnen Forschern mehr oder weniger eingehend untersucht worden.

Wlassow und Rosanow untersuchten die Festigkeit, Gesamtdehnung, die elastische und Restdehnung von geschlichtetem Baumwoll-Kettgarn Nm 48 und erhielten folgende Werte: Die Reißfestigkeit betrug 252 g, die Bruchdehnung 4,82% bzw. $\varepsilon = 0{,}0482$. Die Dehnungen für die einzelnen Belastungsstufen sind in Tab. 5 angegeben. Aus diesen Angaben ist das Diagramm (Abb. 17) für die Gesamt-, Rest- und elastische Dehnung gezeichnet. Die Kurve *I* für die Gesamtdehnung hat einen annähernd geradlinigen Verlauf und die Völligkeit beträgt etwa 0,5.

Tabelle 5. Dehnung (in Prozent) von geschlichtetem Baumwollgarn Nm 48

	Belastung (in g)						
	50	75	100	125	150	175	200
Gesamtdehnung	1,0	1,60	2,21	2,49	3,31	3,50	4,30
Restdehnung	0,1	0,16	0,33	0,52	0,78	0,96	1,30
Elastische Dehnung	0,9	1,44	1,88	1,97	2,53	2,54	3,00

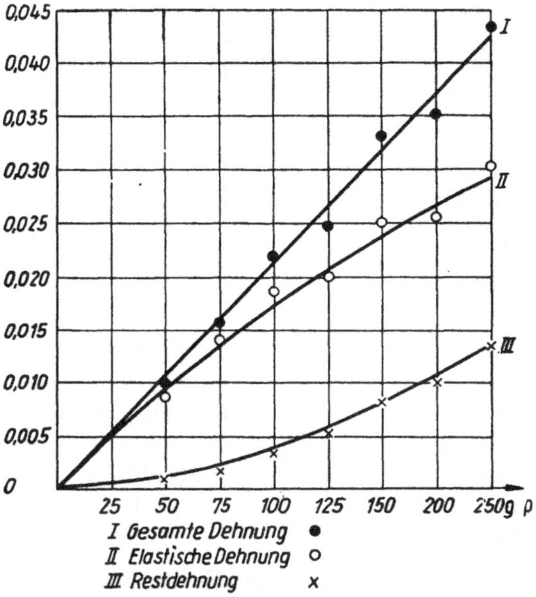

Abb. 17. Kraft-Dehnungskurven

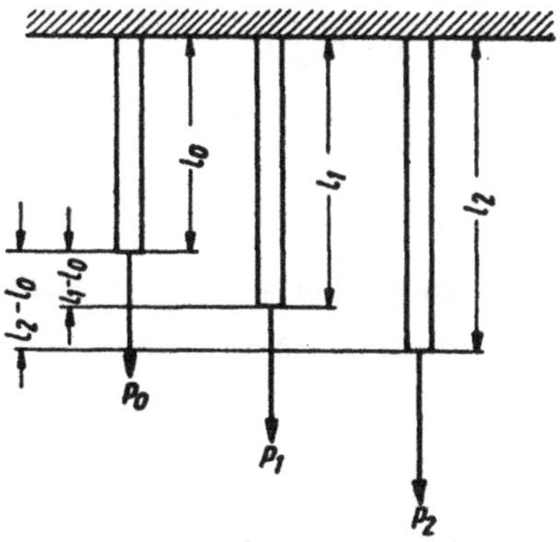

Abb. 18. Dehnungsverhältnisse bei verschiedenen Belastungen

Die Beziehung zwischen der Gesamtdehnung ε und der Belastung P wird annähernd durch die Gleichung

$$\varepsilon = aP \qquad (32)$$

wiedergegeben. Hier ist a eine für jedes Garn aus Versuchen festzustellende Konstante. Ihrem physikalischen Sinn nach ist $a = \frac{1}{EF}$, wo E der Elastizitätsmodul und F der Querschnitt des Garns bedeutet.

In dem besprochenen Fall ergibt sich a als Mittelwert von $\frac{\varepsilon}{P}$

$$a = 0{,}0002\ g^{-1}.$$

Die Berechnung der Dehnung des Garns auf dem Webstuhl bedarf noch einer besonderen Formel.

Auf einen Faden mit der Dehnungskonstanten a und der ursprünglichen Länge l_0 bei der Belastung $P_0 = 0$ wirkt die Kraft P bzw. P_1 (Abb. 18).

Die jeweilige Dehnung ergibt sich aus

$$\varepsilon = \frac{l - l_0}{l_0} = aP \tag{33}$$

$$\varepsilon_1 = \frac{l_1 - l_0}{l_0} = aP_1.$$

Durch Subtraktion der beiden Ausdrücke erhält man

$$(P_1 - P)\,a = \frac{l_1 - l_0}{l_0} - \frac{l - l_0}{l_0} = \frac{l_1 - l}{l_0}$$

$$P_1 - P = \frac{1}{a} \cdot \frac{l_1 - l}{l_0}.$$

Für l_0 wird der aus der Gleichung (33) bestimmte Ausdruck

$$l_0 = \frac{l}{aP + 1}$$

gesetzt. Es ergibt sich

$$P_1 - P = \left(\frac{1}{a} + P\right)\frac{l_1 - l}{l} = \left(\frac{1}{a} + P\right) \cdot \varepsilon'$$

$$P_1 = \left(\frac{1}{a} + P\right) \cdot \varepsilon' + P. \tag{34}$$

Da $\frac{1}{a}$ meistens sehr viel größer als P ist (z. B. 5000 gegen 13 g), kann man auch die Näherungsformel benutzen:

$$P_1 = \frac{\varepsilon'}{a} + P. \tag{34a}$$

Mit Hilfe dieser Gleichung kann die Kraft P_1 berechnet werden, die eine *zusätzliche* Längenänderung ε' gegenüber dem Belastungszustand durch die Kraft P hervorruft. Hier ist ε' die auf den bereits vorgedehnten Faden bezogene Dehnung. Diese Formel wird gebraucht, um die durch die Fachbildung usw. hervorgerufenen Spannungen zu berechnen.

Die Spannung der Kettfäden auf dem Webstuhl setzt sich im wesentlichen aus drei Komponenten zusammen:

(1) Die durch die Kettbaumbremse hervorgerufene Vorspannung bei geschlossenem Fach (Stuhl mit Trittexzentern) bzw. bei der Lage der Kettfäden im Unterfach (Offenfach-Schaftmaschine).

(2) Spannung der Kettfäden infolge der Fachbildung.

(3) Spannung der Kettfäden im Augenblick des Anschlags, hervorgerufen durch den Widerstand des Vortuchs.

Die bei Geschlossenfach durch die Kettbaumbremse hervorgerufene Spannung ist eine statische, während die Fachbildung und der Anschlag periodisch auftretende dynamische Spannungen und Dehnungen bedingen. Die maximale auftretende Spannung ergibt sich als Summe (1) und (2) bzw. (3). Ob die größte Spannung während der Fachbildung oder beim Anschlag auftritt, ist von Fall zu Fall verschieden.

W. Frenzel und H. Martin [24], [25] berichten eingehend über verschiedene Meßverfahren und Ergebnisse der Kettspannungsmessungen auf dem Webstuhl. Auch Borodowski [26] hat die beim Weben auftretende Dehnung gemessen und ist zum Ergebnis gelangt, daß bei dichteren Geweben die Kettspannung (und Dehnung) am größten beim Anschlag ist, während bei weniger dichten Geweben die maximale Spannung bei der Fachbildung auftritt.

Bei der folgenden Berechnung werden die gleichen Bezeichnungen verwendet wie in Abb. 5 bzw. 6. Es ist

a die Länge des Vorderfaches;
b die Länge des Hinterfaches;
w das durch einen Schwingbaum oder eine andere Vorrichtung bei der Fachbildung nachgelieferte Stück Kette;
v die Breite des Anschlagstreifens, bestimmt mit Hilfe eines Spezialmeßgeräts;
L_g die Gesamtlänge des Kettfadens vom Geweberand bis zum Kettbaum;
ΔL die durch die Fachbildung hervorgerufene Längenänderung;
ε die relative Dehnung bei der Fachbildung, berechnet nach der Formel

$$\varepsilon = \frac{\Delta L - w}{L_g}; \tag{35}$$

ε_1 relative Dehnung beim Anschlag, berechnet nach der Formel

$$\varepsilon_1 = \frac{\Delta L_a - v}{L_g}, \tag{36}$$

wo ΔL_a die Längenänderung des Kettfadens im Augenblick des Anschlags infolge des vertretenen Faches bedeutet.

5.1 Die relative Dehnung bei der Fachbildung

soll für das in Abschnitt 4.8 berechnete Gewebe Art. 11 ermittelt werden:

Messungen am Webstuhl zeigten, daß die Breite des Anschlagstreifens v bei diesem Gewebe und einem Fachumtritt von 50 mm 3 mm beträgt. Die Gesamtlänge der Kette L_g ist 1120 mm. Ein Schwingbaum liefert während der Fachbildung eine Kettenlänge von 3 mm.

Die Dehnung beträgt für den ersten Schaft im Oberfach

$$\varepsilon_{Io} = \frac{0{,}67 - 3}{1120} = -\,0{,}0021,$$

für den ersten Schaft im Unterfach

$$\varepsilon_{Iu} = \frac{9{,}27 - 3}{1120} = 0{,}0056,$$

für den zweiten Schaft im Oberfach

$$\varepsilon_{IIo} = \frac{0,86 - 3}{1120} = -0,0019,$$

für den zweiten Schaft im Unterfach

$$\varepsilon_{IIu} = \frac{13,40 - 3}{1120} = 0,0093.$$

Die negativen Dehnungen bedeuten, daß die Fadenspannung im Oberfach infolge der geknickten Einzugslinie bei der Fachbildung zurückgeht.

5.2 Dehnung und Spannung durch die Kettbaumbremse

Jetzt soll die auf einen Kettfaden bei Geschlossenfach wirkende Kraft p ermittelt werden. Es werden die in Abb. 19 gezeigten Größen angenommen: $l_1 = 30$ cm, $Q = 11$ kg, q (Eigengewicht des Hebels) $= 4$ kg, $l_2 = 21$ cm, $l = 12$ cm, $d = 13,5$ cm, $D = 25$ cm, $\alpha = 3\pi$ (Umschlingungswinkel des Seils), $\mu = 0,18$ (Reibungskoeffizient). P ist die auf die *ganze* Kette wirkende Kraft, d. h. es ist $P = p \cdot n$ (n = Zahl der Kettfäden).

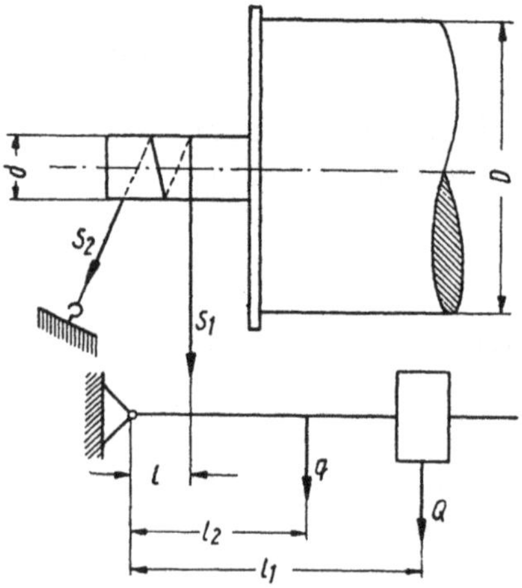

Abb. 19. Schema der Kettbaumbremse

Für die Beziehung zwischen der Kraft S_1 am freien Ende der Seilbremse und der Kraft S_2 am befestigten Ende des Seils gilt die Formel

$$S_1 = S_2 \cdot e^{\mu\alpha}; \quad S_2 = S_1 \cdot \frac{1}{e^{\mu\alpha}},$$

wo $e = 2,718\ldots$ die Basis der natürlichen Logarithmen ist.

Die Momentengleichung der drei Kräfte an der Seilbremse (Abb. 19) ergibt

$$S_1 = \frac{Ql_1 + ql_2}{l}.$$

Die Kettspannung berechnet sich aus dem Gleichgewicht der am Kettbaum wirkenden Momente, wobei auf jedes Seil die halbe Kraft entfällt, da der Baum mit zwei Seilbremsen versehen ist.

$$\tfrac{1}{2}\, P \cdot D = (S_1 - S_2)\, d.$$

Es ist also

$$P = 2\,\frac{d}{D}\,(S_1 - S_2) = 2 \cdot \frac{d}{D}\, S_1 \left(1 - \frac{1}{e^{\mu\alpha}}\right)$$

$$P = 2\,\frac{d}{D} \cdot \frac{Ql_1 + ql_2}{l} \cdot \left(1 - \frac{1}{e^{\mu\alpha}}\right). \tag{37}$$

Für den oben angegebenen konkreten Fall ergibt sich

$$P = 2\,\frac{11 \cdot 30 + 4 \cdot 21}{12} \cdot \frac{13{,}5}{25}\left(1 - \frac{1}{e^{0{,}18 \cdot 3}}\right) = 30{,}4\ \mathrm{kg}.$$

Das Gewebe Art. 11 besteht aus 2320 Kettfäden. Die auf einen Kettfaden entfallende Vorspannung beträgt also

$$p = \frac{30{,}4 \cdot 1000}{2320} = 13{,}1\ \mathrm{g}.$$

Gemäß Formel (34) ist die Spannung des Kettfadens im Augenblick der Fachbildung

$$p_1 = \left(\frac{1}{a} + p\right)\varepsilon' + p.$$

Die Werte von ε' entsprechen den berechneten Längenänderungen bei der Fachbildung. Es ist also die Kettfadenspannung beim ersten Schaft im Oberfach

$$p_{Io} = \left(\frac{1}{0{,}0002} + 13{,}1\right) \cdot (-0{,}0021) + 13{,}1 = +\ 2{,}6\ \mathrm{g},$$

im Unterfach

$$p_{Iu} = \left(\frac{1}{0{,}0002} + 13{,}1\right) \cdot 0{,}0056 + 13{,}1 = 41{,}2\ \mathrm{g}.$$

Die Spannung der Kettfäden des zweiten Schaftes im Oberfach ist

$$p_{IIo} = \left(\frac{1}{0{,}0002} + 13{,}1\right) \cdot (-\ 0{,}0019) + 13{,}1 = 3{,}6\ \mathrm{g}$$

und im Unterfach

$$p_{IIu} = \left(\frac{1}{0{,}0002} + 13{,}1\right) \cdot 0{,}0093 + 13{,}1 = 59{,}7\ \mathrm{g}.$$

5.21 Bestimmung der Kettfadenspannung im Abschnitt Kettbaum/Streichbaum beim Webstuhl AT-175

Die Kettfadenspannung auf dem Webstuhl AT-175 wird durch die Differential-Bandbremse System G. I. Kalinin erzeugt. Das Schema dieses Kettbaumbremsregulators ist in Abb. 20a dargestellt.

Um das Gewicht des Kettbaums für die Bremswirkung auszunutzen, ist der Kettbaum derart gelagert, daß die beiden Bremsscheiben *1* an seinen Enden auf besonderen Klötzen aufliegen (Muldenbremse). Das Bremsband *2* ist an einem Ende befestigt, während sein anderes Ende mit dem kurzen Arm des Winkelhebels *3* verbunden ist. Das Bremsband wird durch die von der Rolle 4 auf den langen Arm des Hebels *3* mit Hilfe der Zugstange *5* übertragene Kraft angespannt; die Zugkraft wird durch das am Ende des Hebels *6* verschiebbar angeordnete Gewicht Q hervorgerufen. Die Größe der Zugkraft Q_0 am Bremsband hängt von der jeweiligen Stellung der Rolle 4 (d. h. von der Länge l_2) ab. Die Rolle *4* und die Zugstange *5* werden durch das mit der Fühlrolle *7* verbundene

Gestänge auf dem Hebel *3* verschoben. Mit abnehmendem Durchmesser D des Kettbaums bewegt sich die Fühlrolle nach rechts, wodurch die Zugstange *5* und die Rolle *4* allmählich nach unten verschoben werden. Infolgedessen wird der Hebel l_2 kürzer und die Kraft Q_0 kleiner.

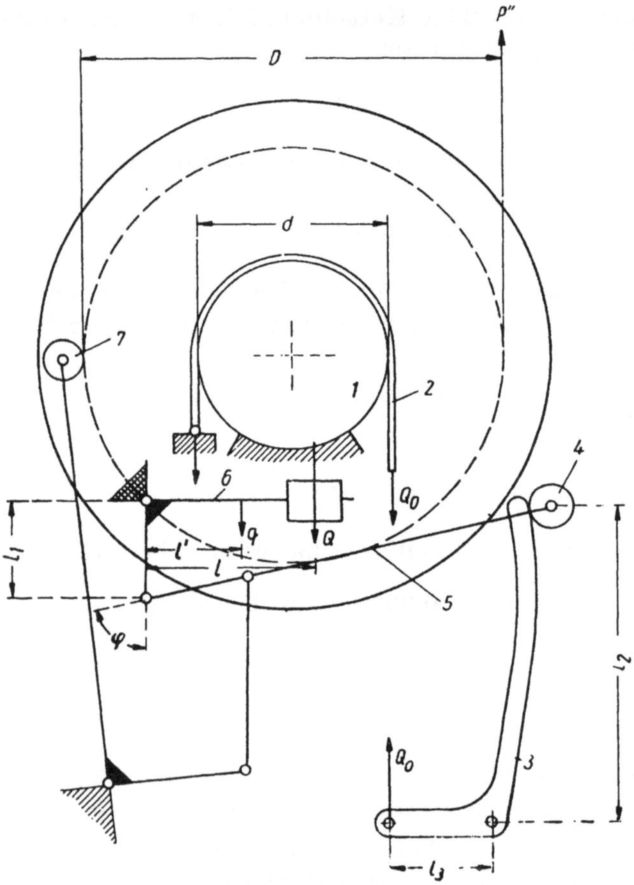

Abb. 20. Schema der Differential-Kettbaumbremse für Webstuhl AT-175

Die Kraft Q_0 kann aus dem Gleichgewicht der Momente berechnet werden (s. Abb. 20a).

Es ist

$$Q_1 \cdot l_1 \cdot \sin \varphi = Q l + q l';$$

andererseits ist

$$Q_1 \cdot l_2 \cdot \sin \varphi = Q_0 \cdot l_3.$$

Daraus ergibt sich

$$\frac{Q_0 l_3}{l_2} = \frac{Q l + q l'}{l_1}$$

und

$$Q_0 = \frac{l_2}{l_3} \cdot \frac{Q l + q l'}{l_1}. \quad (38)$$

Somit ist die Kraft Q_0 proportional l_2, d. h. sie ändert sich entsprechend dem Durchmesser des Kettbaums.

Für die Berechnung der auf die Kette wirkenden Zugkraft P wird folgende Näherungsformel angegeben, die neben der Wirkung der Bandbremse auch die Reibung des Kettbaums in den Lagern (Muldenbremse) berücksichtigt. Es ist

$$P = \frac{2 Q_0 \cdot d}{D + \mu_1 d}\left[\left(1 + \frac{1}{e^{\mu\alpha}}\right)\mu_1 + \left(1 - \frac{1}{e^{\mu\alpha}}\right)\right] + \frac{G \mu_1 d}{D + \mu_1 d}. \quad (39)$$

Hier bedeutet

- P Gesamtspannung der Kette im Abschnitt Kettbaum/Streichbaum in kg;
- G jeweiliges Gewicht des Kettbaums;
- μ Koeffizient der Reibung zwischen Bremsband und Bremsscheibe;
- μ_1 Koeffizient der Reibung der Bremsscheibe im Lager;

D jeweiliger Durchmesser des Kettbaums;
d Durchmesser der Bremsscheibe;
α Winkel, in dem das Bremsband die Bremsscheibe umschlingt.

Diese Berechnungen sollen durch Beispiele erläutert werden:

1. Beispiel. Zu berechnen ist die Spannung eines Kettfadens für das Gewebe Art. 125. Die Zahl der Kettfäden ist $n = 3660$, Nm $32/2 = 16$. Es wird angenommen: $D = 52$ cm, $d = 30$ cm, $l = 32$ cm, $l_1 = 6$ cm, $l_2 = 30$ cm, $l_3 = 6$ cm, $l' = 16$ cm, $G = 191$ kg, $Q = 5{,}3$ kg, $q = 1{,}8$ kg, $\mu = \mu_1 = 0{,}25$, $\alpha = \pi = 3{,}14$. Dann ist:

$$Q_0 = \frac{30}{6} \cdot \frac{5{,}3 \cdot 32 + 1{,}8 \cdot 16}{6} = 165{,}2\,\text{kg}$$

Die Spannung der Kette ist in diesem Fall

$$P = \frac{2 \cdot 165{,}2 \cdot 30}{52 + 0{,}25 \cdot 30} \cdot \left[\left(1 + \frac{1}{2{,}718^{0{,}25 \cdot 3{,}14}}\right) 0{,}25 + \left(1 - \frac{1}{2{,}718^{0{,}25 \cdot 3{,}14}}\right)\right] + \frac{191 \cdot 0{,}25 \cdot 30}{52 + 0{,}25 \cdot 30} = 175{,}3\text{ kg}.$$

Dann ist die Spannung des einzelnen Kettfadens

$$p = \frac{175{,}3 \cdot 1000}{3360} = 52{,}1\text{ g}.$$

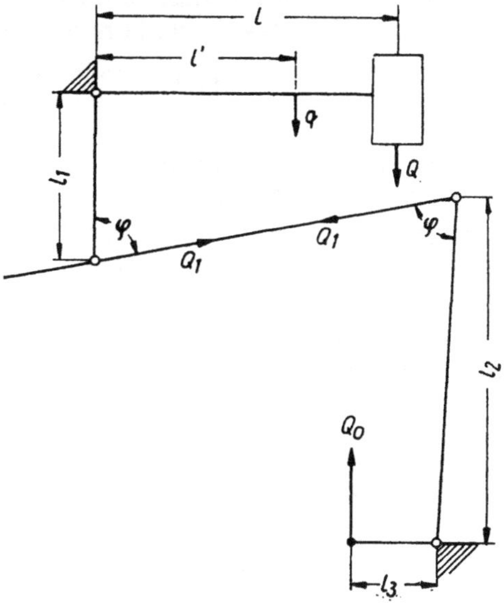

Abb. 20a. Skizze für die Berechnung der an der Differential-Kettbaumbremse wirkenden Kräfte

2. Beispiel. Es soll ermittelt werden, wie groß der Hebel *1* des verschiebbaren Gewichts Q sein muß, damit die Kettfadenspannung $P = 30$ g beträgt (die sonstigen Bedingungen sind die gleichen wie im ersten Beispiel).

$$P = \frac{30 \cdot 3360}{1000} = 100{,}8\text{ kg}.$$

Aus den vorstehenden Formeln ergibt sich

$$Q_0 = \frac{P\,(D + \mu_1 d) - G\,_1 d}{2d\left[\left(1 + \frac{1}{e^{\mu\alpha}}\right)\mu_1 + \left(1 - \frac{1}{e^{\mu\alpha}}\right)\right]} = 83\text{ kg} \tag{40}$$

und daraus

$$= \frac{Q_0 \frac{l_3}{l_2} \cdot l_1 - q l_1}{Q} = 16{,}8\text{ cm} \tag{41}$$

5.3 Die Dehnung und Kettspannung beim Anschlag

Bei der Besprechung des Anschlagstreifens wurde bereits gesagt, daß der Anschlag eine zusätzliche Erhöhung der Kettfadenspannung und somit auch der Dehnung hervorruft.

Wenn man mit vertretenem Fach arbeitet, bilden die Kettfäden im Augenblick des Anschlags ein Fach, dessen Höhe h' kleiner als die volle Fachhöhe h ist. Die allgemeinen Beziehungen sind jedoch die gleichen wie bei der Fachbildung, so daß für die Längenänderung des Kettfadens im Augenblick des Anschlags die Formel

$$\Delta L^A = \frac{(h')^2}{2} \cdot \frac{a+b}{ab} \mp h' \cdot \operatorname{tg} \alpha + v \tag{42}$$

gilt.

Hier ist v die durch den Ladenanschlag bedingte Fadendehnung, sie entspricht der Breite des Anschlagstreifens. Die durch den Anschlag hervorgerufene Dehnung und Beanspruchung der Kettfäden sollen für unser Beispiel (Art. 11) berechnet werden. Die Fachhöhe im Augenblick des Anschlags soll (nach Messungen bei 50 mm Fachumtritt) betragen: $H'_1 = 47$ mm; $H'_2 = 58$ mm, also $h'_1 = 23{,}5$ mm, $h'_2 = 29$ mm; die Breite des Anschlagstreifens ist 3 mm. Es ist also:

$$\Delta L^A_{Io} = \frac{23{,}5^2}{2} \cdot \frac{200+320}{200 \cdot 320} - 23{,}5 \cdot \operatorname{tg} 7^\circ + 3 = 2{,}36 \text{ mm}.$$

$$\Delta L^A_{Iu} = \frac{23{,}5^2}{2} \cdot \frac{200+320}{200 \cdot 320} + 23{,}5 \cdot \operatorname{tg} 7^\circ + 3 = 8{,}12 \text{ mm}$$

$$\Delta L^A_{IIo} = \frac{29^2}{2} \cdot \frac{250+270}{250 \cdot 270} - 29 \cdot \operatorname{tg} 8{,}3^\circ + 3 = 2{,}01 \text{ mm}$$

$$\Delta L^A_{IIu} = \frac{29^2}{2} \cdot \frac{250+270}{250 \cdot 270} + 29 \cdot \operatorname{tg} 8{,}3^\circ + 3 = 10{,}45 \text{ mm}.$$

Die entsprechenden Dehnungen sind

$$\varepsilon^A_{Io} = \frac{2{,}36}{1120} = 0{,}0021$$

$$\varepsilon^A_{Iu} = \frac{8{,}12}{1120} = 0{,}0072$$

$$\varepsilon^A_{IIo} = \frac{2{,}01}{1120} = 0{,}0018$$

$$\varepsilon^A_{IIu} = \frac{10{,}45}{1120} = 0{,}0093.$$

Die beim Anschlag auftretenden Kräfte sind:

$$P^A_{Io} = \left(\frac{1}{0{,}0002} + 13{,}1\right) \cdot 0{,}0021 + 13{,}1 = 23{,}6 \text{ g}$$

$$P^A_{Iu} = \left(\frac{1}{0{,}0002} + 13{,}1\right) \cdot 0{,}0072 + 13{,}1 = 49{,}2 \text{ g}$$

$$P^A_{IIo} = \left(\frac{1}{0{,}0002} + 13{,}1\right) \cdot 0{,}0018 + 13{,}1 = 22{,}1 \text{ g}$$

$$P^A_{IIu} = \left(\frac{1}{0{,}0002} + 13{,}1\right) \cdot 0{,}0093 + 13{,}1 = 59{,}7 \text{ g}.$$

Wenn die Reibungsstrecke im Litzenauge beim Anschlag berechnet werden soll, benutzt man die gleiche Formel wie für die Berechnung der Reibungsstrecke bei der Fachbildung; an Stelle von w (der Zulieferung der Kette) tritt v (der Anschlagstreifen) und die Fachhöhe muß entsprechend der Fachöffnung beim Anschlag gewählt werden.

5.4 Dauerstandfestigkeit und Dauerdehnungsgrenze

Da das Kettgarn auf dem Webstuhl auf wiederholten Zug beansprucht wird, kennzeichnet seine Dauerstandfestigkeit den Verarbeitungswert eines Garns besonders gut. Unter der Dauerstandfestigkeit wird die größte Spannung und unter Dauerdehnungsgrenze ε_{Gr} die höchste Dehnung verstanden, bei der ein Garn eine sehr große (theoretisch unendliche) Zahl von Lastwechseln ertragen kann, ohne zu reißen. Mit dem Problem der Dauerbeanspruchung des Garns im Webprozeß setzt sich M. S. Borodowski [26] eingehend auseinander. Seine Untersuchungen zeigten, daß die Gewebe in zwei Gruppen eingeteilt werden können, je nachdem, ob die größte Dehnung (und damit Beanspruchung) beim Anschlag (dichtere Gewebe) oder bei der Fachbildung (weniger dichte Gewebe) erfolgt.

Borodowski gibt folgende Werte für ε_{Gr} an: Baumwollgarn ungeschlichtet 0,75%; schwach geschlichtet 0,75 bis 1,0%; gut geschlichtet 1,0 bis 1,5%. Zwirn: ungeschlichtet 1,5 bis 2,0%; geschlichtet: über 2%. Nach W. N. Poletajew ist ε_{Gr} für naß gesponnene Flachsgarne 0,4 bis 0,5%. Wollgarn mit schwacher Drehung besitzt keine natürliche Dauerdehnungsgrenze, da seine Dehnung im Gegensatz zu anderen Garnen nicht nach einer bestimmten Zahl von Lastwechseln zum Stillstand kommt, sondern immer weiter steigt. Bei stärkerer Drehung oder durch Schlichten kann Wollgarn eine beschränkte Dauerdehnung von 1,5 bis 2,0% erreichen.

Wenn die Dauerdehnungsgrenze (ermittelt nach Borodowski) eines Garns bekannt ist und die Beanspruchung auf dem Webstuhl gemessen oder berechnet worden ist, muß stets berücksichtigt werden, daß der maximale Wert für die Drehung, die das Kettgarn bei der Verarbeitung erfährt, unterhalb von ε_{Gr} bleiben muß. Die Dehnung des Garns in der Zone der Gewebebildung setzt sich aus drei Komponenten zusammen:

$$\varepsilon = \varepsilon_0 + \varepsilon_F' + \varepsilon_A ,$$

wo ε_0 durch die Vorspannung der Kette, ε_F' durch die Fachbildung im Augenblick des Anschlags und ε_A die unmittelbar durch den Anschlag bedingte Dehnung bedeutet. Die Vorspannung stellt, wie bereits gesagt, eine statische Belastung des Garns dar und ruft auch eine statische Ermüdung hervor. Die durch die Fachbildung entstehende Spannung ist am größten im Litzenauge und hängt von der Größe des Fachumtritts ab; die Spannung durch den Anschlag erreicht das Maximum am Geweberand und hängt von der Größe des Anschlagstreifens ab. Da die statische Spannung dauernd wirkt und zu einer Streckung des Garns führt, wird empfohlen, sie nach Möglichkeit klein zu bemessen und die durch sie hervorgerufene Dehnung auf höchstens 50% der Dauerdehnungsgrenze zu beschränken. Eine Vergrößerung der gesamten Kettenlänge (zwischen Streichbaum und Brustverbinder) verringert die Werte von ε_F' und ε_A, hat jedoch zur Folge, daß die Zahl der Lastwechsel und damit die Beanspruchung steigt. Eine größere Kettenlänge ist angebracht für Material, das eine niedrige Dauerdehnungsgrenze und geringe zeitlich bedingte Plastizität besitzt (Flachsgarn), während plastisches Material (Wollgarn) eine kürzere Kettenlänge erfordert.

Wassiltschenko (Vasil'cenko) [28] untersucht die Spannung der Kette am Warenrand während des Anschlags mit Hilfe der Theorie A. P. Minakows über das Gleichgewicht des Fadens auf einer rauhen Fläche und gelangt zu einer Formel

$$Q_k = \frac{40}{Nm} \cdot K_{Nm} \cdot K_c \cdot K_b \cdot K_{st} \cdot K_\alpha \cdot (e^{6\,B_f} - 1), \qquad (45)$$

wo

Q_k die Kettfadenspannung für 1 Faden in g;

Nm Nummer des Kettgarns;

K_{Nm} den Koeffizienten, der den Einfluß der Kettfadennummer auf den Anschlag berücksichtigt (kard. Baumwollgarn Nm 40 und gröber: $K_{Nm} = 1{,}0$ bis $1{,}04$; höhere Nummer $K_{Nm} = 1{,}0$ bis $0{,}96$; feine gekämmte Garne $K_{Nm} = 0{,}85$ bis $0{,}96$);

K_c Koeffizient, der das Verhältnis $c = N_s/N_k$ berücksichtigt (s. Tab. 6);

K_b Koeffizient für das Verhältnis $b = B_s/B_k$ (B = Bedeckungsgrad) (s. Tab. 6);

K_{st} Koeffizient für die Höhenstellung des Streichbaums (Tab. 6);

K_α Koeffizient für den Fachwinkel beim Anschlag (Tab. 6);

B_f flächenmäßiger Bedeckungsgrad des Gewebes;

e Basis der natürlichen Logarithmen.

Aus dem berechneten Wert für Q_k wird der Dehnungswert nach Formel

$$\varepsilon_\alpha = \frac{Q_K \cdot Nm}{10 \cdot E_{l \cdot z} \cdot K_{st}} \qquad (46)$$

berechnet.

Hier bedeutet $E_{l.z}$ den linearen zyklischen Modul, der die fast konstante Beziehung zwischen Spannung und Dehnung bei wiederholter Belastung (Dehnung unterhalb ε_{Gr}) zum Ausdruck bringt und für den W. N. Poletajew folgende Werte angibt: geschlichtetes Baumwollgarn 400 bis 480 m, gezwirntes Baumwollgarn 300 bis 350 m; geschlichtete Kammgarne 80 bis 100 m; ungeschlichtete Streichgarne 50 bis 60 m; naß gesponnene Flachsgarne 540 bis 640 m.

Wenig untersucht ist noch die Frage der Dauerbelastung des Kettgarns durch Scheuerung am Litzenauge, am Blatt usw. Für die Berechnung der dabei auftretenden Scheuerungszahlen ist die Ermittlung der Reibungsstrecke des Garns im Litzenauge von Bedeutung.

Tabelle 6

b	K_b	c	K_c	Streichbaum über Brustverbinder	K_{st}	Fachwinkel 2α beim Anschlag	K_a
0,67	0,56	0,40	0,91	0 mm	1,00	21°	1,01
0,80	0,77	0,70	0,97	6 mm	0,91	20° 30′	1,0
1,00	1,00	0,85	1,00	12 mm	0,73	17°	0,91
1,25	0,99	1,35	0,99	18 mm	0,61	10° 30′	0,81
1,50	0,83	1,62	0,97				
		2,12	0,93				

6 Die Verschiebung der Kett- und Schußfäden in der Zone der Gewebebildung

Wenn man die Bildung des Gewebes auf dem Webstuhl beobachtet, bemerkt man, daß eine gewisse Zahl von Schußfäden, je nach Bindung und Fachbildung, bei Rückgang des Blattes nach dem Anschlag dieser Bewegung folgt, sich offenbar unter dem Einfluß der Kettspannung verschiebt, wodurch die Zone der Gewebebildung entsteht.

Der Schußanschlag und die Bildung leinwandbindiger Gewebe auf dem Webstuhl wurden eingehend von F. STEIN [29] untersucht; N. G. NOWIKOW [9] setzt diese Untersuchungen fort. Spätere Untersuchungen, darunter von S. A. DYNNIK [30] zeigten, daß die Bildung des Gewebeelements je nach Bindung in verschiedenen Zeitpunkten stattfindet. Die Zone der Gewebebildung und somit die wechselseitige Einwirkung der beiden Fadensysteme ändert sich in Abhängigkeit von der Gewebedichte, von den Einzugsparametern und der Bindungsart.

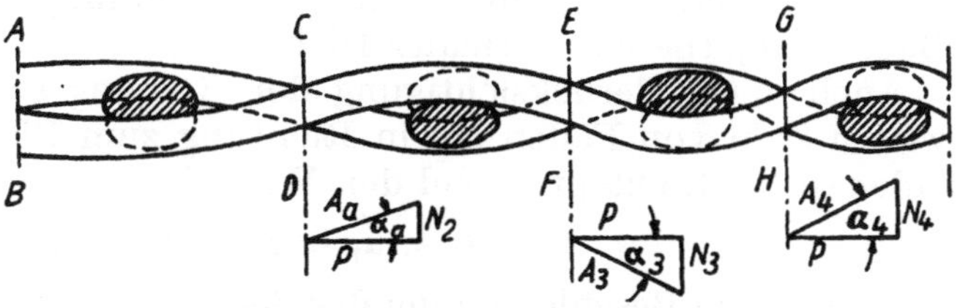

Abb. 21. Schematischer Schnitt durch den Geweberand bei Rückgang des Blattes

Abb. 21 zeigt einen Schnitt durch das Gewebe nach dem Zurückgehen der Lade vom Geweberand und die Kräfteverteilung im Gewebe nach F. STEIN, und zwar nach einem Geschlossenfachanschlag. Die Kettfäden hinter dem zuletzt eingetragenen Schußfaden (links) verlaufen noch parallel, so daß $\alpha_1 = 0$ ist. Wenn die Reibung zwischen den Kett- und Schußfäden vernachlässigt wird, können die Schußfäden lediglich als Umlenkrollen für die Kettfäden wirken. In diesem Fall wäre die horizontal gerichtete Kraft P in der gesamten Bildungszone des Gewebes die gleiche. Somit würden auf den zuletzt eingetragenen Schußfaden zwei gleiche Kräfte wirken: die horizontale Kraft P und die gegen die Gewebeebene geneigte R (Abb. 22).

Die Resultierende dieser beiden Kräfte besitzt wieder eine in Kettenrichtung wirkende Komponente D, die den Schußfaden aus dem Gewebe hinauszudrängen versucht; dadurch wird der Winkel α_2 kleiner; wenn er kleiner als α_3 wird, tritt auch am zweitletzten Schußfaden eine hinausdrängende Kraft D in Erscheinung. An den Kreuzungsstellen der Kettfäden wird der Längszug jeweils um den Wert D kleiner, wobei diese Kräfte die entsprechenden Schußfäden beschleunigen. Dieser Vorgang findet durch das Aufspringen des neuen Faches, wodurch $\alpha_1 > 0$ wird, sein Ende.

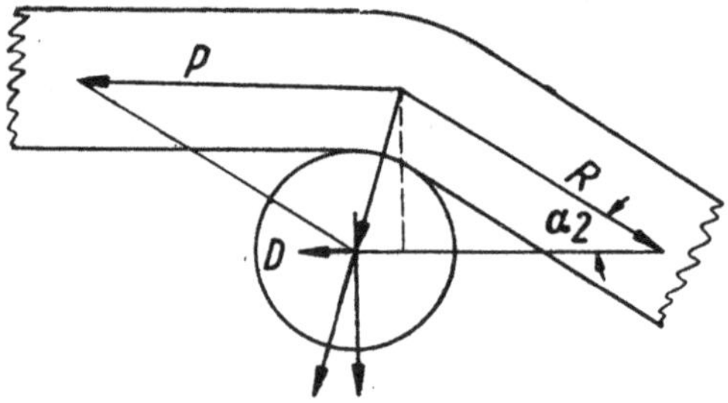

Abb. 22. Die durch die Kettfadenspannung auf den Schuß wirkenden Kräfte

In Wirklichkeit bringt die zwischen den Kett- und Schußfäden herrschende Reibung diesen Vorgang zum Stillstand, was durch das vertretene Fach, d. h. das Aufspringen des neuen Faches *vor* dem Anschlag noch begünstigt wird. Versuche zeigten, daß diese Verschiebung der Schußfäden in der Gewebebildungszone bei einer Größe des Fachumtritts von einheitlich 25 mm für Atlasbindung (fünfbindiger Atlas) 5 mm, für Leinwandbindung 6 mm und für Köperbindung (2/2) 4 mm beträgt (für Baumwollgarne mit normaler Dichte).

Auch unter Berücksichtigung der Reibung ergibt sich bei einer gewissen Zahl von Fäden ein in Richtung zum Blatt wachsender Schußfadenabstand, entsprechend den Winkeln

$$0 < \alpha_1 < \alpha_2 < \alpha_3 \ldots,$$

doch wird die Beschleunigung der Schußfäden durch die Kräfte D so gering, daß sie vernachlässigt werden kann.

Die in Richtung der geneigt verlaufenden Kettfadenachsen wirkenden Kräfte R werden innerhalb des Gewebes größer als P, und zwar um so größer, je weiter die Stelle vom Geweberand entfernt ist, wie aus Abb. 21 hervorgeht.

Es ist

$$R_1 = P \cdot \frac{1}{\cos \alpha_1}; \; R_2 = P \cdot \frac{1}{\cos \alpha_2}; \; R_3 = P \cdot \frac{1}{\cos \alpha_3} \text{ usw.},$$

und somit ist $R_1 < R_2 < R_3 \ldots$

Die Zone der Gewebebildung hat dort ihre Grenze, wo der Einbindungswinkel α aufhört zu wachsen, wo keine Verschiebung der Schußfäden auf den Kettfäden mehr stattfindet und die Differenz der auf die Schußfäden wirkenden Kräfte durch die Reibung ausgeglichen wird. Dieser „Gleichgewichtszustand" tritt erst in einer gewissen Entfernung vom Geweberand ein.

Abb. 23 zeigt die Verhältnisse am Geweberand bei Geschlossenfach zu Beginn des neuen Anschlags. In diesem Fall findet ein Vorgang statt, der genau umgekehrt wie der beschriebene verläuft. Auch hier bewegt sich jeder Schußfaden innerhalb der Gewebebildungszone, jedoch diesmal von der Lade auf den Brustverbinder zu.

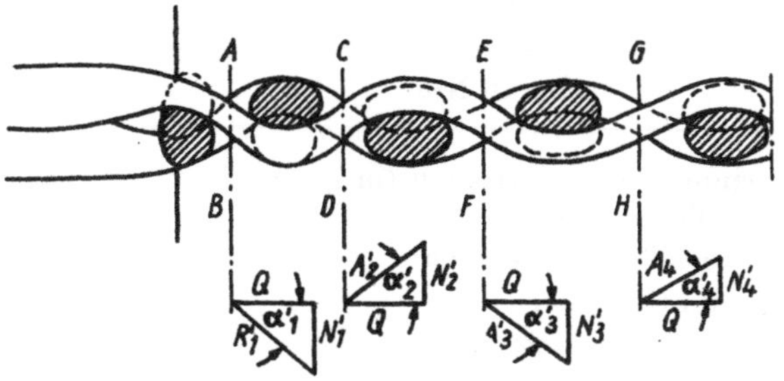

Abb. 23. Schematischer Schnitt durch den Geweberand beim Blattanschlag

Die Größe der Reibung zwischen den Schuß- und Kettfäden hängt vom Einbindungswinkel ab, der sich mit der Bindung ändert; er soll für leinwandbindige Gewebe mit α, für atlasbindige mit β und für Köper mit γ bezeichnet werden.

Versuche zeigten, daß $\alpha > \beta > \gamma$ ist.

Die Breite der Gewebebildungszone hängt stark von der Größe des Fachumtritts ab, da mit dieser Größe der Einbindungswinkel α_1 (bzw. β_1 und γ_1) am Geweberand größer und die Bewegung der Schußfäden bei jedem Anschlag verringert wird. Wenn der Fachumtritt den Wert 0 hat, kann eine starke Schwankung der Fadenspannungen und zahlreiche Fadenbrüche beobachtet werden, und der Webprozeß geht außerordentlich schlecht vonstatten. Da $\alpha > \beta > \gamma$ ist, ist es auch begreiflich, daß gerade leinwandbindige Gewebe ein Arbeiten mit übertretenem Fach erfordern.

7 Gewebe mit großem Unterschied zwischen den Nummern des Kettgarns und Schußgarns

Bei Geweben, deren Kette und Schuß in bezug auf die Nummer sehr verschieden sind, wie z. B. bei Schlafdecken, verläuft die Gewebebildung anders als bei Geweben mit einigermaßen gleichen Garnnummern. Gewebe für Schlafdecken (Art. 668) wird nach folgenden Angaben hergestellt: Kettgarn Nm 40 (für die Leisten Nm 48/2), Schuß Nm 3; Dichte auf 10 cm: Kette 184, Schuß 197 Fäden, Blatt Nr. 90, 4 Schäfte, Einarbeitung der Kette 16%.

Der aus Streichgarn bestehende Schuß ist relativ ungleichmäßig, sehr rauh, so daß beim Anschlag sehr starke Reibungskräfte auftreten. Um die erforderliche Schußdichte zu erreichen, muß der einzelne Kettfaden 25 bis 40 g Spannung erhalten, obwohl die Gewebebildung dadurch erleichtert wird, daß der Schuß zwei zum Teil sich überdeckende Schichten bildet. Infolge des ungleichmäßigen Schußgarns und hoher Reibung schwankte die Breite des Anschlagstreifens zwischen 2 und 8 mm.

Tabelle 7. Gemessene Spannungen der Kettfäden bei Schlafdecken

Schuß Nm	3	4,5	6
Spannung der Kettfäden (in g) im vorderen Schaft:			
bei Geschlossenfach	19,4	23,6	18,8
im Oberfach	36,9	41,7	36,7
im Unterfach	70,2	73,9	72,3
Verhältnis von Oberfach zu Unterfach	0,53	0,56	0,51
Spannung des Oberfachs beim Anschlag	76,0	75,9	80,9
Spannung des Unterfachs beim Anschlag	55,4	62,5	64,0
Verhältnis von Oberfach zu Unterfach	1,37	1,21	1,26
Spannung der Kettfäden (in g) im hinteren Schaft:			
bei Geschlossenfach	27,4	34,0	30,5
im Oberfach	42,4	52,2	48,9
im Unterfach	42,7	51,5	51,5
Verhältnis von Oberfach zu Unterfach	0,99	1,01	0,95
Spannung des Oberfachs beim Anschlag	51,6	63,0	69,5
Spannung des Unterfachs beim Anschlag	52,9	63,5	69,9
Verhältnis von Oberfach zu Unterfach	0,97	0,99	0,99

Für Schlafdeckengewebe wurden verschiedene Muster mit den Bindungen versetzter Köper, sechsbindiger und achtbindiger Atlas und den Schußgarnen Nm 3, 4, 5, 6 und 8 erprobt. Die dabei gemessenen Kettspannungen sind in Tab. 7 angegeben.

Die kleinsten Fadenbruchzahlen wurden bei Schuß Nm 3 und 4,5 beobachtet; höhere Schußdichte läßt sich leichter bei Geweben mit Ober- und Unterschuß erreichen.

8 Herstellung von Geweben auf breiten und schmalen Webstühlen

In der Weberei spielt die Breite des Gewebes eine große Rolle. Untersuchungen zeigten, daß die theoretische Leistung breiterer Webstühle (in Quadratmeter) größer als die Leistung schmaler Stühle ist.

Die theoretische Leistung des Webstuhls AT-175 ist

$$P_{th} = \frac{n \cdot b \cdot 60}{n_s \cdot 100} = \frac{150 \cdot 175 \cdot 60}{25 \cdot 100} = 6{,}30 \text{ qm/h}.$$

Hier ist n_s die Zahl der Schußfäden auf 1 cm;
n die Umdrehungszahl der Kurbelwelle in 1 min;
b die Gewebebreite in m.

Die theoretische Leistung des Webstuhls AT-100 ist entsprechend:

$$P_{th} = \frac{200 \cdot 100 \cdot 60}{25 \cdot 100} = 4{,}8 \text{ qm/h}.$$

Man sieht, daß die theoretische Leistung hier um etwa 32% hinter der des breiten Webstuhls zurückbleibt. Früher durchgeführte Untersuchungen haben die Wirtschaftlichkeit des Webens breiter Gewebe, beispielsweise von Wäschestoffen mit 142 cm Breite (statt 97 cm), nachgewiesen. Bei einer Warenbreite von 142 cm benötigt man für die Herstellung eines Satzes Wäsche (Größe 48) 7 bis 11% weniger Material. Aus der Praxis ist bekannt, daß beim Weben auf breiten Webstühlen die Zahl der Kettfadenbrüche am Rande des Gewebes (an den Webleisten) und die Zahl der Schußfadenbrüche etwas ansteigt. Untersuchungen zeigten, daß man auf breiten Webstühlen ebenso wie auf schmalem Gewebe sowohl bei gleicher als auch bei verschiedener Spannung des Ober- und Unterfachs erzeugen kann. Auf einem breiten Webstuhl geht die Bildung des Gewebes an verschiedenen Stellen verschieden vor sich: In der Mitte ist die Zone der Gewebebildung kleiner als an den Rändern, wo die Spannung beim Anschlag größer ist und die Zone der Gewebebildung sechs bis sieben Schußfäden umfaßt.

Die Vergrößerung des Fachumtritts und der Vorspannung verursacht auf breiten Webstühlen ein Heben des Geweberandes im Augenblick seiner Berührung mit dem Blatt. Die Verschiebung des Geweberandes in senkrechter Richtung sowie die Zahl der Fadenbrüche an den Kanten (dadurch, daß der Schützen im Fach festgeklemmt wird, infolge stärkerer Reibung der Fäden am Blatt und ihrer höheren Spannung beim Anschlag) ist auf breiten Webstühlen etwas größer als auf schmalen.

Die genannten Schwierigkeiten bei Verwendung breiter Webstühle lassen sich jedoch überwinden. So hebt die Verbesserung der Qualität der Schützen und eine derartige Einstellung des Schlagmechanismus, daß der Schützen in den Schützenkasten in einer Entfernung von 55 bis 65 mm vom Geweberand eintritt, die höhere Zahl der Kettfadenbrüche an den Rändern fast vollständig auf; eine gute Vorbereitung der Kette mit gleichmäßiger Spannung aller Kettfäden beeinflußt die Arbeit des Webstuhls günstig; bei richtig gewählten Parametern der Webstuhleinstellung, der Lage des Streichbaums, der Größe des Fachumtritts, der Höhe und Tiefe des Faches und des Austritts des Schützen dürfte die Zahl der Fadenbrüche auf 1 qm Gewebe auf dem breiten Webstuhl nicht größer als auf dem schmalen sein.

Tab. 8 enthält Angaben über Kettspannungen beim Weben von Leinwand Art. 594 auf schmalem Webstuhl (AT-80, 80 cm Warenbreite) und breitem Webstuhl (AT-175, 175 cm Warenbreite) je nach der Größe des Fachumtritts.

Tabelle 8. Spannung der Kettfäden (Nessel Art. 594) beim Anschlag und bei der Fachbildung je nach der Größe des Fachumtritts und der Geschlossenfachspannung für schmale (80 cm) und breite (175 cm) Webstühle

Webstuhl AT-80					
bei Änderung der Fachumtrittgröße			bei Änderung der Vorspannung		
Größe des Fachumtritts in mm	Spannung (in g) bei Beginn des Anschlags	Breite des Anschlagstreifens in mm	Vorspannung in g	Spannung (in g) bei Beginn des Anschlags	Breite des Anschlagstreifens
0	17,3 (14,8)	12,6	10	16,7	8,53
10	15,2	9,8	15	22,5	7,25
38	18,7	8,2	20	28,8	6,08
57	22,5	7,2	25	35,9	5,05
76	25,8	6,6	30	42,0	4,52
96	30,2	6,4	35	48,7	3,39
Webstuhl AT-175					
0	12,3 (7,9)	12,98	3,0	7,3	11,50
10	8,5	11,0	8,5	15,4	10,18
40	15,0	9,1	15,0	21,5	8,62
60	21,0	8,6			
80	26,3	8,3			
97	26,9	8,2			

9 Meßgeräte und Meßverfahren

9.1 Geräte zur Ermittlung der Breite des Anschlagstreifens und der Bewegung des Geweberandes

Im Abschnitt 4.2 wurde ein Gerät erwähnt, das eine Bestimmung der Breite des Anschlagstreifens, d. h. der Strecke, um die sich das Blatt nach Berührung des augenblicklichen Geweberandes weiter vorwärtsbewegt, ermöglicht. Dieses von P. W. WLASSOW und F. M. ROSANOW [32] beschriebene Gerät ist in Abb. 24 schematisch dargestellt und hat folgende Wirkungsweise: Die Stoßstange *1* kann sich in Pfeilrichtung bewegen, wobei sie die Feder *3* spannt. An der Stoßstange ist die Schreibvorrichtung *5*/*6* befestigt, die die Breite des Anschlagstreifens auf dem auf der Trommel *7* befestigten Millimeterpapier aufzeichnet. Die Trommel, deren Durchmesser 36 mm und deren Breite 45 mm beträgt, wird von einem Uhrwerk mit 5 U/min angetrieben.

Das Gerät wird mit Hilfe des Winkels *8* am Webstuhlgestell derart befestigt, daß die Stoßstange über dem Geweberand steht und beim

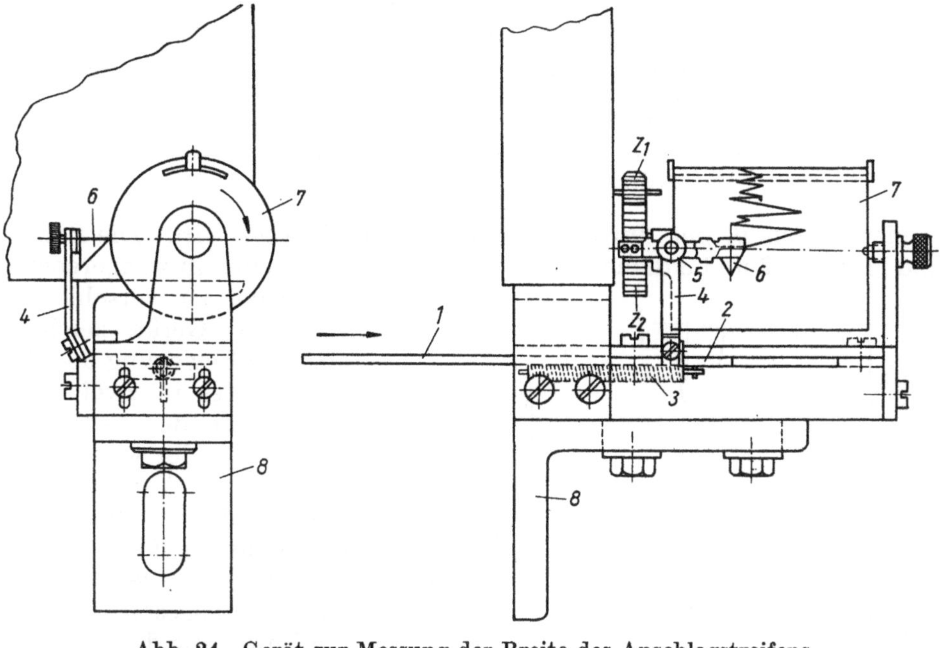

Abb. 24. Gerät zur Messung der Breite des Anschlagstreifens

Anschlag durch den Ladendeckel verschoben wird. Um den Stoß zu dämpfen, wird an der entsprechenden Stelle des Ladendeckels ein Stück Leder angebracht. Die Schreibvorrichtung zeichnet die von der Lade nach Berührung mit dem Geweberand zurückgelegte Strecke, d. h. die Breite des Anschlagstreifens in natürlicher Größe auf. Mit diesem Meßgerät wurde die Breite des Anschlagstreifens ermittelt, die dem in Abb. 4 gezeigten Diagramm entspricht.

Ein anderes Meßgerät für die Ermittlung der Bewegung des Geweberandes wurde von G. I. MEDWEDJEWA entwickelt (Abb. 25). Das mit Nadeln versehene Rädchen *1* liegt auf dem Geweberand auf; die horizontale Bewegung des Geweberandes überträgt es durch eine endlose

Kette auf die Schreibvorrichtung *3*. Bei senkrechter Bewegung des Geweberandes dreht sich der Hebel *2* mit dem Nadelrädchen und der Schreibvorrichtung um die Achse *5*. Die Aufzeichnung erfolgt auf dem

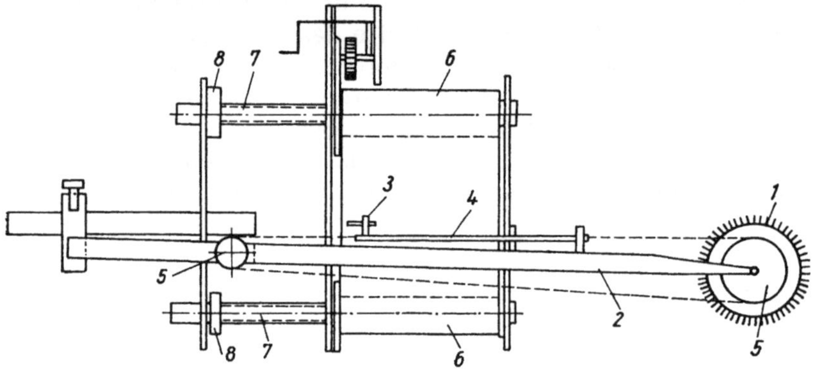

Abb. 25. Gerät zur Bestimmung der Bewegung des Geweberandes beim Anschlag und der Breite des Anschlagstreifens

Papierstreifen *6*, der durch ein Uhrwerk fortbewegt wird. Die Bolzen und Muttern *7* und *8* dienen dazu, um den Papierstreifen in waagerechter Richtung zu verschieben.

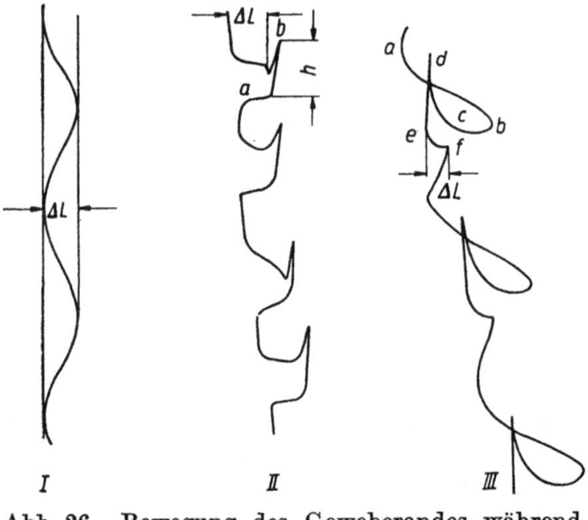

Abb. 26. Bewegung des Geweberandes während der Arbeit des Webstuhls; die Kurven sind von dem in Abb. 25 gezeigten Gerät aufgenommen

Dieses Gerät zeichnet also die Bewegung des Geweberandes in zwei Ebenen — in der senkrechten und in der waagerechten — auf. Abb. 26 zeigt die von diesem Gerät aufgezeichneten Kurven. Zunächst wurde die Ladenbewegung ausgeschaltet und die Bewegung des Geweberandes ausschließlich infolge der Fachbildung aufgezeichnet. So entstand Kurve *I*, bei der die Strecke ΔL der Verschiebung des Geweberandes entspricht.

Kurve *II* zeigt die Bewegung des Geweberandes beim Weben. Die senkrechten Anschläge sind durch die verschiedene Spannung des Ober- und Unterfachs hervorgerufen.

Kurve *III* entspricht dem Webprozeß bei 57 mm Fachumtritt. Dem Anschlag entspricht der Teil *abc* der Kurve. Nach dem Anschlag geht der Druck des Blattes zurück, und der Geweberand hebt sich infolge größerer Spannung des Oberfachs (Abschnitt *cd*). Der Verschiebung des Geweberandes zum Brustverbinder bei der Fachschließung entspricht der Teil *ef*. Die senkrechte Verschiebung des Geweberandes ist je nach der Entfernung von den Breithaltern verschieden groß und wächst nach der Mitte des Gewebes zu. Versuche zeigten, daß diese Verschiebung des Geweberandes auf Webstühlen AT-80 7 mm und AT-175 12 mm erreichen kann.

9.2 Geräte zur Bestimmung der Spannung der Kettfäden auf dem Webstuhl

Die Kettfadenspannung stellt einen der wesentlichen Faktoren des Webprozesses dar, von ihr hängt sowohl Dichte und Dicke des Gewebes als auch der Garnverbrauch infolge des unterschiedlichen Einwebens ab. Die Höhe der Kettfadenspannung kann aus der Dehnung der Kettfäden ermittelt werden; ein Kriterium für die Spannung (besonders für eine übermäßige) ist die Fadenbruchzahl beim Weben.

Die große Bedeutung der Kettfadenspannung hat zur Folge, daß zahlreiche Geräte für ihre Messung entwickelt worden sind. Diese Meßgeräte können in vier Gruppen zusammengefaßt werden:

1. Mechanische Meßgeräte ohne Aufzeichnung;
2. mechanische Meßgeräte mit mechanischer Aufzeichnung der Spannungskurve;
3. mechanische Meßgeräte mit optischer Aufzeichnung der Spannungskurve;
4. elektrische Meßgeräte mit optischer Aufzeichnung der Spannungskurve.

Meßgeräte mit mechanischer Aufzeichnung haben den Nachteil, daß bei der Übertragung der gemessenen Spannung auf den Papierstreifen mehr oder weniger schwere Hebel, Stangen usw. bewegt werden müssen. Infolge der Trägheit der beweglichen Teile reagieren diese Geräte schlecht auf schnelle Veränderungen der Kettfadenspannung und eignen sich wenig zur Ermittlung plötzlicher Spannungsänderungen.

Mechanische Meßgeräte mit optischer Aufzeichnung enthalten einen kleinen Spiegel, dessen Masse und Trägheit nur klein sind; sie ermöglichen die Bestimmung schnell wechselnder Spannungen. Durch besondere Empfindlichkeit zeichnen sich Meßgeräte mit Kathodenstrahl-Oszillographen aus, die trägheitslos sind.

Im folgenden werden einige Meßgeräte und -verfahren beschrieben. Darüber hinaus soll auf die Untersuchungen von W. Frenzel und H. Martin [24], [25] sowie von H. Stein und W. Rohs sowie H. Fischer, H. Griese und G. Satlow [33] hingewiesen werden.

9.21 Tensometer System ZWFIfBF [1])

Zur Bestimmung der Kettfadenspannung im Abschnitt zwischen dem Streichbaum und den Schäften kann der vom ZWFIfBF entwickelte Spannungsmesser (Tensometer) (Abb. 27) verwendet werden.

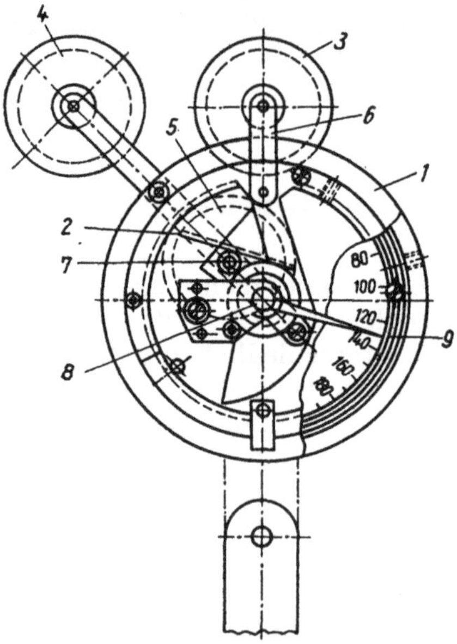

Abb. 27. Fadenspannungsmesser System ZWFIfBF (ZNIILW)

Im Gehäuse *1* dieses Geräts befindet sich die Feder *2*, deren eines Ende an der beweglichen Rolle *3* befestigt ist. Die Rollen *4* und *5* sind unbeweglich, während die Rolle *3* am Ende des beweglichen Hebels *6* sitzt, an dessen anderem Ende ein Zahnkranz angebracht ist, der über die Zahnräder *7* und *8* den auf der Achse des Zahnrades *8* sitzenden Zeiger *9* bewegt. Der Zeiger zeigt auf dem Zifferblatt die Federspannung und somit die Fadenspannung (in Gramm) an. Das Gerät wird durch ein Kontrollgewicht justiert. Der Faden läuft über die zwei unbeweglichen Rollen *4* und *5* und die bewegliche Rolle *3*. Die Spiralfeder *2* führt den Zeiger wieder in die Nullstellung zurück.

9.22 Gerät System N. K. Owzyn (Wissenschaftliches Forschungsinstitut der Textilindustrie zu Iwanowo)

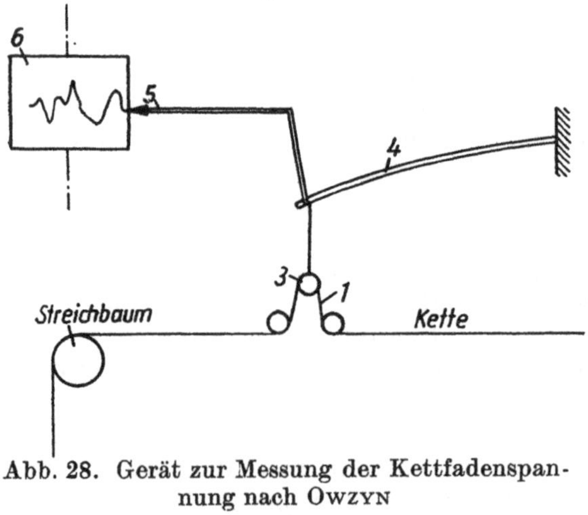

Abb. 28. Gerät zur Messung der Kettfadenspannung nach Owzyn

Mit Hilfe des Owzyn-Geräts kann die Kettfadenspannung im Abschnitt Streichbaum-Kettfadenwächter gemessen werden. Die Wirkungsweise des Geräts ist folgende:

Der Kettfaden *1* (Abb. 28) läuft über die Rolle *3*, die am Ende der Blattfeder *4* angehängt ist und sie entsprechend der Fadenspannung deformiert. Der Zeiger *5* zeichnet auf der rotierenden Trommel *6* die Spannungs-

[1]) Zentrales Wissenschaftliches Forschungsinstitut für Bastfasern.

kurve. Um den Apparat zu eichen, wird an Stelle des Kettfadens ein anderer Faden eingeführt, der an einem Ende befestigt ist und am anderen mit 5, 10, 15, 20 usw. Gramm belastet wird. Das Gerät ist mit einer elektrisch wirkenden Vorrichtung versehen, die im Augenblick der vorderen Ladenstellung den Meßstreifen mit einem Zeichen versieht, damit die Fadenspannung auf die Kurbelstellung bezogen werden kann. Abb. 29 zeigt ein auf Grund dieser Messungen gezeichnetes Diagramm für die Spannung des Kettfadens beim Weben von Gewebe Art. 598. Die Größe des Fachumtritts betrug 7 cm, und der Streichbaum lag in gleicher Höhe mit dem Brustverbinder.

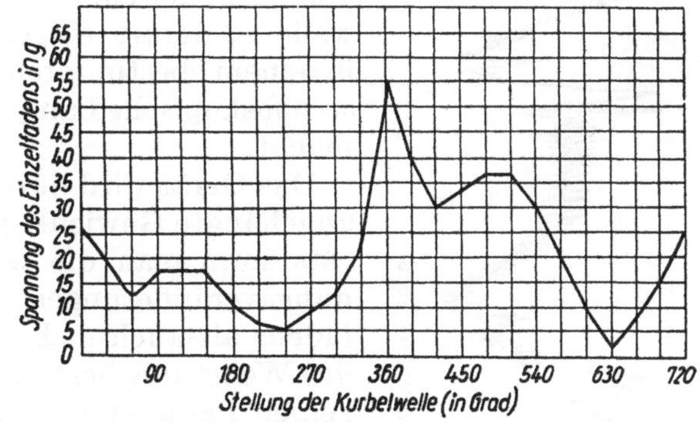

Abb. 29. Veränderung der Kettfadenspannung auf dem Webstuhl

9.23 Gerät System P. A. Kolesnikow

Der Ständer *1* (Abb. 30) trägt den Winkel *2* mit dem Rahmen *3*. In diesem Rahmen lagert auf zwei Prismen ein biegsamer stählerner Stab *4*, in dessen Mitte die Rolle *5* (die 2 bis 3 g wiegt) angehängt ist. Der Kett-

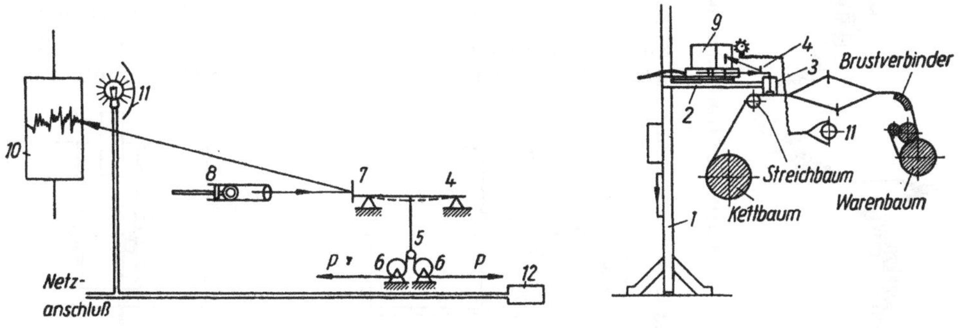

Abb. 30. Gerät zur Bestimmung der Kettfadenspannung nach P. A. Kolesnikow

faden läuft über die Lenkrollen *6* um die Rolle *5*. Unter dem Einfluß der Fadenspannung erfährt der Stab eine Durchbiegung.

Das eine Ende des Stabes trägt den leichten Spiegel *7*. Der von der Lichtquelle *8* kommende Lichtstrahl wird durch den Spiegel zurückgeworfen und zeichnet im Aufnahmeapparat *9* auf dem Film *10* die Spannungskurve der Kettfäden auf.

Zur Erleichterung der Analyse der aufgezeichneten Spannungskurve ist das Gerät mit einem besonderen elektrisch betätigten Unterbrecher versehen, der entsprechend der Stellung der Hauptwelle *12* derart eingestellt werden kann, daß die in einem bestimmten Augenblick aufleuchtende stroboskopische Lampe *11* auf dem Film ein Zeichen macht.

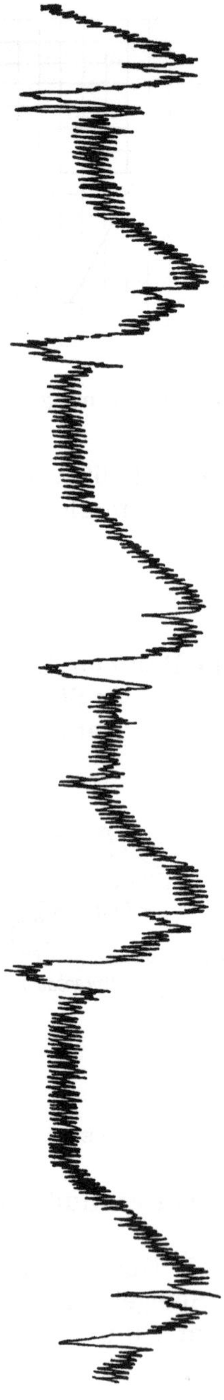

Abb. 31. Kurve der Kettfadenspannung, aufgezeichnet vom KOLESNIKOW-Gerät

Das Gerät wird durch verschiedene, an der Rolle angehängte Gewichte geeicht. Mit Hilfe dieses Geräts kann man die Größe und die Art der Spannungsveränderungen sowohl eines einzelnen Kettfadens als auch mehrerer Kettfäden bei der Arbeit des Webstuhls bestimmen und den Einfluß der einzelnen Parameter sowie ihre Veränderung auf die Spannung der Kettfäden feststellen.

Das Gerät zeichnet sich durch hohe Empfindlichkeit aus.

Abb. 31 zeigt eine von diesem Gerät aufgenommene Kurve, die beim Weben von Leinwand bei einem Fachumtritt von 50 mm und einem Anschlagstreifen von 3 mm erhalten wurde.

9.24 Gerät System ZWFIdBI[1])

K. G. ALEXEJEW [34] konstruierte im Zentralen Wissenschaftlichen Forschungsinstitut der Baumwollindustrie ein Gerät zur Messung der Kettfadenspannung mit optischer Aufzeichnung, das gegenüber dem Gerät von P. A. KOLESNIKOW den Vor-

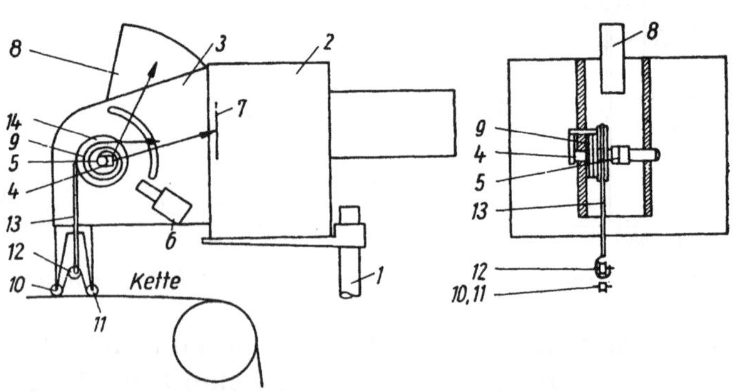

Abb. 32. Gerät System ZWFIdBI (ZNIIBI) (ALEXEJEW) zur Bestimmung der Kettfadenspannung

[1]) Zentrales Wissenschaftliches Forschungsinstitut der Baumwollindustrie.

teil aufweist, daß es nicht aus einzelnen Teilen besteht und daher bequemer im Gebrauch ist.

Auf dem Stativ *1* (Abb. 32) befindet sich die Kamera *2*, die mit dem Meßgerät *3* verbunden ist. Im Meßgerät sind an der Achse *4* zwei Spiegel *5* befestigt, die den aus der Lichtquelle *6* kommenden Strahl auf den Film *7* und auf die im oberen Teil des Geräts befindliche Skala *8* lenken derart, daß man während der Arbeit des Webstuhls die Verschiebung des Reflexes auf der Skala *8* beobachten kann.

An der Achse *4* ist ein Ende der Feder *9* befestigt, dessen anderes Ende im bogenförmigen Schlitz so angebracht ist, daß ihre Spannung geregelt werden kann.

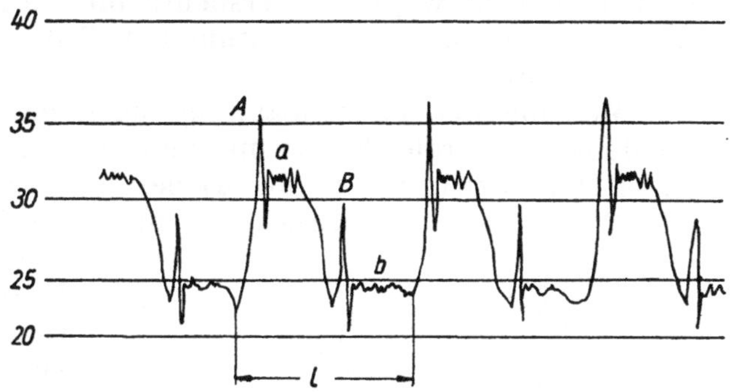

Abb. 33. Diagramm der Kettfadenspannung, aufgenommen mit Hilfe des ALEXEJEW-Geräts

Der Kettfaden oder mehrere (2 bis 4) Fäden laufen über die Lenkrollen *10* und *11* sowie die Meßrolle *12*.

Während der Arbeit des Webstuhls rufen die Spannungsveränderungen der Kettfäden eine senkrechte Verschiebung der Rolle *12* hervor, die auf das auf der Achse *4* sitzende Rädchen *14* übertragen wird, wodurch die Achse und die auf ihr befestigten Spiegel gedreht werden.

Die Bewegung des vom Spiegel reflektierten Lichtstrahls wird auf dem sich verschiebenden Film *7* aufgezeichnet.

Die von der Fadenspannung auf dem Film aufgezeichnete Kurve hängt von der Transportgeschwindigkeit des Films und der Kettfadenspannung ab.

Das Gerät wird vor jeder Messung durch Anhängen von Gewichten (10, 20, 30, 40 g usw.) an die Meßrolle *12* geeicht. Dabei zeichnet der Lichtstrahl auf dem Film einen waagerechten Strich, der bei der Auswertung der Kurve die Umrechnung der Kurvenhöhe in die Spannung ermöglicht. Das Drehmoment der Spiralfeder *9* kann durch Veränderung der Stellung des einen Endes im bogenförmigen Schlitz zwischen 0 und 300 g geregelt werden. Daher ist das Meßgerät für alle Gewebearten geeignet. Bei der Regelung des Drehmoments muß man davon ausgehen, daß der reflektierte Lichtstrahl bei der höchsten Fadenspannung immer noch auf den Film fallen muß.

Abb. 33 zeigt das mit Hilfe des beschriebenen Geräts aufgenommene Diagramm der Kettfadenspannung beim Weben von Nessel Art. 598. Der Punkt *A* entspricht dem Anschlag, während der Kettfaden sich im

Unterfach befindet; *B* entspricht dem Anschlag beim Oberfach. Die Strecke *l* entspricht einem Arbeitszyklus des Webstuhls.

9.25 Bestimmung der Kettfadenspannung mit Hilfe des Elektrotensogebers und des Oszillographen

P. A. Kolesnikow [35] untersuchte im Moskauer Textilinstitut die Fadenspannung auf dem Webstuhl mit Hilfe von Elektrotensometern und Oszillographen.

Die Messung der Fadenspannung nach der elektrotensometrischen Methode ist im Vergleich zum mechanischen Meßverfahren exakter.

Diese Meßvorrichtung (Abb. 34) besteht aus dem eigentlichen Meßgerät (Wheatstonesche Brücke) *1* mit dem Meßdraht *10*, dem Registriergerät (Schleifenoszillographen) *2*, dem Generator *3*, dem Verstärker *4*, dem Detektor *5* und einer Hilfsspannungsquelle *6*.

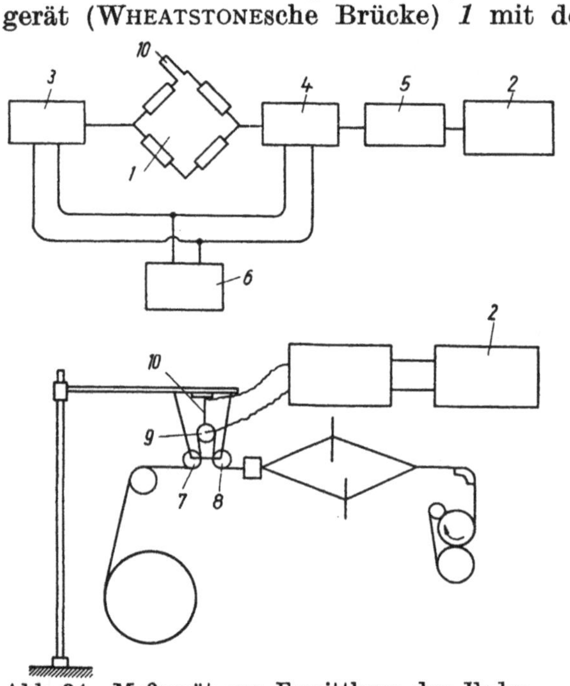

Abb. 34. Meßgerät zur Ermittlung der Fadenspannung nach P. A. Kolesnikow

Schleifenoszillographen werden gegenwärtig bei experimentellen Untersuchungen weitgehend verwendet, da sie im Vergleich zu den früher beschriebenen Meßgeräten nur eine geringe Trägheit besitzen.

Die Oszillographen werden mit neun und mehr Schleifen versehen, und dadurch ist es möglich, nicht nur die Spannungskurve des Kettfadens zu messen, sondern gleichzeitig auch die Arbeit verschiedener Webstuhlteile und die Zeit zu fixieren.

Die Wirkungsweise des Oszillographen ist folgende:

Ein starker Lichtstrahl aus der Lichtquelle *1* (Abb. 35) fällt durch die Linse *2* und einen schmalen Spalt *3* auf das elektromagnetische Gerät *4*, in dessen Magnetfeld sich die Schleife *5* — eine feine stromdurchflossene Drahtschleife — befindet. Dieser Draht trägt einen kleinen Spiegel. Der vom Spiegel reflektierte Strahl passiert die zylindrische Linse *6* und gelangt auf die Spiegeltrommel *8* und von ihr auf die Mattscheibe *9*, wo er unmittelbar beobachtet werden kann. Ein anderer Teil des Lichtstrahls trifft auf den sich bewegenden Film *7*. Wenn die Stromstärke in der Drahtschleife sich ändert, dreht sich der Spiegel, wodurch die Richtung des Lichtstrahls sich derart ändert, daß auf dem Film die Kurve der Fadenspannung aufgezeichnet wird. Das elektromagnetische Gerät *4* des Oszillographen ist mit dem Meßgerät *1* (in Abb. 34) verbunden.

Die elektrische Messung der Fadenspannung beruht darauf, daß der elektrische Widerstand eines Metalldrahtes sich proportional der auf ihn wirkenden Zugkraft ändert. In dem oben beschriebenen Gerät wird als ein Teil der Brücke ein Konstantandraht von 0,15 mm Durchmesser verwendet, der als Dehnungsmeßstreifen *10* (auf Abb. 34) dient.

Die Meßvorrichtung wird mit Hochfrequenzstrom von einem Röhrengenerator (1500 Hertz) gespeist, die auftretende Diagonalspannung wird verstärkt und die erhaltenen Schwingungen durch den Detektor moduliert und vom Schleifenoszillographen aufgezeichnet.

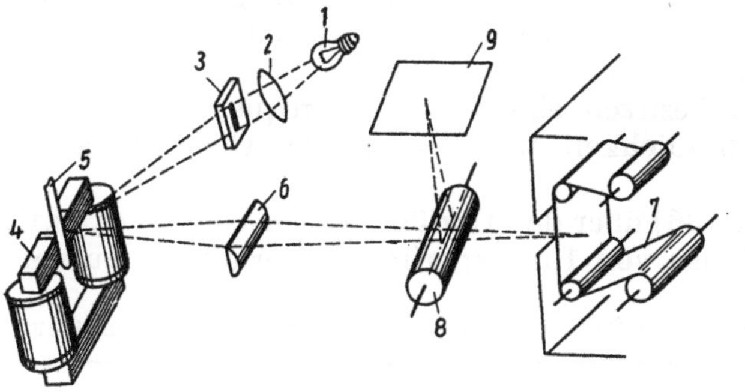

Abb. 35. Schema eines Schleifenoszillographen

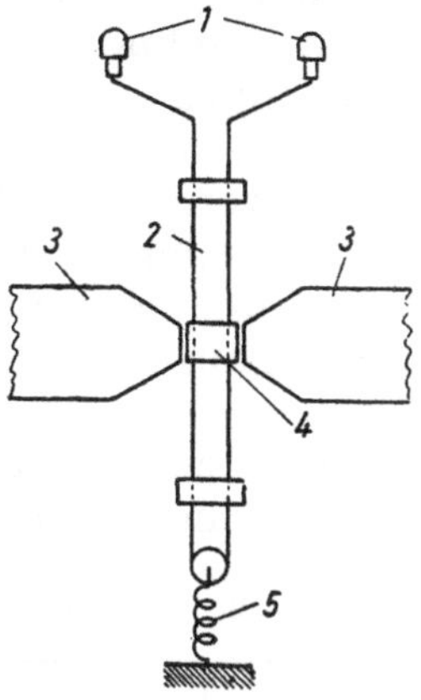

Abb. 36. Schleife des Oszillographen

Bei der Ermittlung der Fadenspannung läuft der Faden über die zwei Lenkrollen *7* und *8* (Abb. 34) und um die am Meßdraht *10* hängende dritte Rolle *9*. Infolge der Fadenspannung wird der Meßdraht gedehnt, und sein elektrischer Widerstand verändert sich. Die Fadenspannung kann nach dem Eichen des Gerätes in Gramm abgelesen werden.

Die Länge des Lichtstrahls, d. h. der Abstand von der Schleife (vom Galvanometer) bis zum Filmstreifen, ändert sich je nach der Konstruktion des Oszillographen und kann bis zu 1 m betragen.

Die Schleife des Oszillographen ist wie folgt eingerichtet (Abb. 36):

Bei der Aufzeichnung der Schwingungen gelangt der elektrische Strom bestimmter Stärke und Richtung durch die Klemmen *1* in die Schleife *2* und bildet ein mit dem Feld des Magneten *3* wechselseitig wirkendes Magnetfeld. Die Feldkräfte rufen eine Torsion der Drahtschleife und auch des zwischen ihnen hängenden Spiegels *4* hervor, der Spiegel dreht sich um einen Winkel, der der Stärke und Richtung des Stromes proportional ist. Da die Schleife bewegliche Teile und eine Spannvorrichtung *5* besitzt, ist ihr auch eine gewisse, wenn auch kleine Trägheit eigen; die Schleife ist durch folgende Werte charakterisiert: durch die Frequenz der Eigenschwingungen, durch ihren Widerstand und durch ihre Empfindlichkeit gegenüber der Änderung der Stromstärke.

Die Empfindlichkeit der Schleife kann verschieden sein: Sie wird durch die auf dem Film bei einem Strom von 1 mA aufgezeichnete Ordinate bestimmt und in mm/mA ausgedrückt. Die Frequenz der Eigenschwingungen der Schleife hängt von der Länge und von den Abmessungen der Schleife, von der Kraft, mit der sie gespannt ist, und von der Masse des Spiegels ab; sie wird in Schwingungen pro Sekunde (Hz) gemessen und kann in weiten Grenzen schwanken: von einigen Dutzend bis zu 20000 Hz.

Die Empfindlichkeit der Schleife kann durch Division der Lichtstrahlabweichung in mm durch die Stromstärke in mA ausgedrückt werden, wobei die erhaltene Zahl auf einen bestimmten Oszillographentyp bezogen werden muß, da die Länge des Lichtstrahls bei verschiedenen Konstruktionen verschieden ist.

Empfindliche Schleifen besitzen eine niedrige Frequenz der Eigenschwingungen; die Empfindlichkeit wird durch die Abweichung des Strahls bestimmt.

Tab. 9 enthält Angaben [36] über den Oszillographen vom Typ CHETI, die bei einer Lichtstrahllänge von 1 m experimentell ermittelt wurden.

Tabelle 9. Technische Daten einiger Schleifen für den Oszillographen System CHETI

Klasse	Eigenfrequenz in Luft (Hz)	Empfindlichkeit (mm/mA)	Widerstand in Ohm	Zulässiger Strom in mA
1	5500	0,2	2,5	100
1 t	5500	0,66	2,1	100
2	9800	0,26	2,7	100
2 t	10000	0,01	3,2	200
3	10300	0,27	1,5	100
3 t	2500	0,45	2,0	100
4	3460	4,0	4,4	20
4 t	3250	2,08	4,4	20
5	1700	12,0	4,4	6,0
5 t	2000	16,1	6,1	4,0
6 t	600	1,06	1,9	100
7	20000	0,056	1,3	250
7	13000	0,12	2,6	300
7	20000	0,066	11,5	250
8	900	360	10,1	0,25
8	1000	33,0	7,8	2,0
8	1000	17,0	7,4	4,0

Um die Spannung des Kettfadens in den einzelnen Abschnitten des Webstuhls zu messen, wird ein Draht von 70 bis 100 mm Länge als Dehnungsmeßstreifen in den Kettfaden „eingebunden“.

Experimentelle Untersuchungen mit dem oben beschriebenen Gerät wurden am Webstuhl AT-100 bei folgenden Einstellungsparametern durchgeführt: Größe des Fachumtritts 50 mm, Streichbaum in gleicher Höhe wie der Brustverbinder. Dabei wurden folgende Resultate erhalten:

1. Die Spannung des Kettfadens beim Weben eines Nesselgewebes betrug beim Anschlag 45 g und bei geschlossenem Fach 13 g.

2. Wenn man die Kettfadenspannung in der Zone „Kettbaum/Streichbaum“ beim Anschlag gleich 100 setzt, erhält man im Abschnitt Streichbaum/Kettfadenwächter die Spannung 115, im Abschnitt Kettfadenwächter/Schaft 180 und im Abschnitt Schaft/Geweberand 217; die Kettfadenspannung ist am Geweberand also mehr als doppelt so hoch wie am Kettbaum.

Die Schwingungsamplitude der Fadenspannung erhöht sich von einer Zone des Webstuhls zur anderen und erreichte im Abschnitt Schaft/Geweberand den maximalen Wert.

9.26 Geber nach dem Prinzip des OHMschen Widerstandes

Die Messung der Spannung eines Fadens erfolgt zweckmäßigerweise durch Dehnungsmeßstreifen, deren elektrischer Widerstand ermittelt wird (Abb. 37). Dehnungsmeßstreifen können verschiedener Art sein: Es gibt Rheochordgeber (s. Abschn. 9.3), Halbleiter und Drahtwiderstände [36]. Bei den Gebern des ersten Typs verändert sich die Länge des Leiters, beim zweiten Typ der Querschnitt des Leiters und beim dritten Typ ändert sich der Querschnitt, die Länge des Leiters und sein spezifischer Widerstand. Der Dehnungsmeßstreifen aus Draht besteht aus einem Streifen dünnen, festen Papiers, auf dem ein Draht von 25 bis 30 μ Durchmesser aufgeklebt ist; die Länge des Drahtes bestimmt die Konstanten des Gebers. Der Draht wird mit einem besonderen Leim befestigt, er verläuft auf dem Streifen mäanderförmig und hat an den Enden Stromanschlüsse.

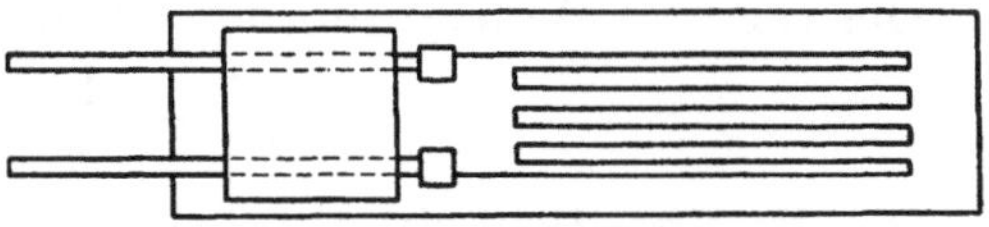

Abb. 37. Dehnungsmeßstreifen

Bei einem anderen Verfahren zur Messung der Fadenspannung wird der Konstantandraht (Geber) in den Kettfaden in dem Abschnitt des Webstuhls, in dem die Spannung ermittelt werden soll, eingebunden.

Die Fadenspannung ruft eine Deformation des Drahtes hervor: ändert seinen Querschnitt und die Länge, wodurch der elektrische Widerstand des Drahtes größer wird. Entsprechend der bekannten Formel beträgt der Widerstand R des Drahtes:

$$R = \varrho \cdot \frac{l}{q}.$$

Hier bedeutet: R den Widerstand in Ohm,
ϱ den spezifischen Widerstand in Ohm/cm,
l die Länge des Leiters in cm,
q den Querschnitt in qcm.

Wenn die Längenzunahme des Leiters nach der Deformation mit Δl bezeichnet wird und die Verringerung des Durchmessers mit Δd, erhält man für den POISSONschen Koeffizienten

$$\mu = \frac{\Delta d/d}{\Delta l/l} = \frac{\varepsilon_1}{\varepsilon}.$$

Oben wurde bereits gesagt, daß die Deformation des Drahtes seinen Widerstand ändert; es ist

$$R_1 = \varrho \frac{l_1}{q_1}.$$

Da aber

$$l_1 = l + \Delta l = l\ (1 + \varepsilon)$$

und

$$q_1 = q - \Delta q = q \left(\frac{d - \Delta d}{d}\right)^2$$

erhält man, wenn die Größen zweiter Ordnung fortgelassen werden:

$$q_1 = q\ (1 - 2\,\varepsilon_1) = q\ (1 - 2\,\mu\varepsilon).$$

Somit ist die Zunahme des Widerstandes

$$\Delta R = R_1 - R = \frac{\varrho l}{q} \left(\frac{1 + \varepsilon}{1 - 2\mu\varepsilon} - 1\right).$$

Der relative Widerstand des Leiters ist

$$\frac{\Delta R}{R} = \frac{1 + \varepsilon}{1 + 2\mu\varepsilon} - 1.$$

Die Empfindlichkeit des Leiters gegenüber der Deformation findet ihren Ausdruck in der Gleichung

$$\lambda = \frac{\Delta R/R}{\Delta l/l}.$$

Der Widerstand des Leiters ändert sich wie oben gesagt mit der Deformation. Die Empfindlichkeit der Leiter, ermittelt durch Berechnungen und Versuche, ist verschieden, da der spezifische Widerstand ϱ des Leiters sich in Abhängigkeit vom Dehnungszustand der verschiedenen Legierungen positiv und negativ verändert.

Tab. 10 enthält ungefähre Angaben über den Widerstand und die Empfindlichkeit einiger Legierungen gegenüber Deformationen [14].

Tabelle 10. **Widerstand, Empfindlichkeit gegenüber Deformationen und Temperaturänderungen einiger Legierungen**

Legierung	Angenäherte Zusammensetzung in Prozent	Widerstand in Ohm/m bei 0,025 mm ∅	Temperaturkoeffizient des Widerstandes auf $1° \cdot 10^6$	Empfindlichkeit gegenüber Deformationen λ
Konstantan	80 Cu, 40 Ni	930—980	± 2	2,0—2,1
Nichrom (Chromnickel)	80 Ni, 20 Cr	1750—2000	100	2,1—2,3
Chromel	64 Ni, 11 Cr, 25 Fe	2100—2200	180	2,5
Elinvar	36 Ni, 8 Cr, 56 Fe	1600	300	3,2—3,5

Abb. 38 zeigt das Schaltschema einer Meßvorrichtung für Widerstandsgeber, mit deren Hilfe Deformationen (auch von Maschinenteilen) ermittelt werden können. Hier ist *1* ein leichter Metallbalken, *2* das am Ende dieses Balkens wirkende Gewicht, *3* der am eingespannten Ende des Balkens angeklebte Meßstreifen, *D* Anschlüsse des Gebers, *K* Temperaturkompensator, R_1 der an Stelle des Temperaturkompensators einzuschaltende Widerstand, R_2 die Grobeinstellung für die Brücke, R_3 der Nebenschluß des Galvanometers, R_4 der Eichwiderstand, *R* der Brückenwiderstand, der einen genauen Ausgleich ermöglicht; *B* ist die Batterie, *G* das Galvanometer und *U* der Umschalter.

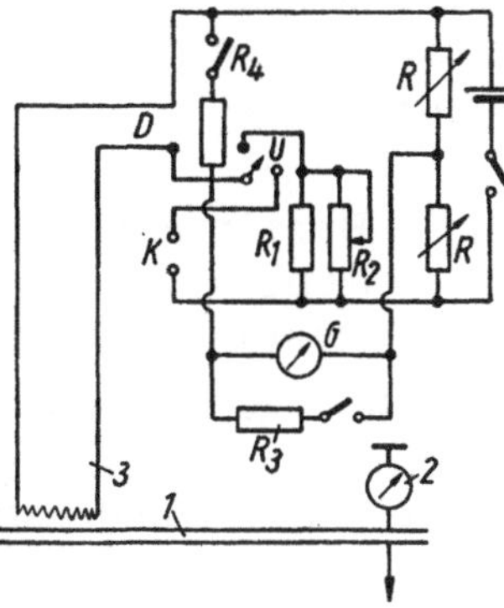

Abb. 38. Schaltschema der Meßvorrichtung

Der am eingespannten Ende des Balkens aufgeklebte Dehnungsmeßstreifen wird durch die Deformation des Balkens infolge der an seinem freien Ende wirkenden Last deformiert. Die Größe der Spannung und der Deformation des Balkens kann durch Ermittlung der Deformation des Balkens mit Hilfe eines Indikators oder Tensometers ermittelt werden; die Werte für die Spannung und Deformation werden berechnet, da die Abmessung des Balkens, die Belastung und der Elastizitätsmodul bekannt sind.

Bei der Ermittlung der Deformation des Balkens mit Hilfe eines mechanischen Tensometers wird dieser an die Stelle gesetzt, wo der Dehnungsmeßstreifen aufgeklebt ist.

Um den Einfluß der Temperatur auf den Dehnungsstreifen zu verringern, muß er aus einer Legierung hergestellt sein, deren Widerstandskoeffizienten sich bei Temperaturänderung nur wenig ändern, beispielsweise aus Konstantan.

Bei der Untersuchung der Deformation z. B. von Maschinenteilen, ist das Material, aus dem der Dehnungsmeßstreifen und der betreffende

Maschinenteil hergestellt sind, von großer Bedeutung. Der auf den Maschinenteil aufgeklebte Draht deformiert sich bei Temperaturänderung zusammen mit dem Teil, somit spielt nicht nur der Widerstandskoeffizient, sondern auch der Koeffizient der linearen Ausdehnung des Materials eine Rolle. Zum Beispiel besitzen Blattstäbe (Rietstäbe) aus Stahl einen linearen Ausdehnungskoeffizienten von $11 \cdot 10^{-6}$, und der Konstantandraht von $15 \cdot 10^{-6}$, d. h., die Wärmeausdehnung des Stahls und des Konstantans sind verschieden. Der Stahl, der einen kleineren Wärmeausdehnungskoeffizienten besitzt, kann die Dehnung des Konstantans verhindern.

Bei Verwendung von Meßdrähten aus Legierungen und Metallen (z. B. aus Chromnickel), bei denen der Temperatureinfluß auf den Dehnungsmeßstreifen erhebliche Größen erreichen kann, verwendet man verschiedene Methoden, um die Temperaturausdehnung zu kompensieren. So verwendet man z. B. Dehnungsmeßstreifen aus zwei Drähten entsprechender Länge und mit entsprechendem Querschnitt — ein Verfahren, bei dem nicht der Geber, sondern das Meßgerät (Meßbrücke) kompensiert wird.

9.27 Bestimmung der Fadenspannung durch einen Kathodenstrahl-Oszillographen in Verbindung mit elektrischen Gebern

J. I. KUROWEDOW [37] (Textilinstitut zu Iwanowo) wandte für die Ermittlung und Messung nichtelektrischer Größen mit Hilfe der Elektrizität den Kathodenstrahl-Oszillographen an und konstruierte eine entsprechende Vorrichtung zur Messung der Fadenspannung. Der Kathodenstrahl-Oszillograph besitzt eine größere Empfindlichkeit als der Schleifenoszillograph, da die beweglichen Teile des letzteren eine gewisse Trägheit aufweisen.

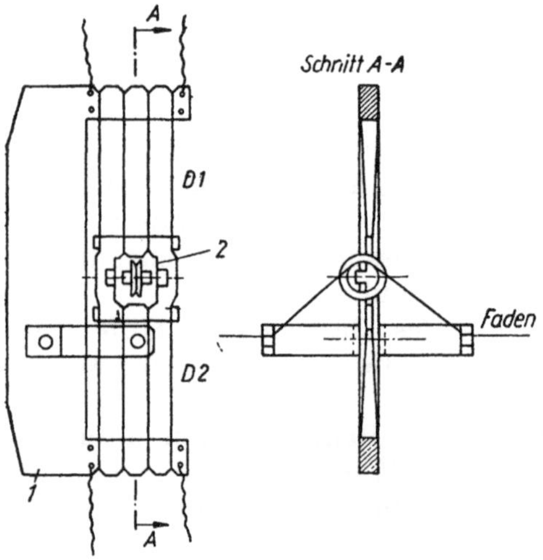

Abb. 39. Elektrischer Geber des Kathodenstrahl-Oszillographen

Abb. 39 zeigt den von KUROJEDOW benutzten elektrischen Geber; hier ist *1* ein C-förmiger Bügel, *2* der an Konstantandrähten (von 0,03 mm Durchmesser) hängende Rahmen mit der Meßrolle.

Die oberen Konstantandrähte D_1 werden auf Zug beansprucht, die unteren D_2 auf Druck; sie bilden die Diagonalen der WHEATSTONEschen Brücke.

Abb. 40 zeigt das Schaltschema für die Messung der Fadenspannung. Die Schwankungen der Fadenspannung werden über die Rolle und den Rahmen auf die Konstantandrähte übertragen, wodurch die Gleichgewichtsstörung der Brücke eine Spannung hervorruft, die zur Röhre 6F5 gelangt.

In Abb. 40 sind R_1 und R_2 die beiden konstanten Widerstände der Diagonalen der Brücke, D_1 und D_2 — die beiden Seiten des Gebers. Das Gerät ist an den Oszillographen OKR-3 und einer Photokamera für fortlaufende Aufnahmen angeschlossen.

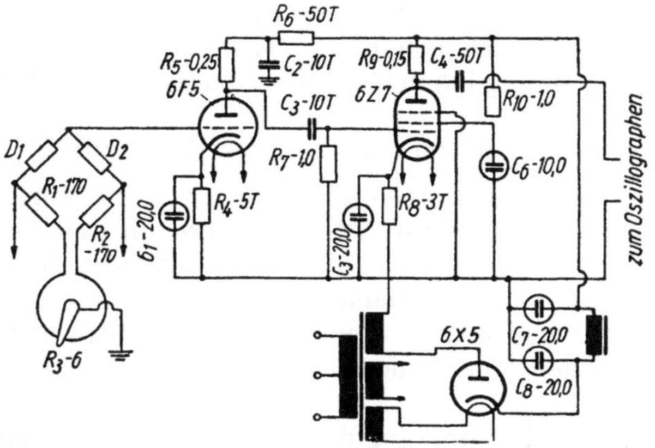

Abb. 40. Schaltschema des Kathodenstrahl-Oszillographen

9.3 Geräte zur Untersuchung der Verschiebung der Litzen, der Anschlagkraft und der Breite des Anschlagstreifens mit Hilfe des Schleifenoszillographen

E. A. Woronina untersuchte (unter der Leitung von Prof. W. E. Sotikow) die Verschiebung der Litzen mit Hilfe eines Schleifenoszillographen und eines von I. W. Bestschastny (Textilinstitut Moskau)

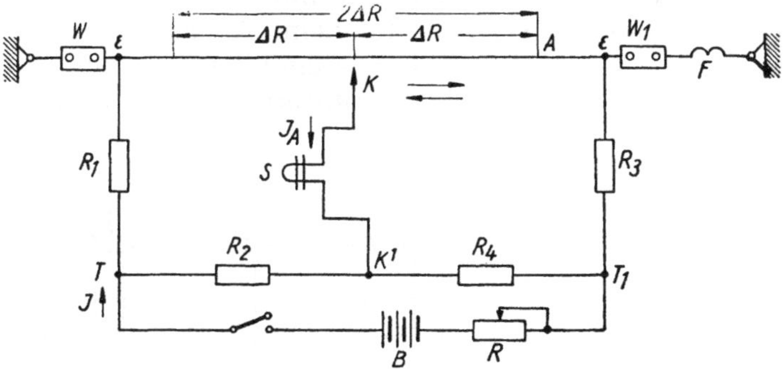

Abb. 41. Schaltschema für das Messen linearer Verschiebungen (Rheochord)

konstruierten Rheochordgebers und bestimmte die Anschlagkraft und die Breite des Anschlagstreifens.

Abb. 41 zeigt das Schaltschema für das Messen linearer Verschiebungen mit Hilfe eines Rheochordgebers. Hier ist

B eine Gleichstrombatterie,

R_1, R_2, R_3 und R_4 die Widerstände der Wheatstoneschen Brücke,

K und *K'* die Kontaktstellen der Brücke, an die die Schleife des Oszillographen *S* angeschlossen ist, dabei ist *K* der mit dem sich bewegenden Teil des Mechanismus verbundene Kontakt,

W und W_1 — Isolatoren,

A der Rheochord — ein Drahtwiderstand, der in bezug auf die beweglichen Teile des zu untersuchenden Mechanismus unbeweglich ist,

F —Feder zu Spannen des Rheochords.

Die mittlere Stellung des Kontakts *K* am Rheochord *A* entspricht dem Gleichgewicht der WHEATSTONEschen Brücke. Der Strom in der Brückendiagonale ist gleich Null. Das Gleichgewicht wird durch die Verschiebung des Kontakts *K* nach links oder rechts um ΔR gestört, wodurch infolge der Veränderung der Widerstände Strom durch die Brückendiagonale und den Schleifenoszillographen *S* fließt.

9.4 Bestimmung der Anschlagkraft des Blattes an den Geweberand und der Breite des Anschlagstreifens

Die Verwendung elektrischer Methoden zur Messung nichtelektrischer Größen unter Benutzung elektrischer Spannungsgeber und Oszillographen eröffnet technologischen Untersuchungen und der Erforschung der Arbeitsweise von Webstühlen große Aussichten.

Abb. 42 zeigt die Vorrichtung zur Bestimmung der Anschlagkraft. Hier ist *1* der Dehnungsmeßstreifen, *2* das Blatt, *3* der einseitig eingespannte Träger des Meßstreifens (es können je nach der Verbiegung des Webeblatts beim Anschlag sechs bis zwölf Meßstreifen eingebaut werden), *4* der Ladendeckel, *5* der untere Bund des Webeblatts, *6* eine

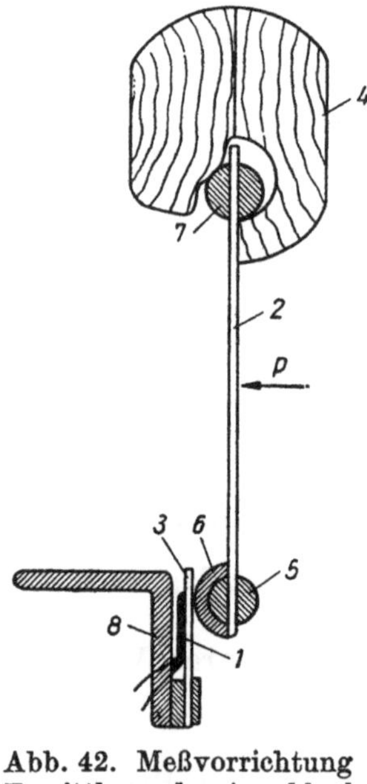

Abb. 42. Meßvorrichtung zur Ermittlung der Anschlagkraft

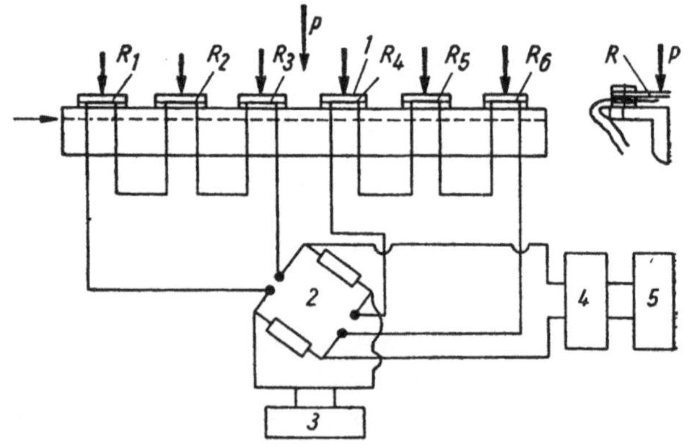

Abb. 43. Schaltschema für das Messen der Anschlagkraft

Verkleidung des unteren Bundes, die eine bessere Berührung mit dem Meßträger *3* gewährleistet, *7* der obere Bund, *8* ein Winkeleisen.

Beim Anschlag des Schußfadens an den Geweberand werden die Meßstreifenträger deformiert; die Anschlagkraft wird aus der auf das Webeblatt beim Anschlag wirkenden Reaktion bestimmt.

Abb. 43 zeigt das Schaltschema für die Messung der Anschlagkraft. Am unteren Bund des Webeblatts befinden sich sechs Träger mit Meßstreifen. Diese sind hintereinander geschaltet, in zwei Gruppen unterteilt und an die Meßbrücke *2* angeschlossen. Der durch die Störung des

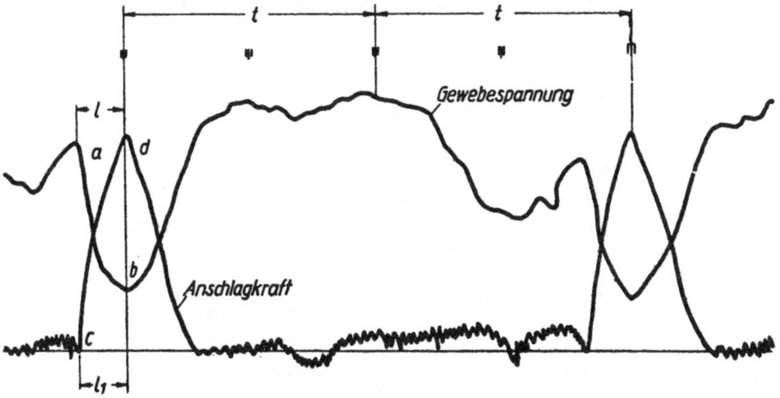

Abb. 44. Gleichzeitig aufgenommene Oszillogramme der Gewebespannung und der Anschlagkraft

Gleichgewichts bei Deformation des Meßstreifens entstehende Strom gelangt über den Verstärker *4* zum Schleifenoszillographen *5*, wo er registriert wird.

Die Meßvorrichtung für die Bestimmung der Anschlagkraft wird mit Hilfe von Federdynamometern und kleinen Gewichten geeicht.

E. A. Woronina wandte eine neue Methode zur Ermittlung der Breite des Anschlagstreifens aus Oszillogrammen der Gewebespannung und der Anschlagkraft an.

Abb. 44 stellt gleichzeitig aufgenommene Oszillogramme der Gewebespannung und der Anschlagkraft dar. Hier entspricht *a* dem Zeitpunkt, in dem das Blatt den Geweberand berührt; der Punkt *b* entspricht der vorderen Stellung des Blattes; Punkt *c* entspricht der Anschlagkraft im Augenblick der Berührung des Geweberandes und der Punkt *d* der Anschlagkraft in vorderster Stellung des Blattes.

Aus dem Diagramm erkennt man, daß die Gewebespannung nach Erreichen einer bestimmten Größe (Punkt *a*) durch den Druck des Blattes sich verringert; das läßt sich auch mit bloßem Auge während des Webens erkennen. Dann erhöht sich die Gewebespannung infolge der Fachbildung wieder.

Der Abstand l entspricht der Breite des Anschlagstreifens, d. h. der Strecke, die das Blatt nach Berührung des Geweberandes noch zurücklegt.

Auf der Kurve für die Anschlagkraft ist die Breite des Anschlagstreifens durch den Abstand l_1 gekennzeichnet, d. h. von der Berührung des Geweberandes (Punkt c) bis zur vordersten Blattstellung. Bei der Weiterbewegung der Lade übt das Blatt einen wachsenden Druck auf das fertige Gewebe aus, der im Punkt d seinen maximalen Wert erreicht.

Bei der Aufzeichnung der Kurven der Anschlagkraft und der Gewebespannung wird die Stellung der Kurbelwelle des Webstuhls vermerkt;

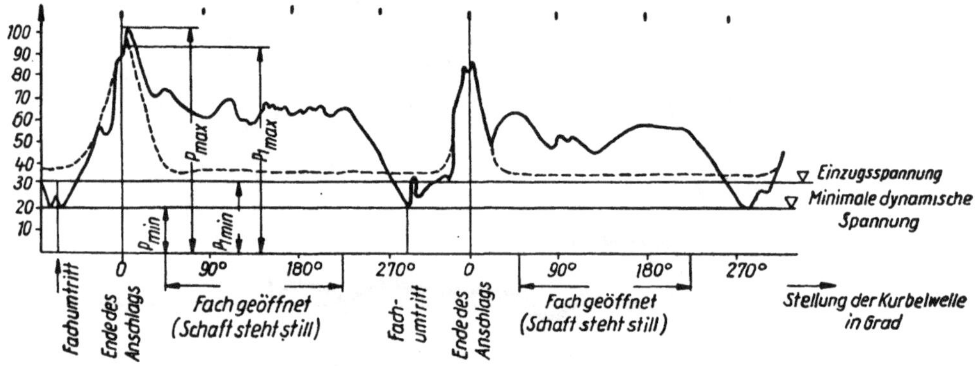

Abb. 45. Kurve der Kettfadenspannung

die Strecke t entspricht der Zeit zwischen der vorderen Stellung der Kurbelwelle und der hinteren, d. h. der Drehung der Kurbelwelle um den Winkel von 180°.

Die Beziehung zwischen der vom Blatt zurückgelegten Strecke und der Stellung (Winkel) der Kurbelwelle beim Webstuhl ATK-100 wurde mit Hilfe eines Mikrometers bestimmt.

Abb. 45 stellt die Kurve der Kettfadenspannung dar, aus der die Veränderung der Spannung während des Webprozesses ersichtlich ist. Die Stellung der Kurbelwelle des Webstuhls ist von 90° zu 90° durch Punkte bezeichnet.

9.5 Magnetelektrischer Geber zur Untersuchung der Wellendrehung

Im Laboratorium für automatische Geräte des Zentralen Wissenschaftlichen Forschungsinstituts für Seide wurde von W. D. Chochlow [38] und W. M. Krymow ein magnetelektrischer Impulsgeber konstruiert und erbaut, mit dessen Hilfe die jeweilige Stellung einer Welle (insbesondere der Kurbelwelle) bestimmt und die Ungleichmäßigkeit der Umdrehung dieser Welle ermittelt werden kann. Der magnetelektrische Geber arbeitet nach dem Prinzip der elektromagnetischen Induktion.

Der Geber (Abb. 46 und Abb. 47) besteht aus der auswechselbaren Scheibe *1* mit verschiedener Zähnezahl. Diese Scheibe wird mit Hilfe der ebenfalls auswechselbaren Kupplung *2* und der Ringe *3* auf der zu prüfenden Welle befestigt. Die Scheibe *5* nimmt an der Drehung der

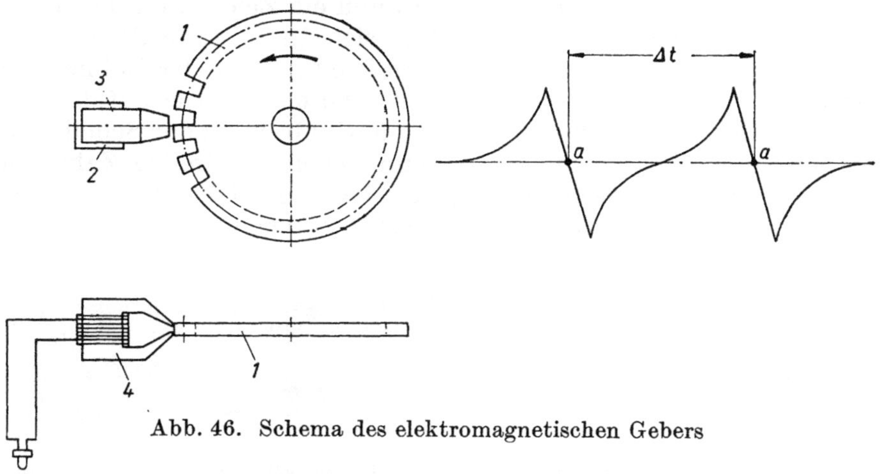

Abb. 46. Schema des elektromagnetischen Gebers

Scheibe *1* nicht teil; sie trägt den Elektromagnet *8*, der so angeordnet ist, daß die Zähne der Scheibe 1 an seinen Polen vorbeigehen und eine elektromagnetische Kraft hervorrufen, die beim Passieren der Lücken wieder verschwindet. Die Spule des Elektromagneten ist mit der Schleife

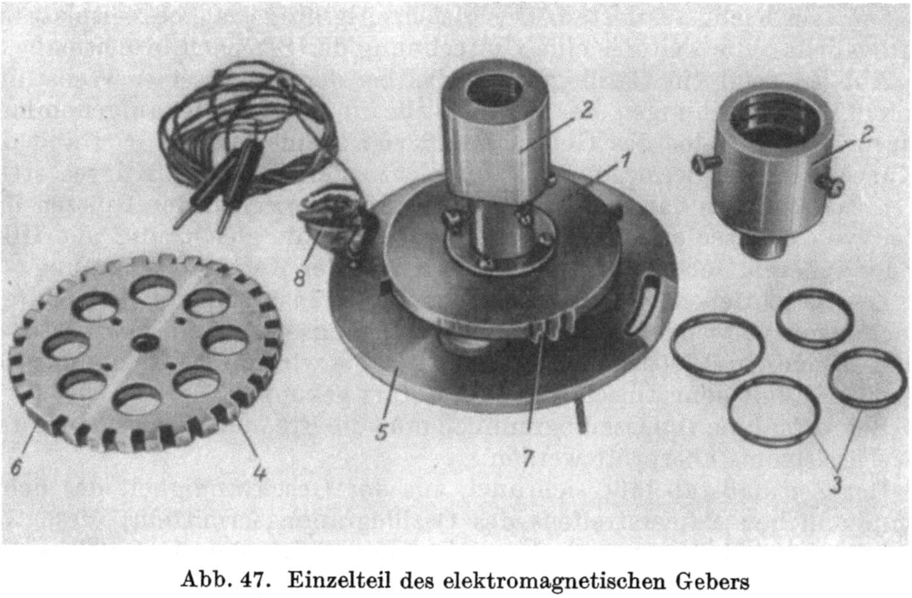

Abb. 47. Einzelteil des elektromagnetischen Gebers

des Oszillographen verbunden, und der Oszillograph zeichnet auf dem Film eine Kurve auf, wie sie in Abb. 46 und Abb. 48 gezeigt sind. Der Abstand Δt entspricht der Strecke von einem Zahn bis zum anderen. Die Scheibe *1* kann mit nur einem Zahn versehen sein, dann wird für jede Wellenumdrehung auf dem Oszillogramm ein Zeichen erscheinen. Wenn die Scheibe *1* vier Zähne besitzt, läßt sich die mittlere Geschwindigkeit für jedes Viertel der Umdrehung ermitteln. Einer der Zähne ist dabei dreifach (wie es in Abb. 47 gezeigt ist) und daher ist es auf dem Oszillogramm ohne weiteres möglich, die volle Umdrehung der Scheibe und die Stellung der Welle anzugeben. Wenn Scheibe *1* dreißig Zähne besitzt (Teil *4* in Abb. 47), erscheint bei jedem Dreißigstel der Wellenumdrehung ein Zeichen und die Geschwindigkeit der Wellenumdrehung kann für

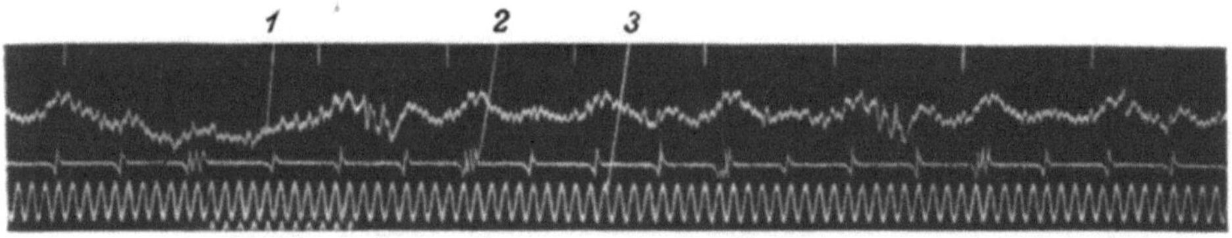

Abb. 48. Oszillogramme der Drehung der Kurbelwelle und der Fadenspannung

jedes Dreißigstel der Umdrehung ermittelt werden. In diesem Fall kommt eine der Lücken zwischen den Zähnen in Fortfall (Teil *6* in Abb. 47).

Die vom magnetelektrischen Geber aufgezeichneten Oszillogramme lassen sich leicht auswerten. Der gleichzeitig aufgetragene Zeitmaßstab ermöglicht ohne weiteres eine Umrechnung der Strecken in Zeitmaße.

Abb. 48 zeigt ein Oszillogramm, das bei der Arbeit eines Webstuhls mit 170 Umdrehungen der Kurbelwelle in der Minute aufgenommen wurde. Die Scheibe des Gebers besaß vier Zähne, und so entstand die Kurve *2*, bei der der dreifache Zahn leicht zu erkennen ist. Kurve *3* stellt den Zeitmaßstab dar, bei dem die Abstände zwischen den Spitzen der Zeit von 0,02 sec entsprechen. Kurve *1* zeigt die gleichzeitig mit Hilfe eines anderen Gebers aufgenommene Kurve der Kettfadenspannung.

Die beschriebene Meßvorrichtung kann insbesondere bei Untersuchungen verwendet werden, die das Ingangsetzen und das Abstellen von Maschinen (Webstühlen) betreffen. Dabei wird die Aufzeichnung der Zeitkurve mit dem Einschalten des Motors gekoppelt.

Bei Aufnahme von Oszillogrammen muß die Frequenz des verwendeten Wechselstroms überprüft werden.

Der Zeitmaßstab läßt sich auch aus der Geschwindigkeit des lichtempfindlichen Papierstreifens des Oszillogramms ermitteln; diese Geschwindigkeit kann je nach den Bedingungen und dem Untersuchungszweck verändert werden (0,125, 0,5, 1,0 m/sec usw.).

9.6 Analyse und Auswertung der Oszillogramme

Bei der Bestimmung der Kettfadenspannung und Messung der Spannungsänderung mit Hilfe eines Oszillographen müssen Zeit und Stellung (Drehwinkel) der Kurbelwelle in Grad aufgezeichnet werden.

Die Zeitachse verläuft in Längsrichtung des Oszillogramms, während die Veränderung der Kettfadenspannung in senkrechter Richtung aufgetragen wird.

Eine erfolgreiche Untersuchung der veränderlichen Fadenspannung erfordert entsprechende Vorbereitung des Versuchs sowie die Aufzeichnung der Begleitprozesse, beispielsweise der Stellung der Kurbelwelle bei der Aufzeichnung der Spannungskurven der Kettfäden. Bei der Durchführung dieser Messungen muß man sich über den Charakter des aufgezeichneten Prozesses Klarheit verschaffen.

Oszillogramme lassen sich allgemein in Kurven einmaliger Prozesse (beispielsweise die Kraftkurve beim Zerreißen eines Fadens oder Gewebestreifens) und Kurven periodischer Prozesse unterteilen.

Durch Analyse der Kurven einmaliger Prozesse kann man z. B. den zeitlichen Verlauf einer Deformation und ihre Gesamtdauer bestimmen.

Eine Analyse der Oszillogramme periodischer Prozesse ermöglicht die Bestimmung der Amplitude, der Periode und der Frequenz des Prozesses.

Bei der Auswertung der Oszillogramme muß der Charakter der erhaltenen Kurven berücksichtigt werden: beispielsweise unterscheiden sich Kurven für die Kettfadenspannung beim Weben von Kurven der Fadenspannung beim Spulen von Garn. Die Kurve eines periodischen Prozesses läßt sich in einzelne Komponenten zerlegen, sie kann mit Hilfe graphischer Methoden, z. B. der Methode der Hüllkurven usw. bearbeitet werden. Kurven einmaliger oder zufälliger Prozesse lassen sich nach den Methoden der Variationsstatistik bearbeiten, wobei die absolute und relative Häufigkeit der mittleren Ordinatenwerte bestimmt werden kann.

Das erhaltene Oszillogramm des Webprozesses ist zweckmäßigerweise in zwei Richtungen auszuwerten: man untersucht den Charakter der Kurve und bestimmt die absoluten Werte der Ordinaten, dann bestimmt man den Maßstab für die Stellung der Kurbelwelle in Grad sowie den Zeitmaßstab auf der Abszissenachse. Die nächste Etappe in der Auswertung des Oszillogramms besteht in der Analayse der Aufzeichnung.

Zur Bestimmung der absoluten Werte der Kurve werden die Geraden (z. B. die Ordinaten) mit Hilfe des Zirkels und des Maßstabs gemessen.

Die Zeitmarken auf dem Oszillogramm sind durch einzelne Striche angegeben. Durch Messung der Abstände zwischen ihnen bestimmt man den Zeitmaßstab.

Für eine genaue Auswertung von Oszillogrammen werden Meßtische verwendet, auf denen der Film mit dem Oszillogramm befestigt wird und wo die Messungen mit Hilfe von Mikroskopen erfolgen. Auf diese Weise lassen sich Strecken mit einer Genauigkeit bis zu hundertsten Teilen des Millimeters messen.

10 Der Schlagmechanismus

Einer der wichtigsten und am schwersten regelbaren Mechanismen des Webstuhls ist der Schlagmechanismus. Der Zeitpunkt, in dem der Schützen den Schützenkasten verläßt, und die Schlagkraft bestimmen die Bahn des Schützens und erfordern daher eine besonders sorgfältige Einstellung.

Der Schlagbeginn wird entsprechend dem Fachbildungsmechanismus eingestellt und der Fachumtritt so bemessen, daß der Schützen in das Fach dann eintritt, wenn die Bewegung der Schäfte aufgehört hat.

Bei größerem Fachumtritt muß der Schützenschlag früher einsetzen und umgekehrt. Der Beginn des Schützenschlags wird durch Verstellung des Schlagrollenbolzens im Schlitz der Schlagkurbel geregelt.

Bei Exzenterwebstühlen muß der Schlag früher beginnen als bei Webstühlen mit Schaftmaschinen, da die Schaftbewegung bei den letzten später stattfindet.

Die Bewegung des Schlagstocks soll einsetzen, wenn die Kurbel der Kurbelwelle 10 bis 12° vor ihrer tiefsten Stellung steht.

Zur Einstellung des Schlagbeginns benutzt man eine Lehre und mißt mit ihr an beiden Seiten den Abstand vom Geweberand bis zum Blatt im ersten Augenblick der Schlagstockbewegung. Die Kettfäden (im Ober- und Unterfach) dürfen die Bewegung des Schützens beim Eintritt und beim Verlassen des Fachs nicht behindern.

Der Schlag muß so bemessen sein, daß der Schützen die vorgeschriebene Bahn durchläuft. Die Schlagkraft wird durch Heben oder Senken der Schlagrolle geregelt. Bei Stühlen mit Stecherschützenwächter muß die Schlagkraft ausreichen, um die Stecher rechtzeitig über die Puffer zu heben. Eine Überprüfung der Schlagkraft in einzelnen Betrieben zeigte, daß ein übermäßig starker Schlag und das verfrühte Eintreten des Schützens in den Schützenkasten einen starken Verschleiß der Schützen und Schützenkastenzungen verursacht. Es kommt vor, daß der Stuhlmeister die Breite des Schützenkastens verkleinert oder den Federdruck erhöht, um ein ausreichendes Abbremsen des Schützens bei starkem Schlag zu erreichen; das wirkt sich jedoch auf die Arbeit des Stuhles ungünstig aus und hat einen größeren Materialverbrauch zur Folge. Bei 42 mm Schützenbreite soll der Abstand zwischen Schützenkastenvorderwand und -hinterwand am Eingang 45 mm und an der Kappe 43 mm betragen.

Der lichte Raum zwischen dem Schützen und der Schützenkastenzunge soll vorn 3 bis 4 mm und an der Kappe 1 bis 1,5 mm sein.

Beim Einlaufen des Schützens in den Schützenkasten muß die Wucht seiner Bewegung in der Hauptsache nicht durch die Zunge aufgenommen werden, sondern durch die Feder. Um ein Abschlagen des Kopses zu vermeiden, muß der Schlag an der Seite des Einrückhebels früher eintreten und schwächer sein als der Schlag von der anderen Seite.

Die Stuhlmeister in den Webereien bestimmen die Schlagkraft auf verschiedene Art: nach der Weite der Schlagstockbewegung, nach der Reibung des Schützens an den Fäden des Faches, nach dem Einlaufen des Schützens in den anderen Schützenkasten, nach dem Schlag des Pickers an den vorgehaltenen Finger usw.

Besser als diese Arten ist jedoch das von W. A. NAUMOW [39], [40] ausgearbeitete Verfahren zur Beurteilung der Schlagkraft nach der Schützenbahn.

Nach eingehenden Beobachtungen stellte NAUMOW fest, daß die Entfernung der hellen Linie, die die Schützenspitze während der Bewegung zeichnet, vom Breithalter eine Beurteilung der Schlagkraft möglich macht. Bei größerer Schützengeschwindigkeit, d. h. größerer Schlagkraft, verläuft die helle Linie weiter vom Breithalter, bei kleiner Schlagkraft liegt sie näher zum Breithalter. Bei mechanischen Webstühlen ohne Stecherschützenwächter soll der Abstand der Schützenbahn vom Breithalter bei normaler Schlagkraft etwa der anderthalbfachen Breite des Schützens entsprechen; bei Stühlen mit Stecherschützenwächter soll diese Entfernung der doppelten Schützenbreite gleich sein. Aus der Bahn des Schützens kann man auch erkennen, ob die Schlagvorrichtung exakt arbeitet oder welche Unstimmigkeiten hier vorliegen.

In der Praxis ist es schwierig, die erwünschte Flugbahn des Schützens zu erreichen. Der Schlagmechanismus enthält keine Vorrichtung, deren exakte Einstellung eine genau bestimmte Bewegung des Schützens zur Folge hätte. Die Arbeit der die Bewegung des Schützens hervorrufenden Teile hängt von verschiedenen anderen Webstuhlteilen mit wechselnder Arbeitsweise ab. Daher ist die Untersuchung der Arbeit des Schlagmechanismus in Verbindung mit der Arbeit anderer Webstuhlteile, vor allem der fachbildenden Vorrichtung und der Lade, von besonderem Interesse.

Bei einer theoretischen Untersuchung der Arbeit des Schlagmechanismus muß ferner berücksichtigt werden, daß die ursprünglichen Abmessungen, Formen und sonstigen Eigenschaften der Einzelteile des Schlagmechanismus sich im Lauf der Zeit je nach dem Grad der Abnutzung ändern. Die Schlagrollen, Exzenter und Daumen nutzen sich ab; die Elastizität der Schlagstöcke und Schlagrollen geht zurück. Das alles beeinflußt die Bewegung des Schützens und die Regelmäßigkeit seiner Bahn. Daher ist die Ausarbeitung einer einheitlichen Lehre (Schablone) für die Einstellung von Schlagmechanismen (selbst gleicher Konstruktion) außerordentlich schwierig. Eine solche Lehre würde auch nur für neu in Betrieb genommene Stühle geeignet sein. Stuhlmeister, die die Webstühle und insbesondere den Schlagmechanismus einregulieren und Techniker, die diese Arbeiten anleiten, müssen über große Erfahrungen verfügen und sehr sorgfältig vorgehen. Die Regelung des Schlagmechanismus der Webstühle kann nur dann zweckmäßig und bewußt durchgeführt werden, wenn die wichtigsten theoretischen Leitsätze über die Wirkung dieser Mechanismen bekannt sind.

10.1 Theorie der Schützenbewegung

Die wichtigsten Parameter, die die Arbeit des Schlagmechanismus bestimmen, sind: der Winkel α_0, d. h. die Stellung der Kurbelwelle im Augenblick des Schlagbeginns (Abb. 49) und die Geschwindigkeit v des Schützens bei seiner relativen Bewegung auf der Ladenbahn. Diese Parameter bestimmen zunächst die Bewegung des Schützens.

Bei der weiteren Bewegung des Schützens bis zum Austritt aus dem Fach geht seine Geschwindigkeit zurück und seine Bahn ändert sich. Wenn die Anfangsgeschwindigkeit des Schützens zu klein war oder während der Bewegung sich zu sehr verlangsamte, kann der Schützen vor dem Verlassen des Faches zwischen den Kettfäden des sich schließenden Fachs eingeklemmt werden (Abb. 50b). Bei normaler Anfangsgeschwindigkeit und bei geringer Verzögerung wird er die Kettfäden kaum (Abb. 50a) oder gar nicht berühren (Abb. 50c).

Der richtige Verlauf der Schützenbahn muß auf den Punkt des Schützens bezogen werden, der als letzter das Fach verläßt. Das ist die Spitze am hinteren Ende des Schützens, die im weiteren mit P bezeichnet werden soll.

Bei der theoretischen Untersuchung konnten nicht alle Faktoren berücksichtigt werden und es muß eine Reihe vereinfachender Annahmen gemacht werden. Unter diesen Bedingungen können die Gesetze ermittelt werden, nach denen sich die Bahn des Schützens bei Änderung der Einstellungsparameter des Schlagmechanismus ändert. Die theoretischen Ergebnisse für diese idealen Verhältnisse sollen den praktischen Untersuchungen und Messungen zugrunde gelegt werden.

Abb. 49 und Abb. 51 zeigen die Ladenbewegung und das Diagramm der Kreisbewegung der Kurbelwelle. Hier bedeutet V die vordere, U die untere, H die hintere und O die obere Stellung der Kurbel. Die Geraden *1*, *2* und *3* (Abb. 49), die parallel zur Schützenachse verlaufen, entsprechen den Stellungen der Kurbelwelle. Die Gerade *4* entspricht dem Geweberand, ihre Entfernung von der Geraden *1* beträgt etwa die Hälfte der Schützenbreite ($b/2$).

Es wird angenommen, daß die Bewegungen des Schützens und der Kurbelwelle gleichförmig sind, daß der Schützen bei der seitlichen Bewegung längs der Bogensehne läuft und daß die Achse der Kurbel-

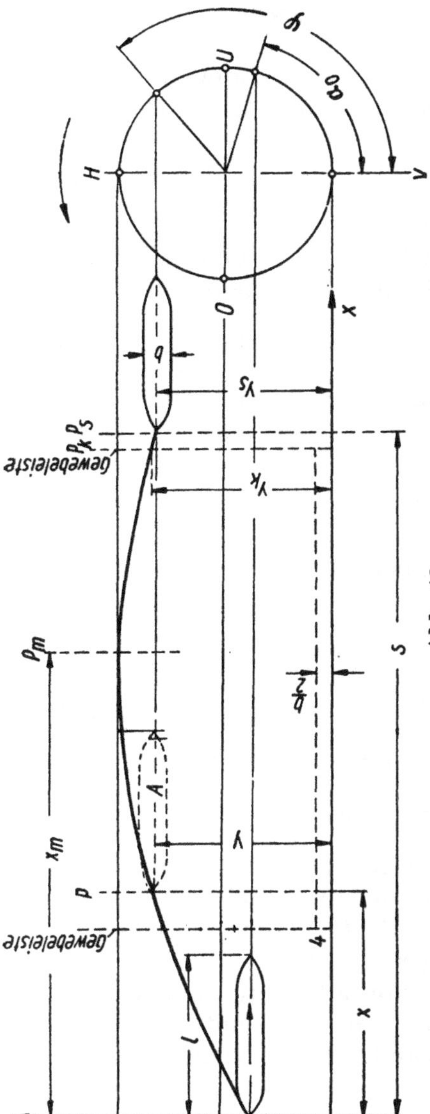

Abb. 49

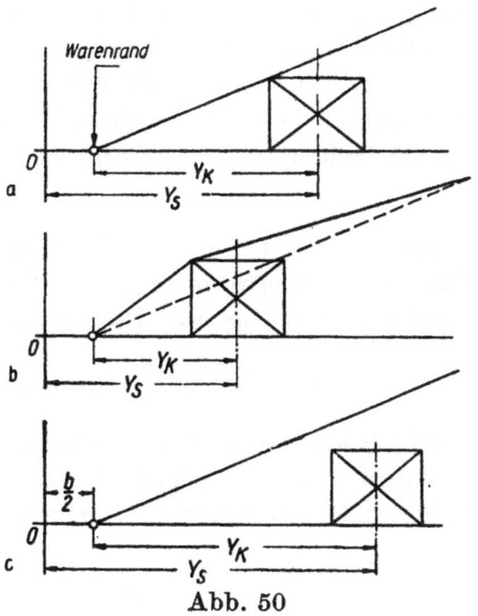

Abb. 50

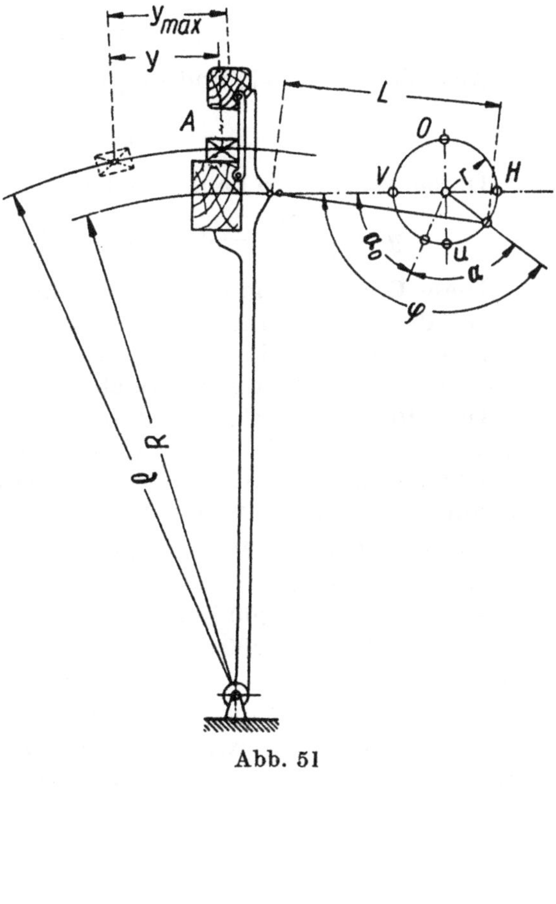

Abb. 51

Abb. 49. Gestalt der Schützenbahn

Abb. 50. Lage des Schützens im Fach

Abb. 51. Schema der Ladenbewegung

welle auf der Verlängerung der Verbindungslinie zwischen den beiden Randstellungen des Pleuelbolzens liegt.

Nehmen wir an, daß der Schützen sich auf der Ladenbahn in der Stellung A (Abb. 49) befindet. Dann ist die Verschiebung des Punktes P bei der relativen Bewegung des Schützens

$$x = vt. \tag{47}$$

Die Ordinate y des Punktes, die der seitlichen Verlagerung des Schützens zusammen mit der Lade entspricht, kann durch die Gleichung für die Bewegung (des Pleuelbolzens) der Lade [41] ausgedrückt werden:

$$y = \frac{\varrho}{R}\, r\,(1 - \cos\varphi) + \frac{\varrho}{R}\, L\left[1 - \sqrt{1 - \left(\frac{r}{L}\right)^2 \sin^2\varphi}\right]. \tag{48}$$

Die Bedeutung der Größen ϱ, R, r, L und φ ergibt sich aus Abb. 51.

Wenn man die Wurzel in einer Reihe entwickelt und die Glieder höheren Grades fortläßt, erhält man

$$y = \frac{\varrho}{R}\, r\,(1 - \cos\varphi) + \frac{\varrho r^2}{2RL} \cdot \sin^2\varphi. \tag{49}$$

Für den Winkel φ kann man auch schreiben

$$\varphi = \alpha_0 + \omega t. \tag{50}$$

Aus Gleichung (47) und (50) folgt

$$\varphi = \alpha_0 + \frac{\omega \cdot x}{v}. \tag{50a}$$

Dieser Wert für φ kann in Gleichung (49) eingesetzt werden:

$$y = \frac{\varrho}{R}\, r\left[1 - \cos\left(\alpha_0 + \frac{\omega x}{v}\right)\right] + \frac{\varrho r^2}{2RL} \cdot \sin^2\left(\alpha_0 + \frac{\omega x}{v}\right). \tag{51}$$

Diese Gleichung gibt bei konstanten Werten von ϱ, R, L und r (die durch die Webstuhlkonstruktion bestimmt sind) und bei gleichförmiger Winkelgeschwindigkeit ω der Kurbelwelle die Bahn des Schützens an, die von den regelbaren Parametern α_0 und v abhängt.

Die Ordinatenwerte der Bahn werden vor allem durch den ersten Summanden der Gleichung (51) bestimmt; mit wachsender Länge der Kurbelpleuel L wird der zweite Summand immer kleiner und die Schützenbahn geht in eine Sinuskurve über.

Beispiel für die Berechnung der Schützenbahn. Es sollen folgende Werte gegeben sein: $r = 6{,}3$ cm, $R = 68$ cm, $\varrho = 74{,}8$ cm, $L = 29{,}2$ cm, $s = 160$ cm, $n = 200$ U/min, $\alpha_0 = 75°$, $v = 12$ m/sec. Aus der Umdrehungszahl $n = 200$ ergibt sich die Winkelgeschwindigkeit

$$\omega = \frac{360 \cdot 200}{60} = 1200\ s^{-1}.$$

Wenn man diese Größen in Gleichung (51) und für x verschiedene Werte von $x = 0$ bis $x = s$ einsetzt, erhält man folgende Tabelle:

Tabelle 11. Beispiel für die Ordinaten einer Schützenbahn

Werte für x in Bruchteilen von S	Werte für x in cm	Stellung der Kurbel $\varphi = \alpha_0 + \frac{x\,\omega}{v}$	y in cm
0	0	75°	5,8
0,125	20	95°	8,3
0,250	40	115°	10,5
0,375	60	135°	12,2
0,500	80	155°	13,3
0,625	100	175°	13,8
	x_m = 105	180°	13,9
0,750	120	195°	13,7
0,875	140	215°	12,9
1,000	160	235°	11,4

Der Wert x_m in Tab. 11 entspricht dem Scheitelpunkt der Schützenbahn; er ergibt sich daraus, daß hier

$$\varphi = \alpha_0 + \frac{x\,\omega}{v} = 180°$$

sein muß. Dann ist

$$x_m = \frac{180 - \alpha_0}{\omega} \cdot v \text{ und } y_m = 2\,\frac{\varrho}{R} \cdot r. \tag{52}$$

Auf Grund der erhaltenen Werte ist die in Abb. 52 dargestellte Schützenbahn gezeichnet. Hier bedeutet

P_0 Beginn der Schützenbewegung,
P_m Scheitelpunkt der Schützenbahn (x_m; y_m),
P_k Verlassen des Faches,
P_s Einlaufen des Schützens in den Schützenkasten.

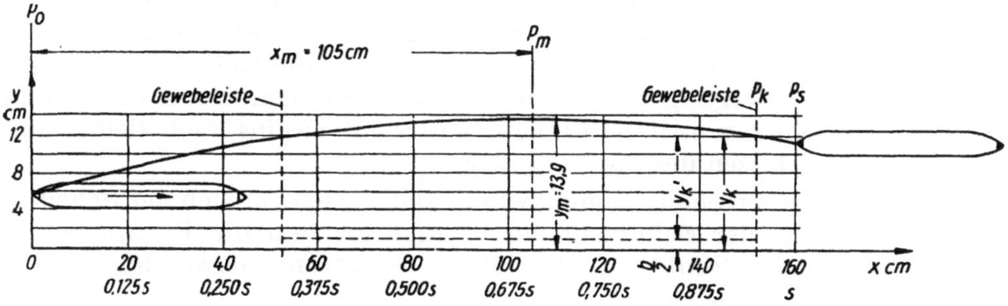

Abb. 52. Beispiel einer Schützenbahn

Gleichung (52) zeigt, wie der Wert x_m (der Lage des Scheitelpunkts) von der Geschwindigkeit v und dem Schlagbeginn α_0 abhängt. Dabei ist zu erkennen, daß v und α_0 den Wert von x_m auf verschiedene Weise beeinflussen.

Im weiteren soll untersucht werden, wie sich die Schützenbahn bei Änderung der Hauptparameter des Schlagmechanismus, der Schützengeschwindigkeit v und des Winkels des Schlagbeginns α_0 ändert. Die Untersuchung beschränkt sich auf die Fragen, die sich auf die Klärung der Arbeitsbedingungen des Schlagmechanismus und auf seine Regelung beziehen.

Beziehung zwischen Schützengeschwindigkeit und Schützenbahn. Wenn der Winkel des Schlagbeginns konstant ist, kann Gleichung (51) allgemein

$$y = f(x, v)$$

geschrieben werden. Für verschiedene Werte von v erhält man eine Kurvenschar mit dem gemeinsamen Ausgangspunkt bei P_0.

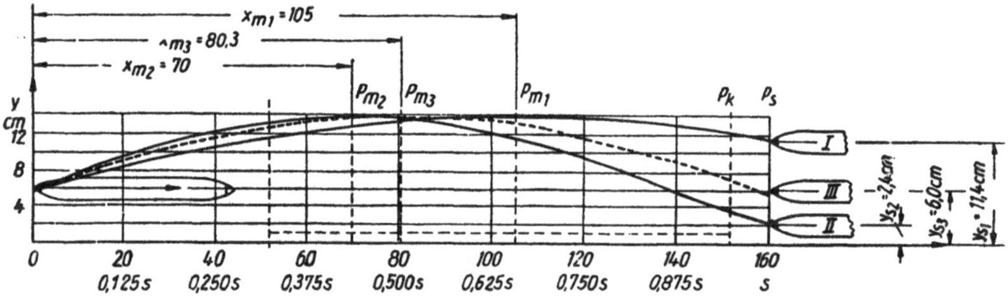

Abb. 53. Schützenbahnen bei verschiedenen Anfangsgeschwindigkeiten

Abb. 53 zeigt die nach Gleichung (51) berechneten Schützenbahnen für $v_1 = 12$ m/sec (I) und $v_2 = 8$ m/sec (II); α_0 ist in beiden Fällen 75°. Ein Vergleich der beiden Bahnen führt zu folgenden Schlüssen:

1. Mit kleinerer Schützengeschwindigkeit vergrößert sich der Abstand zwischen dem Geweberand und der Schützenbahn bei Eingang des Schützens in das Fach und verringert sich beim Verlassen des Fachs. Bei Erhöhung der Schützengeschwindigkeit findet der umgekehrte Vorgang statt: der Abstand zwischen Geweberand und Schützenbahn wird bei Eingang des Schützens ins Fach kleiner und beim Verlassen des Fachs größer.
2. Mit kleinerer Schützengeschwindigkeit verschiebt sich der Scheitelpunkt P_m der Schützenbahn in Richtung auf die Eingangsseite, während der Punkt P_m mit größerer Schützengeschwindigkeit nach der Ausgangsseite wandert.

Unter Benutzung der in Gleichung (51) angegebenen Beziehungen zwischen der Schützenbahn und den Einstellungsparametern des Schlagmechanismus (Kurbelstellung α_0 des Schlagbeginns und Schützengeschwindigkeit v) kann man aus dem Winkel des Schlagbeginns und den Koordinaten eines gegebenen Bahnpunktes die erforderliche Schützengeschwindigkeit v berechnen.

Wenn die Ordinate y_k der Schützenbahn beim Verlassen des Fachs gegeben ist, berechnet sich die Geschwindigkeit v wie folgt: es soll $y_k = 6{,}0$ cm sein, während die übrigen Werte die gleichen wie im letzten Beispiel sind. Nach Einführung der Bezeichnungen

$$\alpha_0 + \frac{x\omega}{v} = \varphi; \quad \frac{\varrho}{R} \cdot r = q; \quad \frac{\varrho r^2}{2RL} = m$$

nimmt Gleichung (51) folgende Gestalt an:

$$y = q(1 - \cos\varphi) + m \cdot \sin^2\varphi.$$

Durch Substitution $\sin^2\psi = 1 - \cos^2\varphi$ erhalten wir

$$m \cdot \cos^2\varphi + q \cdot \cos\varphi + (y_k - q - m) = 0,$$

woraus sich

$$\cos\varphi = \frac{-q \pm \sqrt{q^2 - 4m\,(y_k - q - m)}}{2m}$$

ergibt.

In unserem Fall ist $q - 6{,}93$, $m = 0{,}75$ und $y_k = 6$; somit erhält man

$$\cos\varphi = \frac{-6{,}93 + \sqrt{6{,}93^2 - 4 \cdot 0{,}75\,(6{,}0 - 6{,}93 - 0{,}75)}}{2 \cdot 0{,}75}$$

$$\cos\varphi = \frac{-6{,}93 \pm 7{,}28}{1{,}50} = 0{,}2343.$$

Die andere Lösung ($-9{,}47$) kommt als Wert von $\cos\varphi$ natürlich nicht in Frage.

Wenn wir annehmen, daß die Kurbel beim Austritt des Schützens aus dem Fach sich im vierten Kreisviertel befindet, erhalten wir den Winkel

$$\varphi = 284°.$$

Die Schützengeschwindigkeit errechnet sich dann aus Formel (50a), wobei die Abszisse der Gewebeleiste näherungsweise mit $x_k = x_s = 160$ angenommen wird:

$$v = \frac{x_k\omega}{\varphi - \alpha_0}\,\frac{160 \cdot 1200}{284 - 75} = 918 \text{ cm/s} = 9{,}18 \text{ m/sec}.$$

Die Schützenbahn für diesen Fall ist in Abb. 53 (Kurve III) dargestellt.

Einfluß des Winkels des Schlagbeginns auf die Gestalt der Schützenbahn. Bei gleichförmiger Schützengeschwindigkeit v und veränderlichem α_0 verlagern sich die Bahnkurven und bilden eine Kurvenschar; die Anfangsphase der periodischen Funktion verschiebt sich dabei. Natürlich verändern sich auch die Ordinaten.

Wenn man zwei Schützenbahnen vergleicht, die sich aus Gleichung (51) ergeben und bei denen einmal $\alpha_0 = 75°$ und im zweiten Fall $\alpha_0 = 105°$ bei gleicher Schützengeschwindigkeit $v = 8$ m/sec ist, gelangt man zu folgenden, für die Praxis wichtigen Schlüssen:

1. Mit Vergrößerung des Winkels des Schlagbeginns entfernt sich die Schützenbahn beim Eintritt des Schützens in das Fach vom Geweberand und kommt an der Austrittsstelle dem Geweberand näher.
2. Mit Vergrößerung des Winkels des Schlagbeginns wird der Wert von x_m kleiner; anders gesagt, der Scheitelpunkt der Schützenbahn verschiebt sich dabei in Richtung auf die Seite, von der der Schützen kommt.

Die abgeleiteten Gesetze der Schützenbewegung ermöglichen die Einstellung des Schlagmechanismus nicht auf Grund der kinematischen Größen seiner Einzelteile, sondern auf Grund der beobachteten Schützenbahn. Aus der Schützenbahn kann man auch die Werte der Parameter des Schlagmechanismus ermitteln und somit sein ordnungsgemäßes Arbeiten kontrollieren.

Zur Überprüfung der Schützenbahn genügt die Kenntnis zweier ihrer Punkte. Am besten eignen sich dazu die Punkte P_m und P_k. Die mit dem Winkel des Schlagbeginns α_0 und der Schützengeschwindigkeit v sich ändernden und auf dem Webstuhl leicht zu beobachtenden Größen sind die Parameter x_m und y_k.

Bei der Einstellung des Webstuhls kann die Ordinate y_k der Schützenbahn im Punkt P_k durch den Wert $y_{k'} = y_k - \frac{b}{2}$, der dem Abstand vom Geweberand bis zur Bahn der Schützenspitze entspricht, ersetzt werden. Hier ist b die Breite des Schützens.

Die von den Parametern des Schlagmechanismus v und α_0 abhängenden Werte x_m und y_k bestimmen die Wechselwirkung zwischen dem Schützen und den das Fach bildenden Kettfäden.

Alle diese Größen (v und α_0 bzw. x_m und y_k) werden in jedem einzelnen Fall entsprechend der Art des herzustellenden Gewebes und der Konstruktion des Webstuhls gewählt.

So empfiehlt sich für leichte Gewebe, kleine Kettspannungen und frühen Schlag (der eine relativ geringe Schützengeschwindigkeit gestattet) folgende Schützenbahn: die Entfernung vom Geweberand bis zur Austrittsstelle des Schützens soll $y_{k'} = 1{,}25\,b$ und der Scheitelpunkt der Schützenbahn soll um $l/2$ (l = Länge des Schützens) vor der Mitte des Gewebes liegen, d. h. die Mitte des Schützens soll bei hinterer Stellung der Lade sich in der Mitte des Gewebes befinden.

Bei schweren Geweben mit erheblicher Kettfadenspannung und einem späten und starken Schlag (Stühle mit Schaftmaschinen) bzw. einem starken Schlag (Exzenterstühle) empfiehlt sich folgende Schützenbahn: die Entfernung vom Geweberand bis zur Austrittsstelle des Schützens soll $y_{k'} = 1{,}5\,b$ sein und der Scheitelpunkt der Schützenbahn in der Mitte des Gewebes liegen. In diesem Fall befindet sich also die hintere Spitze des Schützens bei hinterer Stellung der Lade in der Mitte des Gewebes.

Die Regelung des Schlagmechanismus des Webstuhls auf Grund der Schützenbahn erfordert eine gewisse Fertigkeit und vor allem richtiges Verständnis für die Arbeitsbedingungen des Webstuhls. Der Stuhlmeister muß die Schützenbahn „lesen“ lernen, um die Ursachen zu ermitteln, die eine Abweichung von den normalen Arbeitsbedingungen hervorrufen.

Das ist von besonderer Bedeutung bei schnellaufenden Stühlen, da diese eine besonders präzise Einstellung der einzelnen Teile erfordern. Sonst machen die durch häufige Stillstände hervorgerufenen Verluste die Leistungssteigerung der Stühle zunichte.

11 Einstellung und Regelung von Webstühlen

11.1 Plan der Webstuhlüberprüfung

Der Ausarbeitung der Einstellungsnormen und ihrer Kontrolle unter Betriebsbedingungen geht die Überprüfung der entsprechenden Webstühle voran. Dabei muß für jeden Webstuhl ermittelt bzw. festgelegt werden:

1. Webstuhlsystem;
2. System der Kettbaumbremse;
3. System des Kettfadenwächters;
4. System des fachbildenden Mechanismus;
5. Durchmesser der Riemenscheiben des Stuhlantriebs;
6. Errechnete und tatsächliche Drehzahl der Kurbelwelle;
7. Halbmesser der Kurbel, Länge der Kurbelpleuel, Länge der Ladenstütze, Schwingungswinkel der Lade;
8. Winkel zwischen dem Blatt und der Schützenkastenhinterwand, Winkel zwischen dem Blatt und der Ladenbahn;
9. Abmessungen des Schützens;
10. Art des herzustellenden Gewebes;
11. Blattbreite.

11.2 Allgemeines über Einstellung der Webstuhlteile

Die tatsächlichen Einstellungsparameter der Webstühle werden durch besondere Meßvorrichtungen und Lehren ermittelt, wobei die Entfernung in waagerechter und senkrechter Richtung auf den Brustverbinder bezogen wird.

In waagerechter Richtung werden folgende Entfernungen gemessen:

von Kante Breithalterdeckel bis Geweberand; von Ladendeckel bis vorderer Schaft (bei hinterer Ladenstellung); vom Geweberand bis Blatt bei hinterer Ladenstellung; vom Geweberand bis 1. 2. usw. Schaft, bis Kettfadenwächter und Streichbaum.

In senkrechter Richtung werden die Entfernungen gemessen:

vom Brustverbinder bis Ladenbahn in vorderer und hinterer Stellung der Lade; vom Brustverbinder bis Kette am ersten, zweiten usw. Schaft (bei Geschlossenfach); vom Brustverbinder bis Kettfadenwächter und Streichbaum.

Gleichzeitig ermittelt man die Fachhöhe am Blatt und die Fachhöhe bei jedem Schaft, bestimmt die Höhe der Kette über der Ladenbahn in hinterer Stellung der Lade.

Die Größe des Fachumtritts, d. h. der Abstand des Blattes vom Geweberand bei Geschlossenfach wird für jedes Fach des Rapports ermittelt.

Der Beginn des Schlags (bestimmt durch die Entfernung vom Geweberand bis zum Blatt bei einsetzender Bewegung des Schlagstocks) wird sowohl für den linken als auch den rechten Schützenkasten ermittelt.

Die Entfernung des Geweberandes vom Blatt im Augenblick, wenn der Stecher den Stecherpuffer berührt, wird in der Mitte sowie an den beiden Seiten des Webstuhls gemessen.

Die Einstellung der Vorrichtung für die Kontrolle der Lage des Schützens im Schützenkasten, des Einschlaghammers, des Ladenansatzes und des Stößers bei Webstühlen mit automatischem Spulenwechsel wird bei Vorderstellung der Lade überprüft.

Die tatsächliche Stellung der Einzelteile des Schußwächters: des Schußwächterexzenters, des Schußwächterhammers, der Schußwächtergabel (in bezug auf das Schußwächtergitter) sowie die Stellung der Scheren und der Breithalter wird bei Anschlagstellung der Lade kontrolliert.

Die Ergebnisse der Überprüfung des Webstuhls werden in ein besonderes Buch eingetragen.

Ferner wird die Stuhlleistung sowie die Fadenbruchzahl für Kette und Schuß festgestellt.

In Übereinstimmung mit dem ausgearbeiteten technologischen Webplan kann jetzt für eine Gruppe von Webstühlen (meistens 36 bis 48 Stühle) die normale Einstellung der Einzelteile und der Einzugslinie vorgenommen werden. Nach Durchführung dieser Normung wird die Arbeit der Stühle 20 bis 25 Tage lang genauestens beobachtet; schließlich werden die Stuhlleistungen vor und nach der Normung verglichen. Dabei sind folgende Zahlen von besonderer Bedeutung:

a) Fadenbruchzahl des Schuß- und Kettgarns auf 1 m Gewebe,

b) stündliche Leistung,

c) Wirkungsgrad des Stuhls.

Ein solcher Vergleich zeigt, ob die Normung der Webstuhleinstellung den erwünschten Erfolg hatte.

11.3 Einstellung und Regelung der Einzelteile von Webstühlen verschiedener Systeme[1]

11.31 Allgemeines über mechanische Unterschlag-Webstühle

Wie bei allen anderen Stuhlsystemen ist auch hier eine genaue Übereinstimmung der Stellung und Bewegung der einzelnen Teile Vorbedingung für die normale Arbeit.

Die Gestellwände müssen genau senkrecht stehen; der Brustverbinder, die Lade, der Streichbaum und die Wellen müssen waagerecht liegen; die Kurbelwelle, die Schlagexzenterwelle und die Ladenachse müssen sich leicht drehen lassen und kein axiales Spiel haben. Die Kurbelpleuel müssen gleich lang sein.

Wenn die Lade sich in hinterer Stellung befindet, soll der Abstand zwischen dem Ladendeckel und dem ersten Schaft 12 bis 15 mm betragen.

Bei Webstühlen mit Schützenwächter (Stechereinrichtung) wird eine Lehre für die Einstellung dieses Mechanismus verwendet.

Als Maß für die Einstellung des Schützenwächters gilt die Entfernung des Blatts vom Geweberand in dem Augenblick, wenn der Stecher den Stecherpuffer berührt.

Wenn im Schützenkasten kein Schützen vorhanden ist, muß der Stecher sich in unterer Stellung befinden. Die Kurbel (der Kurbelwelle) soll dabei um 5° gegen den Weber geneigt sein und die Stecher sollen gegen die Stecherpuffer stoßen. Wenn die Kurbel um einen größeren Winkel geneigt ist, kann es zu Beschädigungen der Kette kommen und die Teile der Stechereinrichtung nutzen sich schnell ab. Bei senkrechter Stellung der Kurbel ist man gezwungen, die Schlagkraft zu erhöhen, was unvorteilhaft ist.

Wenn der Schützen sich im Schützenkasten befindet, müssen die Stecher 3 bis 4 mm über dem Puffer stehen.

Bei vorderer Stellung der Lade soll der Geweberand auf gleicher Höhe liegen wie die Spitzen des Schützens; die Breithalter dürfen nicht die Ladenbahn berühren und der Abstand zwischen der Unterkante des Breithalters und der Ladenbahn soll 2 bis 3 mm betragen. Die Breithalter werden parallel zum Blatt so eingestellt, daß die Entfernung von Vorderkante Breithalter bis zum Geweberand möglichst klein ist. Hinsichtlich der Gewebebreite sollen die Breithalter so eingestellt werden, daß sie das Gewebe mit allen Nadeln erfassen; die Gewebebreite soll der Einzugsbreite der Kette im Blatt entsprechen.

Die hölzerne Ladenbahn und die gesamte Lade müssen regelmäßig (bei vorbeugender Kontrolle sowie bei Instandsetzungen) überprüft

[1]) Dieses Kapitel soll nicht Konstruktion und Wirkungsweise der einzelnen Stuhlmechanismen beschreiben, sondern enthält Angaben über deren zweckmäßige Einstellung. Hinsichtlich der Stuhlbeschreibung wird auf die einschlägige Literatur verwiesen. Anm. d. deutschen Red.

werden. Die Ladenbahn wird mit Hilfe eines Lineals kontrolliert, ihre Mitte soll (je nach der Stuhlbreite) 4 bis 5 mm (*f*) und die Stellen, an denen die gußeisernen Ladenbahnteile beginnen (*g*) 2 mm tiefer als die Enden liegen (s. Abb. 61).

Damit der Schützen seitlich an das Blatt angepreßt wird, werden die Enden der Schützenkästen um $a = 3$ bis 4 mm zum Brustverbinder geschwenkt.

Die Winkel zwischen dem Blatt und der Ladenbahn, zwischen der Schützenkastenzunge und dem gußeisernen Teil der Ladenbahn sowie zwischen der Schützenkastenhinterwand und dem Schützenkastenboden werden durch eine Winkellehre geprüft. Die richtigen Winkel zwischen diesen Teilen und die vorgeschriebene Gestalt der Ladenbahn sind Voraussetzungen für einen vorschriftsmäßigen Schützenlauf.

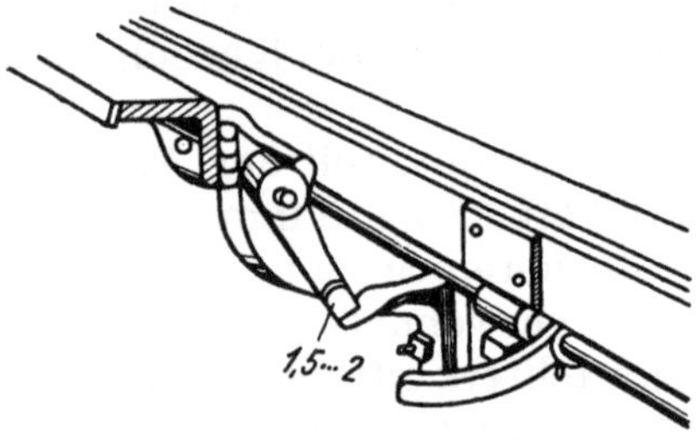

Abb. 54. Einstellung des Blattauswerfers

Bei gewöhnlichen Webstühlen ist der Winkel zwischen dem Blatt und der Ladenbahn ein spitzer (87°), bei automatischen Webstühlen ein rechter (90°).

Abb. 54 zeigt die Einstellung des Blattauswerfers, der die Stechervorrichtung ersetzt. In vorderer Stellung der Lade müssen die Stechfinger 1,5 bis 2 cm unterhalb des Ansatzes stehen. In diesem Fall wird das Blatt im Augenblick, wenn der Schußfaden angeschlagen wird, festgehalten.

Befindet sich der Schützen in dem Schützenkasten, der am Einrückhebel liegt und die Lade in vorderer Stellung, so sollen die Zinken der Schußwächtergabel 4 bis 5 mm in das Schußwächtergitter hineinragen, der lichte Abstand zwischen dem Haken der Schußwächtergabel und dem Schußwächterhammer soll 2 bis 3 mm betragen und der Schußwächterexzenter soll so stehen, daß sein größter Durchmesser senkrecht steht. Der Ausrückhebel (Abb. 55) soll 5 bis 7 mm tiefer als der Bolzen der Ausrückfeder stehen.

Bei waagerechter Stellung des Schlagbalkens (Abb. 56) soll das über die Schlagexzenterwelle nach vorn gehängte Lot *1* durch die Mitte der Schlagnase *3* verlaufen.

Bei einem Webstuhl mit Schaftmaschine muß die Antriebskurbel *1* (Abb. 57) und der Messerhebel *2* im Augenblick der Fachschließung waagerecht, die Messerhebelzugstange *3* und die Achse des Platinenhebels *4* senkrecht stehen, während die Messer *5* und *6* auf einer Senkrechten liegen müssen. Die Platinen *7* und *8* dürfen sich höchstens 4 bis 5 mm über den Messern befinden.

Durch Änderung der Länge der Messerzugstangen regelt man die Stellung der Messer und das Erfassen der Platinen durch die Messer. Die

Messer müssen 5 bis 8 mm unter die Platinen greifen. Wenn diese Strecke weniger als 5 mm beträgt, werden die Platinen nicht richtig erfaßt und gleiten ab. Ein größeres Spiel der Messer (über 8 mm) verursacht eine schnelle Abnutzung der Platinen und der Platinenhebel.

Die Stellung der Platinenhebel wird durch Verschiebung der Verbindungsstege *10* geregelt. Die Größe des Fachumtritts soll für beide Messer bei allen Umdrehungen der Kurbelwelle die gleiche sein.

Die Größe des Fachumtritts wird durch die Messerhebelzugstange *3* ausgeglichen, indem man die Lade erst in die Stellung bringt, in der der

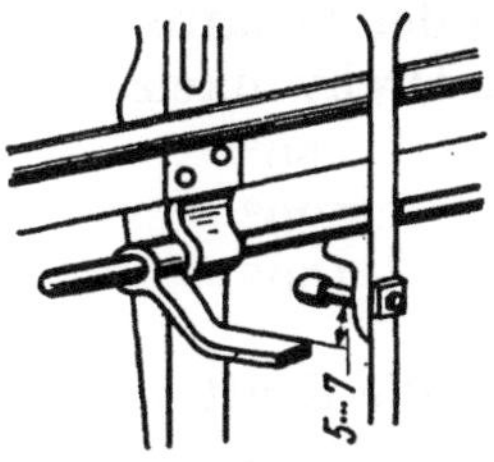

Abb. 55. Einstellung des Ausrückhebels

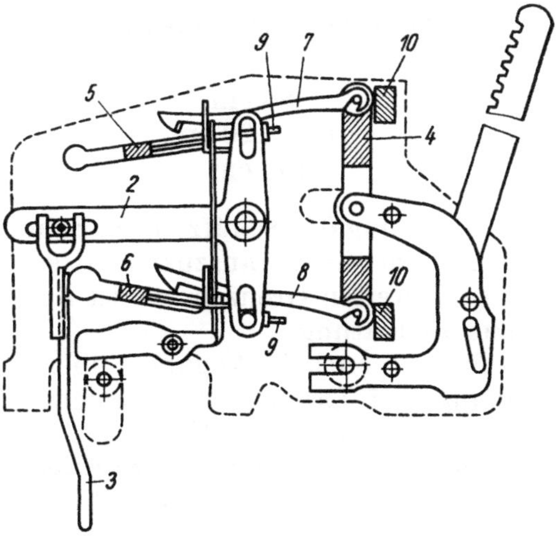

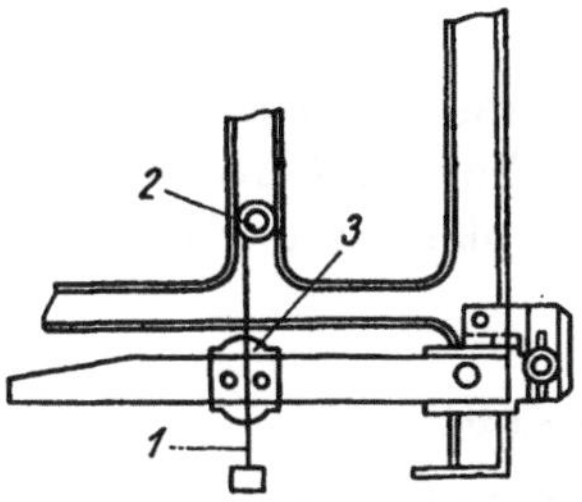

Abb. 56. Einstellung der Schlagnase

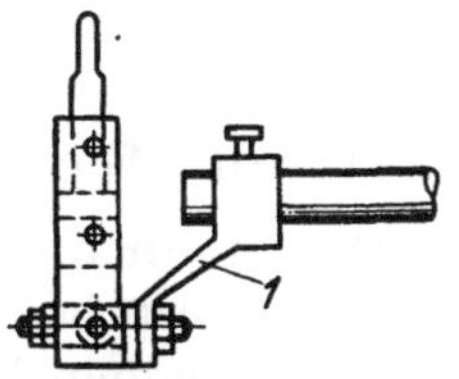

Abb. 57 Einstellung der Schaftmaschine

Fachwechsel erfolgt. Dabei müssen Antriebkurbel *1* und Messerhebel *2* waagerecht und die Messer *5* und *6* senkrecht übereinander stehen.

Ein Ausgleich der Fachumtrittsstrecke durch Veränderung der Länge der Messerzugstangen empfiehlt sich nicht.

Wenn der Fachumtritt bei der zweiten Umdrehung der Kurbelwelle größer ausfällt als bei der ersten, muß man den Mittelwert der beiden Fachumtrittsstrecken nehmen. Dazu bringt man die Lade in die Stellung, in der das Fach geschlossen sein soll, entsprechend dem Mittelwert der beiden Fachumtrittsstrecken (die Entfernung vom Geweberand bis zum Blatt soll ihrem Mittelwert gleich sein), dann löst man die Messerzugstange *3*, stellt die Schäfte in gleicher Höhe ein und befestigt die Zugstange wieder.

Bei Exzenterwebstühlen wird die Größe des Fachumtritts durch die Stellung der Exzenter auf der Exzenterwelle geregelt. Die Schäfte müssen bei Geschlossenfach auf gleicher Höhe stehen und sich in senkrechter Richtung um 4 bis 5 mm verschieben lassen. Die Fachumtrittsstrecken beim ersten und zweiten Fach dürfen höchstens um 5 mm differieren.

Bei der Einstellung des Fachumtritts soll die Art und das Profil der Exzenter berücksichtigt werden. Für Unterschlagwebstühle werden folgende Exzenter benutzt:

Blattbreite des Webstuhls	Stillstand der Schäfte während eines Drehwinkels von
80 cm	90°
100—120 cm	120°
155 cm	150°

Die Reibung des Schützens im Schützenkasten (die Kraft, die erforderlich ist, um ihn herauszuziehen) schwankt bei den einzelnen Stühlen häufig in weiten Grenzen; sie ist für die normale Arbeit der Stühle von großer Bedeutung.

Anlage 7 enthält Angaben über die empfehlenswerte Größe dieser Reibung auf Grund von Versuchen, die von den Dorochow-Werken durchgeführt wurden [41].

In der Anlage 8 sind weitere Einstellungsparameter zusammengefaßt, die in den Dorochow-Werken für einige Gewebe bei Unterschlagwebstühlen (225 U/Min.) experimentell als die optimalen Einstellungsparameter ermittelt wurden.

11.32 Der automatische Webstuhl AT-100

Der Webstuhl AT-100 ist für die Herstellung von Baumwollgeweben aus Garnen mittlerer Nummern bestimmt [43], [44].

Die oben gegebenen allgemeinen Hinweise lassen sich im wesentlichen auch auf automatische Webstühle übertragen. Brustverbinder, Lade, Streichbaum und Wellen müssen genau waagerecht eingestellt werden; die Wellen dürfen kein Seitenspiel haben.

11.32.1 Der Webstuhlantrieb

Der Antrieb besteht aus zwei miteinander verbundenen Teilen: der Reibungskupplung und der Ausrückvorrichtung. Der für Einzelantrieb bestimmte Motor steht auf der rechten Gestellwand des Stuhls; er überträgt die Bewegung auf die Scheibenkupplung über den Ritzel, der mit dem Zahnrad der Kupplung (138 Zähne) in Eingriff steht.

Bei diesem Antriebssystem wird die kinetische Energie des Rotors ausgenutzt, da dieser zusammen mit dem Zahnrad der Reibungskupplung dauernd rotiert, wodurch dem Schützen beim Einrücken des Webstuhls sofort die normale Geschwindigkeit erteilt wird.

Abb. 58 zeigt die Ausrück- und Bremsvorrichtung des Webstuhls AT-100. Bei der Einstellung des Antriebs muß darauf geachtet werden, daß zwischen dem Bremshebel *1* und dem Ende der Zugstange *2* ein Abstand von 45 bis 48 mm vorhanden ist, was durch Verstellen der Muttern

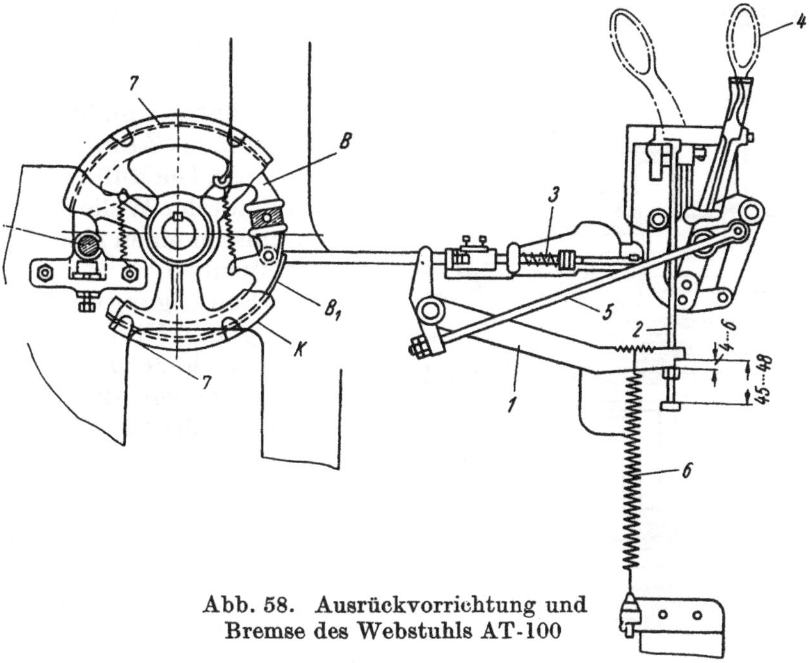

Abb. 58. Ausrückvorrichtung und Bremse des Webstuhls AT-100

auf der Zugstange erreicht werden kann. Die Bremsbacken müssen auf der Bremsscheibe voll aufliegen und bei Lösung der Bremse von der Bremsscheibe sich nicht weiter als um 2 mm entfernen.

In der Bremsscheibe sind die Öffnungen *7* vorgesehen, durch die man das Aufliegen der Bremsbacken kontrollieren kann.

Die Feder *3* soll bei Lösung der Bremse nicht gespannt sein. Diese Feder muß ein freies Spiel haben. Der Griff *4* ist durch die Zugstange *5* mit dem Bremshebel *1* verbunden.

Die Bremsbacken werden vermittels der an der Konsole befestigten Spindel eingestellt; der Anschlagbolzen der Konsole wird durch eine Gegenmutter gesichert.

Das Ausrücken des Stuhls bei Fadenbruch wird durch die auf den Bremshebel *1* wirkende Feder *6* so eingestellt, daß der Stuhl bei geschlossenem Fach zum Stillstand kommt.

Der Webstuhl AT-100 ist mit einer starken Backenbremse in der Art der Kraftwagenbremsen versehen, die den Webstuhl bei Abschaltungen durch den Schußwächter, den Kettfadenwächter bzw. durch den Ausrückhebel nach höchstens einer halben Umdrehung der Kurbelwelle in Geschlossenfachstellung zum Stehen bringt.

11.32.2 Die Reibungskupplung

Die Reibungskupplung schützt den Motor und die Zahnräder gegen Beschädigungen. Die Reibungskupplung wird zusammenmontiert und dann an der Nabe des kleineren Zahnrads $Z_1 = 38$ durch drei Bolzen befestigt (Abb. 59). Auf der Nabe kann das Zahnrad $Z = 138$ frei rotieren. Die Muffe *1* verschiebt sich frei auf der Welle *2*, die Klinken *3* müssen einen gleich starken Druck ausüben.

Nach Befestigung der Reibungskupplung mit Hilfe von Stellringen wird die Feder *4* um 4 bis 6 mm auf die Länge von 129 bis 131 mm zusammengedrückt.

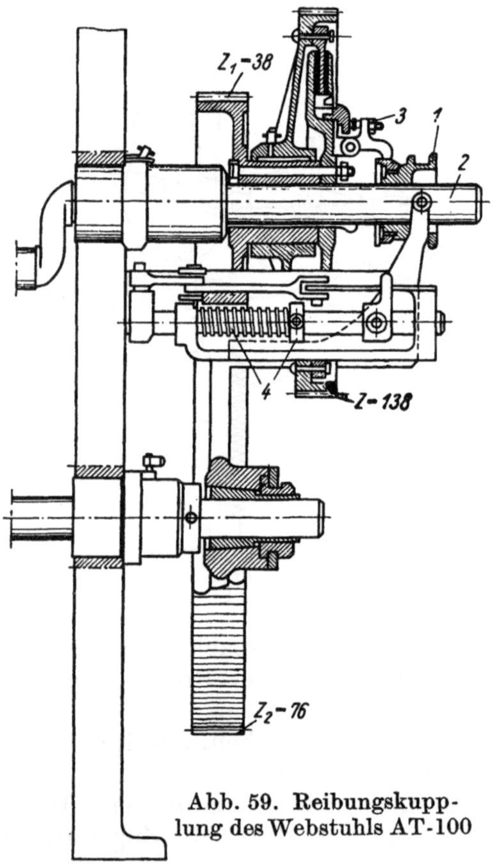

Abb. 59. Reibungskupplung des Webstuhls AT-100

11.32.3 Die Lade

Die Lade des Webstuhls AT-100 ist mit einem Schützenwächter versehen, die Schützenkastenhinterwand läßt sich abnehmen; der Schützenkasten besitzt eine Vorrichtung, durch die die Tiefe des Schützeneinlaufs geregelt werden kann.

Der Winkel zwischen dem Blatt und der Ladenbahn ebenso wie zwischen der Hinterwand des Schützenkasten und dem Schützenkastenboden soll 90° sein (Abb. 60). Die Stellung der Kurbelpleuel und ihre Länge (262 mm) wird mit Hilfe einer Lehre (Schablone) überprüft.

Die Vertiefung der Ladenbahn wird mit Hilfe eines langen Lineals kontrolliert. Das Lineal wird auf die Schützenkastenböden aufgesetzt; die Mitte der Ladenbahn muß um $f = 4$ bis 5 mm tiefer als die Enden liegen (Abb. 61). Die Schützenkästen sollen an ihren Enden um die Strecke $a = 1$ bis 1,5 mm in Richtung zum Brustverbinder geschwenkt sein.

ANDREJEW und BERKOWITSCH [42] empfehlen für die Gestalt der Ladenbahn die Werte $a = 5$ bis 6 mm (bei Webstühlen über 2,5 m Breite) bzw. $a = 4$ bis 5 mm (bei Webstühlen bis 2,25 m Breite), $g = 3$ bis 4 mm und $f = 6$b is 9 mm, und führen eine Formel für die Berechnung der Ladenbahnvertiefung an, die so bemessen wird, daß die auf der gekrümmten Bahn entstehende Fliehkraft der normalen Komponente der Trägheitskraft des Schützens bei der Querbewegung infolge der Ladenschwingung gleich ist.

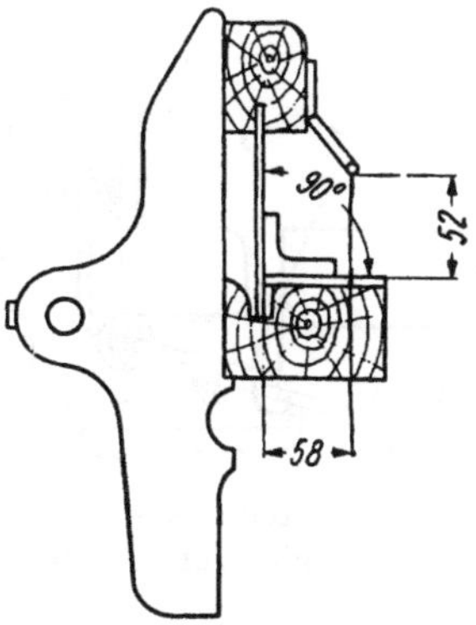

Abb. 60. Stellung des Blatts beim Webstuhl AT-100

Der Abstand zwischen der Schützenkastenvorderwand und dem Schützen soll nicht mehr als 3 bis 4 mm betragen (Abb. 62). Die hölzerne Schützenkastenzunge wird mit Hilfe exzentrischer Buchsen eingestellt; die Schrägstellung der Zunge muß 4 bis 5 mm betragen. Bei Abnutzung des Leders an der Zunge stellt man sie dichter an den Schützen heran.

Bei Einlaufen des Schützens in den Schützenkasten muß seine Wucht durch die Spannung des Schützenfangriemens, durch die Federn der Stechervorrichtung *1* und die Schützenkastenzungenfeder *2* der Zunge *3*

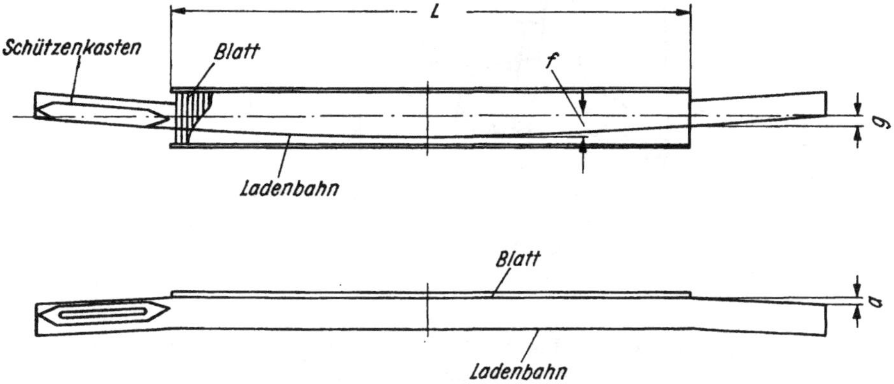

Abb. 61. Ladenbahn und Stellung der Schützenkästen

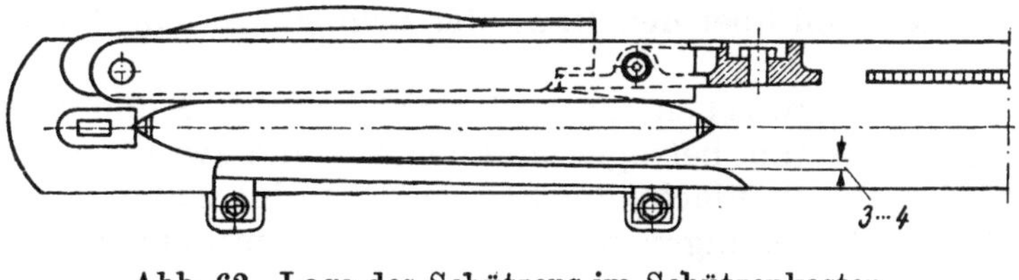

Abb. 62. Lage des Schützens im Schützenkasten

(Abb. 63) aufgenommen werden; die Spannung der Federn wird mit Hilfe eines Dynamometers kontrolliert.

Beim Vorhandensein des Schützens im Schützenkasten soll zwischen dem Stecher und dem Stecherpuffer ein lichter Abstand von 3 bis 4 mm vorhanden sein.

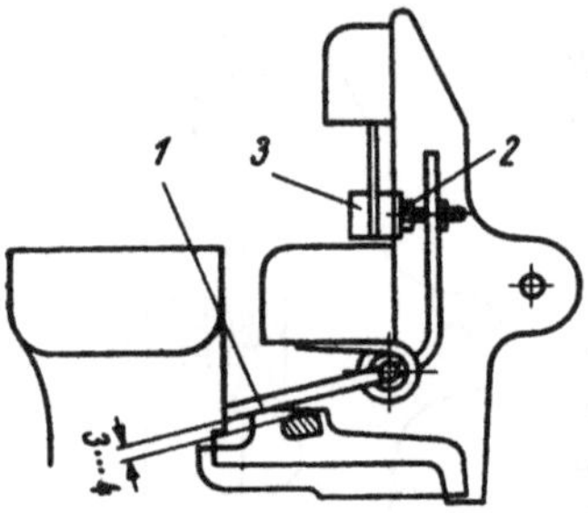

Abb. 63. Stechervorrichtung am Webstuhl AT-100

11.32.4 Der Schlagmechanismus

Der Schlagmechanismus soll so eingestellt werden, daß der Schlag möglichst schwach ist und gerade noch für die vorschriftsmäßige Bewegung des Schützens und sein Einlaufen in den Schützenkasten ausreicht. In diesem Fall ist die dynamische Beanspruchung der Einzelteile am kleinsten, und in ihrer Arbeit werden nur selten Unregelmäßigkeiten auftreten.

Der Webstuhl AT-100 ist mit einer Unterschlagvorrichtung versehen, seine Einstellung hängt mit der Arbeitsweise des Ladenmechanismus zusammen. Bei Beginn des Schlags muß der Abstand vom Brustverbinder *1* (Abb. 64a) bis zum Blatt *2* 280 bis 285 mm betragen. Die Entfernung von der Schlagkappe *1* bis zur Schlagspindel *2* soll (Abb. 65)

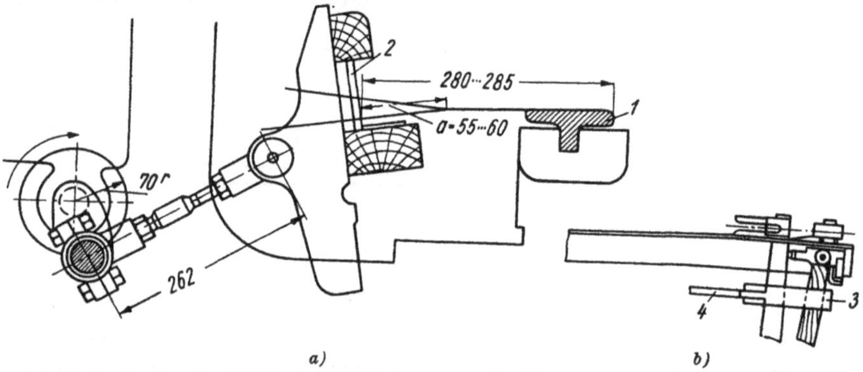

Abb. 64. Die Lade des Webstuhls AT-100; *a* Stellung der Lade bei Schlagbeginn; *b* Stellung der Fangriemen

in diesem Zeitpunkt 90 bis 100 mm sein. Die Schlagscheibe *3* wird in 38 mm Entfernung von der Außenkante der Gestellwand *4* eingestellt; die Schlagrolle *5* soll über den Rand der Schlagnase 2 bis 3 mm hinausragen.

Der lichte Raum zwischen der großen Schlagkappe *9* und dem Schlagstock *6* soll 8 bis 10 mm betragen und der Abstand zwischen der Schlagkappe und der oberen Fläche der Stütze *7* 210 bis 220 mm.

Unter diesen Bedingungen wird der Picker beim Schlag eine Strecke von 180 bis 190 mm zurücklegen.

Die Stellung des Pickers hinsichtlich des Schlagstockschuhs *7* wird mit Hilfe der Schraube *8* so eingestellt, daß der Mittelpunkt des Pickers sich geradlinig verschiebt.

Die Wucht des Schützens wird in erster Linie durch die Reibung des Schützens an der Schlagkastenzunge aufgenommen. Das Abbremsen soll während einer rückwärtigen Bewegung des Pickers um 25 bis 30 mm erfolgen. Die Wucht des Schützens wird auch durch die miteinander verbundenen Schützenfangriemen *3* (Abb. 64b) aufgenommen, deren Spannung geregelt werden kann.

Die richtige Schützenbahn, die Dämpfung der Wucht des Schützens und die Stellung des Schützens im Schützenkasten beeinflussen stark die Arbeit des automatischen Spulenwechsels und des Stuhls im ganzen.

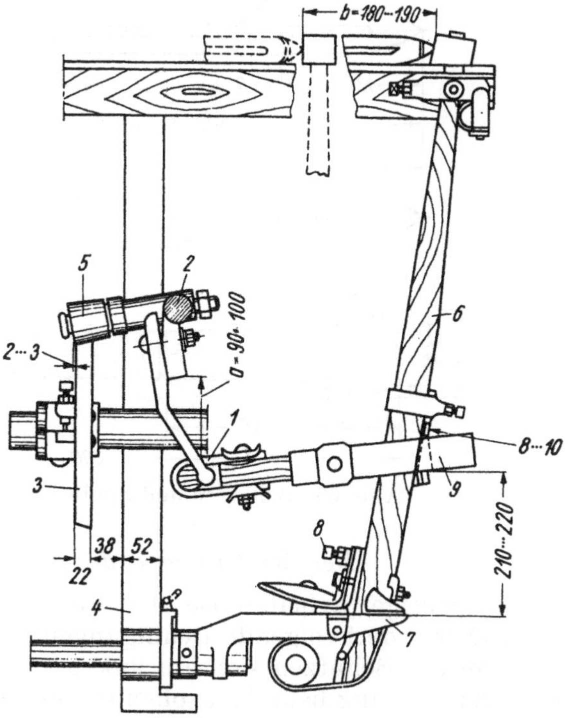

Abb. 65. Schlagmechanismus des Webstuhls AT-100

11.32.5 Schußspule und Schützen

Die Wirkungsweise des Schlagmechanismus und des automatischen Spulenwechsels hängt in erheblichem Maße von den Abmessungen und dem Zustand des Schützens und der Spulen ab. Für den Stuhl AT-100 müssen die in Abb. 66 angegebenen Abmessungen eingehalten werden.

Die Spulen müssen sorgfältig lackiert sein und die vorgeschriebenen Abmessungen haben, da der automatische Schußwechsel mit einer Fühlervorrichtung ausgerüstet ist, deren Wirkungsweise auf den verschiedenen Reibungskoeffizienten auf der glatten Holzfläche und auf dem rauheren Garn beruht.

11.32.6 Der automatische Schußspulenwechsel

Der automatische Schußspulenwechsel des Webstuhls AT-100 besteht aus folgenden Teilen: 1. dem Anzeige- und Schaltmechanismus — der Schußwächtergabel und der Fühlervorrichtung; 2. dem Spulenmagazin für 28 Spulen (von denen jeweils 24 gleichzeitig eingesetzt werden); 3. den Kontroll- und Hilfsmechanismen — der Vorrichtung für die Kontrolle der Lage des Schützens im Schützenkasten, der Breithalterschere und der Schere für das Abschneiden des Fadenendes der abgelaufenen Spule.

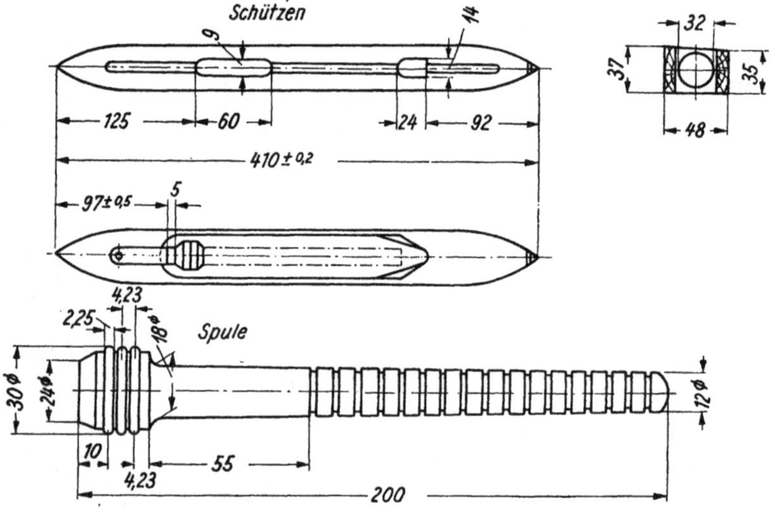

Abb. 66. Schützen und Spule für den Webstuhl AT-100

Der Mechanismus der Schußwächtergabel

Die richtige Arbeitsweise der Schußwächtergabel beim Webstuhl AT-100 erfordert folgende Bedingungen:

Wenn der Schützen sich am linken Schützenkasten und die Lade in vorderer Stellung befinden, sollen die Zinken der Gabel in der Mitte der Einschnitte des Schußwächtergitters stehen, der lichte Abstand zwischen dem Bügel der Schußwächtergabel und dem Schußwächterhammer soll nicht mehr als 3 bis 5 mm betragen.

Die Zinken der Schußwächtergabel sollen über die vordere Ebene des Schußwächtergitters je nach der Schußnummer 2 bis höchstens 5 mm hinausragen (eingreifen), während das untere Ende der Gabelzinken 6 bis 8 mm in den Ausschnitt der Ladenbahn hineinreichen soll (bei einer Länge der Gabelzinken von 72 mm und des Bügels von 39 bis 40 mm). Die einzuhaltenden Entfernungen sind in Abb. 67 angegeben.

Das Ende des Hebels *7* soll 10 bis 12 mm über dem Schieber *8* in der Mitte seines Ausschnitts stehen. Die schwingende Bewegung des Hebels *7* und des Hakens *2* soll 22 bis 24 mm betragen, die Bewegung des Schiebers 19 mm. In Vorderstellung der Lade und in der in Abb. 67 gezeigten Stellung des Hakens soll die Rolle des Hebels auf der Marke *1* des Exzenters stehen (Abb. 68). Dann ist zwischen dem Haken *2* (Abb. 67) und dem Fangbügel *1* ein Abstand von 2 bis 3 mm vorhanden. In seiner äußersten linken Stellung soll der Hebel *7* den Riegel *9* berühren.

Die Entfernung vom Ende der Klinke *4* bis zum Ausrückhebel soll 1 bis 2 mm und vom Ende der Klinke bis zum Riegel 2 mm betragen.

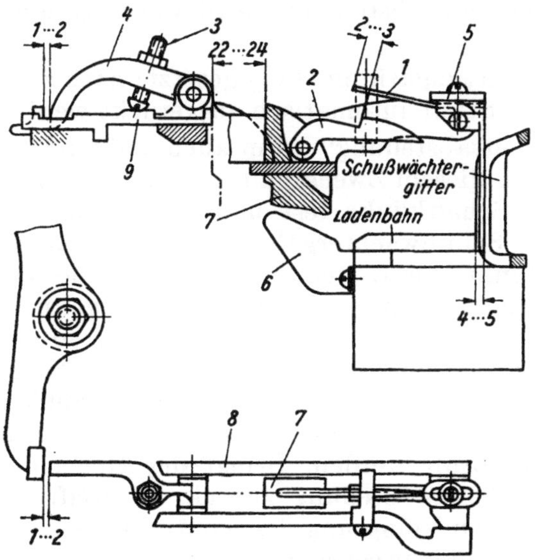

Abb. 67. Schußwächter am Webstuhl AT-100

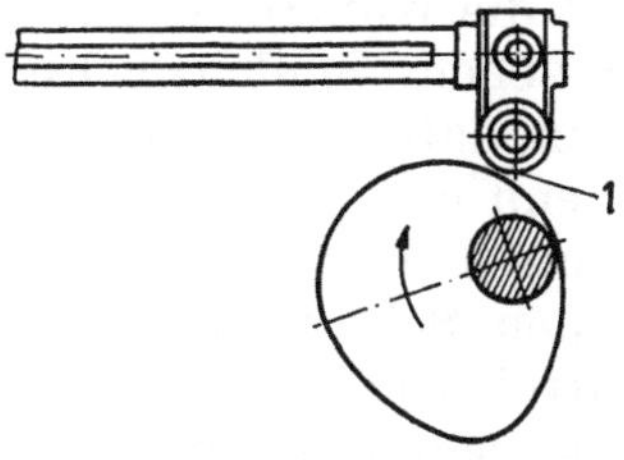

Abb. 68. Exzenter des Schußwächters beim Webstuhl AT-100

Der automatische Webstuhl kann so eingestellt werden, daß der Wechsel der Schußspulen vom Fühler, von der Schußwächtergabel oder von beiden gesteuert wird.

Wenn der Schußspulenwechsel vom Fühler gesteuert wird, wirkt der Schußfadenwächter bei Fadenbruch unmittelbar auf den Ausrückhebel. Zu diesem Zweck muß man den Bolzen *3* (Abb. 67) in die Klinke *4* tiefer einschrauben.

Die Spannung des Schußfadens ist bei der Herstellung verschiedener Gewebe verschieden. Die Bewegung der Schußwächtergabel kann durch Verstellung der Wippe *5* entsprechend geregelt werden.

Der Fadenführer *6* verhindert, daß der Schußfaden sich um die Zinken der Schußwächtergabel schlingt.

Beim Arbeiten ohne Fühler soll eine besondere „Sicherheitsabstellung" den Stuhl ausrücken, wenn der Spulenwechsel dreimal hintereinander erfolgt; das ist erforderlich, um zu verhindern, daß der Stuhl bei leerem Magazin weiterarbeitet, ohne daß Schuß eingetragen wird.

Wenn der Fühler eingeschaltet ist, stellt der Schußwächter den Stuhl beim Fehlen des Schußfadens ab.

Im Verlauf der Zeit nutzen sich die Einzelteile des Schußwächters ab. Wenn die Schußwächtergabel ein zu großes Spiel erhält, wird ihre Achse durch eine neue ersetzt. Nach längerer Arbeitsdauer kann sich auch der Schußwächterexzenter abnutzen; dann muß er ersetzt werden. Dabei muß auf die richtige Stellung des Exzenters streng geachtet werden. Die Kurbelwelle wird (Schützen im linken Schützenkasten!) so gestellt, daß die Kurbel 10 bis 15° vor ihrer vorderen Stellung steht. Der neue

Exzenter muß mit seinem größten Halbmesser dann nach vorn weisen. Wenn der Exzenter zu spät wirkt, hakt der Schußwächterhammer ein, und es kommt zu einem unnötigen Schußspulenwechsel; bei zu früher Wirkung des Exzenters wird die Arbeit des Eindrückhammers gestört.

Die Wirkungsweise der „Sicherheitsabstellung“ wird wie folgt überprüft:

1. Der Webstuhl wird bei leerem Magazin in Gang gesetzt; nach zweimaligem Spulenwechsel muß der Stuhl automatisch ausgerückt werden.

2. Die Wirkung der „Sicherheitsabstellung“ kann auch während der Stuhlarbeit überprüft werden. Zu diesem Zweck hält man mit der einen Hand den Kontrollbolzen der Schaltklinke fest und drückt mit der anderen Hand auf den Bügel der Schußwächtergabel. Wenn die „Sicherheitsabstellung“ nicht richtig funktioniert, stellt man die Ursache fest. Steht die Kontrollklinke zu hoch, so muß man den Kontrollriegel nach zweifachem Spulenwechsel verschieben und die Kontrollklinke so einstellen, daß der Schieber in hinterer Stellung den Ausrückhebel betätigt.

Wenn die „Sicherheitsabstellung“ bereits nach zweimaligem Spulenwechsel den Stuhl ausrückt, muß die richtige Stellung der Gabel in bezug auf den Schußwächterhebel überprüft werden. Bringt der Hebel den Kontrollriegel nicht in seine äußerste Stellung zurück, so greift die Klinke bereits beim erstenmal in den Vorsprung des Kontrollriegels ein, und der Stuhl wird beim zweiten Spulenwechsel abgestellt.

Die Einstellung des Schußspulenwechsels auf dem Webstuhl AT-100 hängt von den Anforderungen, die an das Gewebe gestellt werden, ab:

1. Schußfädenausfälle sind unzulässig; der Spulenwechsel erfolgt nur vom Fühler aus; der Schußwächter rückt den Stuhl bei Schußfadenbruch aus.

2. Schußfädenausfälle fallen wenig auf; der Fühler wird abgeschaltet; der Spulenwechsel erfolgt nur vom Schußwächter aus.

3. Einzelne Schußfädenausfälle sind zulässig; der Spulenwechsel wird vom Fühler aus gesteuert; beim Schußfadenbruch löst der Schußwächter den Spulenwechsel aus; das ist die kombinierte Arbeitsweise des Schußspulenwechsels.

Die letzte Methode wird vor allem bei solchen leinwandbindigen Geweben angewandt, wo das Ende des Schußfadens aus dem Fach entfernt werden muß, da ein doppelter Schußfaden im Gewebe auffällt. Schußfadenausfälle entstehen in diesem Fall nur dann, wenn der Schußfadenbruch in der Mitte der Spule erfolgt.

Der Mechanismus des Schußfühlers

Der automatische Wechsel der Schußspulen durch den Fühler wird bei solchen Geweben angewandt, die ein „Schußsuchen“ erfordern, z. B. bei Geweben mit stark ausgeprägtem Bindungsbild, wie es die Köper sind. Es gibt verschiedene Fühlersysteme: mechanische und elektrische. Sie unterteilen sich weiter entsprechend ihrem Wirkungsprinzip. Die Wirkungsweise des Schußfühlers am Webstuhl AT-100 beruht auf dem Unterschied der Reibungskoeffizienten des Fühlers beim Gleiten auf einer Garnschicht und auf der glatten lackierten Holzspule. Bei Auslösung des Schußspulenwechsels durch den Fühler müssen die Spulen eine sogenannte Reservewicklung besitzen. Diese Reservewicklung darf nicht zu groß sein, um übermäßige Garnverluste zu vermeiden. Der Fühlermechanismus soll so eingestellt werden, daß die Reservewicklung auf der Spule höchstens für 2,5 bis 3 Schuß reicht.

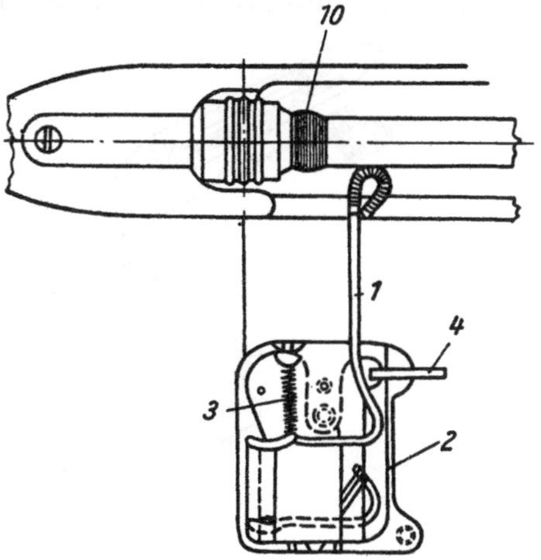

Abb. 69. Schußfühler beim Webstuhl AT-100

Das Funktionieren des Fühlers wird durch die Art, wie das Schußgarn auf der Schußspule aufgewickelt ist, beeinflußt. Die Wicklung muß gleichmäßig sein; wenn in einer Schußpartie weiche und harte Spulen vorkommen, ist es schwer, den Fühler einzustellen. Bei zu harter Wicklung bleibt viel Garn auf der Spule übrig.

Der Schußfühler funktioniert auf folgende Art:

Der eigentliche Fühler stellt einen Bügel *1* (Abb. 69) aus Stahldraht dar, und sein Ende ist zur Erhöhung der Reibung mit feinem Draht umwickelt. Der Bügel befindet sich im Gehäuse *2* und wird von der Feder *3* festgehalten.

Wenn die Lade in vordere Stellung kommt, stößt der Fühler durch einen Einschnitt in der Schützenkastenwand und im Schützen gegen die Schußspule und wird unter Anspannung der Feder *3* zurückgedrängt.

Sobald auf der Schußspule nur noch die Reservewicklung *10* übrigbleibt, findet der Bügel auf der glatten polierten Oberfläche der Spule keinen Halt und weicht nach rechts aus, wobei er gegen das Ende der Stoßstange *4* stößt. Dadurch wird auch der Hebel *5* (Abb. 70) nach rechts verschoben, kommt bei der schwingenden Bewegung des Schußwächterhebels *6a* vor den Puffer *6* und wird zusammen mit der Steuerwelle *8* des automatischen Schußspulenwechsels in der Richtung des gezeichneten Pfeils gedreht.

Um das Gleiten des Bügels *1* auf der leeren Schußspule zu erleichtern, soll er 2 bis 3 mm höher als die Achse der Spule stehen. Bei Einstellung des Fühlers muß darauf geachtet werden, daß die linke Kante des Gehäuses auf Höhe des mittleren Halteringes der Schußspule kommt (Abb. 69).

Zur Überprüfung der richtigen Einstellung des Fühlers bringt man einen Schützen mit leerer Spule in den Schützenkasten und stellt die Lade von Hand so ein, daß das Blatt 10 mm vom Warenrand entfernt ist, dabei muß der Bügel die Spule gerade berühren.

Da der Bügel auch bei voller Schußspule ein wenig nach rechts ausweicht, soll zwischen ihm und dem Ende der Stange *4* ein Abstand von 2 mm sein. Dieser Abstand wird durch Verbiegen der Stange *4* eingestellt.

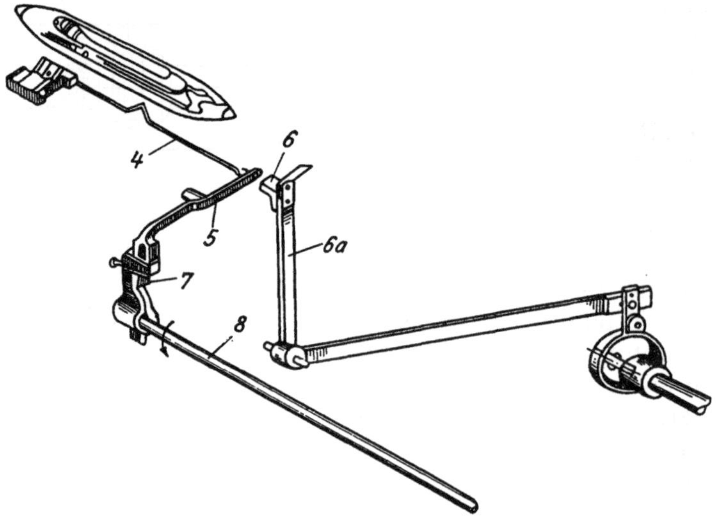

Abb. 70. Wirkungsweise des Schußfühlers

Im Augenblick der Berührung des Bügels mit dem Ende der Stange *4* soll zwischen der Kante des Hebels *5* und der Schwingungsebene des Hebels *6* ein lichter Abstand von 1 mm sein.

Wenn der Bügel beim Gleiten auf der leeren Spule nach rechts ausweicht, soll er, um ein Verbiegen zu vermeiden, in seiner Endstellung etwa 1 bis 2 mm vor der Innenkante des Gehäuses *2* zum Stillstand kommen.

Die Spiralfeder, die den Hebel *5* in seine ursprüngliche Stellung zurückführt, soll so eingestellt sein, daß sie dem Gleiten des Bügels auf der leeren Spule keinen zu großen Widerstand entgegensetzt.

Das Schußspulenmagazin

Das Spulenmagazin beim Webstuhl AT-100 besteht aus einer Trommel, die 28 Schußspulen faßt, von denen immer 24 gleichzeitig eingelegt werden. Die Drehung der Trommel erfolgt durch eine Schalt- und eine Sperrklinke, deren Stellung durch Bolzen fixiert wird; die Trommel wird durch die Vorwärtsbewegung der Lade gedreht.

Damit die Spule beim Einschlagen die richtige Lage erhält, muß zwischen dem Winkel, gegen den die Spule gedrückt wird, und der

Schützenkastenvorderwand ein Abstand von 4 bis 6 mm sein. Die Spule soll an den Winkel leicht angedrückt werden.

Für die richtige Lage der Spule beim Einschlagen ist es erforderlich, daß die Federn der Trommelscheibe, die die Enden der Schußspulen festhalten, nicht zu schwach und auch nicht zu fest sind. Wenn diese Federn zu schwach sind, können die Spulen aus der Trommel fallen; bei zu festen Federn können die Spulen beim Einschlagen brechen; auch erfordern übermäßig feste Federn große Kräfte beim Einschlagen der Schußspule. Die Schalt- und Sperrklinke müssen festsitzen. Die Zähne des Schaltrads sollen mit ihren Lücken gegenüber den Mitten der Spulenhalter in der Trommel stehen. Das Magazin läßt sich nur bei ausgeschalteten Klinken drehen.

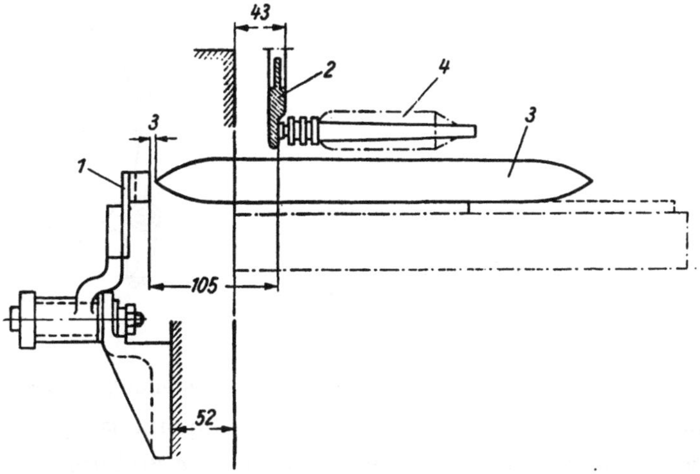

Abb. 71. Einstellung des Kontrollmechanismus für die Lage des Schützens im Schützenkasten beim Webstuhl AT-100

Der Abstand zwischen dem Winkelhebel, der die richtige Lage des Schützens im Schützenkasten vor Beginn des Spulenwechsels kontrolliert, und der Schützenspitze (s. Abb. 71) soll 3 mm betragen und bis zur Innenseite der Scheibe des Spulenträgers 105 mm. In diesem Fall wird die Spule *4* durch alle drei Ringe festgehalten.

Beim Einschlagen der Spule darf sie die Seitenwände des Schützens nicht berühren; der Einschlaghammer muß mit seiner ganzen Fläche auf die Spule drücken. Die Spulen müssen im Magazin genau parallel zur Trommelachse eingesetzt sein und aus den Haltern leicht herausgleiten. Die Scheiben der Magazintrommel dürfen ein seitliches Spiel von höchstens 0,5 mm haben; die gefederte Zunge soll 2 bis 3 mm tiefer als die Spule liegen.

Die Schaltklinken des Spulenmagazins sollen in die Schalträder voll eingreifen, und die Trommel muß sich durch den Einschlaghammer nach dem Spulenwechsel leicht drehen lassen.

Die Schalt- und Sperrklinken sollen so eingestellt sein, daß das festgehaltene Spulenmagazin ein Spiel von höchstens 0,5 mm besitzt.

Die Befestigung der gefederten Zunge muß überprüft werden: Dabei ist besonders darauf zu achten, daß die beiden Scheiben des Spulenmagazins gegeneinander nicht verdreht sind, da eine schief stehende Spule sich nicht ordnungsgemäß einschlagen läßt.

Bei der Überprüfung des Spulenwechsels muß auf die richtige Lage des Schützens im Kasten geachtet werden. Der Schützen soll nicht zurückprallen, sondern im Schützenkasten eine derartige Lage einnehmen, daß die neue Schußspule von allen drei Ringen festgehalten wird.

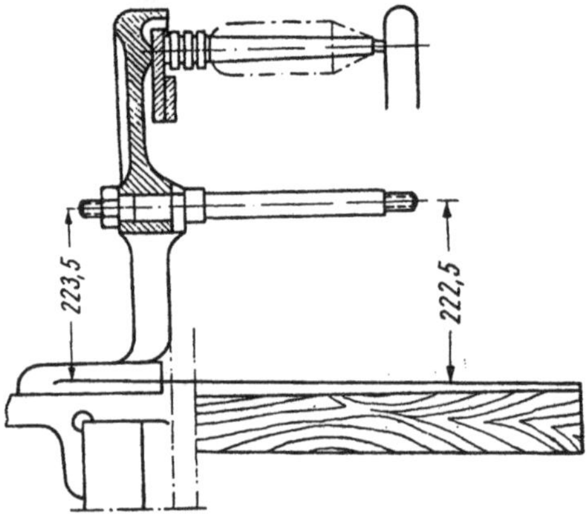

Abb. 72. Stellung des Schußspulenmagazins

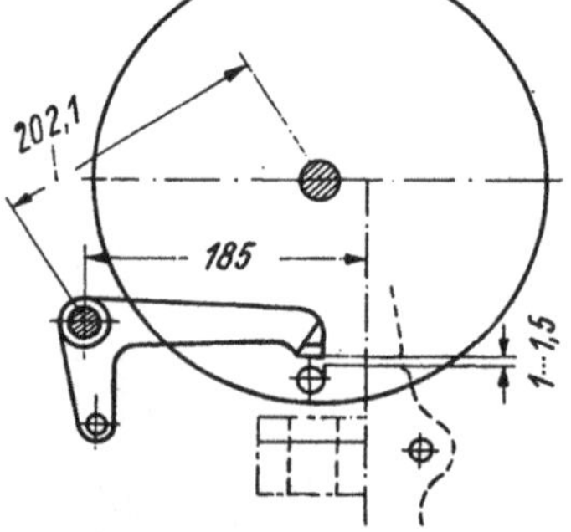

Abb. 73
Stellung des Eindrückhammers

Bei richtig montiertem Spulenmagazin soll die Entfernung von der Ladenbahn bis zur Magazinachse (in vorderster Stellung der Lade) links 223,5 mm und rechts 222,5 mm betragen (s. Abb. 72).

Die Entfernung von der Achse des Eindrückhammers bis zur Trommelachse soll 202,1 mm und zwischen dem Ende des Hammers und der Spule 1 bis 1,5 mm sein (s. Abb. 73).

Vorrichtung, die den Spulenwechsel bei falscher Lage des Schützens im Schützenkasten verhindert

Die richtige Lage des Schützens im Schützenkasten ist Vorbedingung dafür, daß die Spule ordnungsgemäß in den Schützen eingedrückt und durch alle drei Ringe festgehalten wird. Die richtige Lage des Schützens vor dem Spulenwechsel wird durch einen Hebel kontrolliert, der den Wechsel ausschaltet, wenn der Schützen nicht richtig eingelaufen ist und in axialer Richtung um 6 mm oder mehr von der normalen Stellung abweicht. Die Einstellung dieser Kontrollvorrichtung muß sehr sorgfältig geschehen.

Abb. 74 zeigt die Stellungen des Kontrollhebels und des Schützens bei verschiedenen Stellungen der Lade.

Beim Webstuhl AT-100 ist die Stellung des Kontrollhebels durch folgende Maße festgelegt:

1. Damit die Spule an allen drei Ringen erfaßt wird, muß die Entfernung vom Kontrollhebel bis zur Innenseite der Magazintrommel 105 mm und bis zur Schützenspitze 3 mm betragen (s. Abb. 71);

2. bei vorderster Stellung der Lade und äußerster hinterer Stellung des Kontrollhebels soll dieser 58 bis 60 mm vom Blatt entfernt sein (s. Abb. 74);

3. bei hinterer Stellung der Lade und vorderer Stellung des Kontrollhebels (bei seinem Vorgehen) soll er vom Blatt 132 bis 134 mm weit entfernt sein;

4. wenn der Kontrollhebel vorgeht, soll sein Ende 5 bis 6 mm von der Hinterwand des Schützens entfernt sein;

5. wenn die Kurbel der Kurbelwelle sich oben befindet, soll die Entfernung zwischen der Unterkante des Kontrollhebels und der Ladenbahn beim Vorgehen des Kontrollhebels 9 mm betragen.

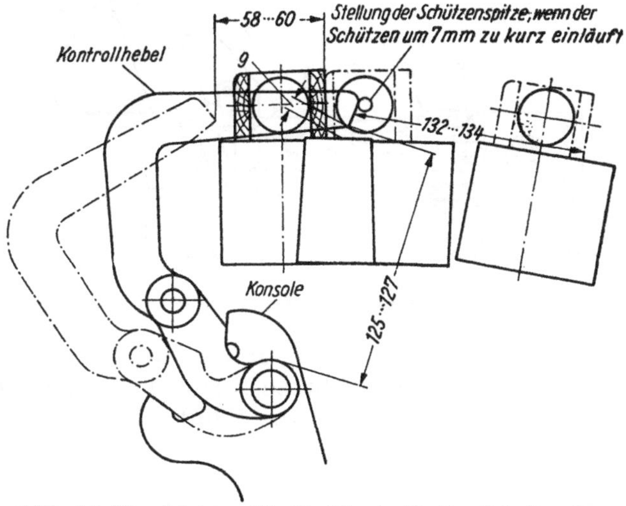

Abb. 74. Vorrichtung für die Kontrolle der Schützenlage

Die Arbeit des Kontrollhebels und die genaue Einstellung des Spulenwechsels wird wie folgt überprüft:

Der Kontrollhebel wird durch die Schußwächtergabel eingeschaltet, dazu hebt man den Schußfaden über die Schußwächtergabel und dreht das Handrad auf sich zu; der Schützen wird in den rechten Schützenkasten gebracht, man schaltet den Spulenwechsel ein und kontrolliert das Eindrücken der Spulen in Hinsicht auf ihre axiale Lage und Längsrichtung.

Bei hinterer Stellung der Lade überprüft man die Stellung des Kontrollhebels mit Hilfe eines Lineals, bringt die Lade dann in vordere Stellung und prüft, ob die Schützenspitze genau gegenüber der Mitte des Pickers steht. Dann schiebt man den Schützen an den Picker heran und stellt fest, ob zwischen Schützenspitze und Kontrollhebel der vorgeschriebene Abstand von höchstens 3 mm vorhanden ist.

Bei einem nicht genügend tiefen Einlaufen des Schützens in den Schützenkasten muß der Kontrollhebel auf die Schützenspitze treffen, dabei soll der Abstand zwischen der Stoßfalle und dem Stoßarm 12 bis 14 mm betragen.

11.32.7 Die Scheren

Die Schere des Fadenfängers. Abb. 75 zeigt die Einstellung der Fadenfängerschere am Webstuhl AT-100; die Schere soll das Ende des von der alten Spule kommenden Fadens abschneiden und den zur Gewebeleiste führenden Schußfaden festhalten. Die Schere besteht aus zwei Paar Schneiden, einem Paar mit scharfen Kanten, die den von der alten Schußspule kommenden Schußfaden durchschneiden, und einem stumpfen Paar, die das Ende des Fadens festklemmen.

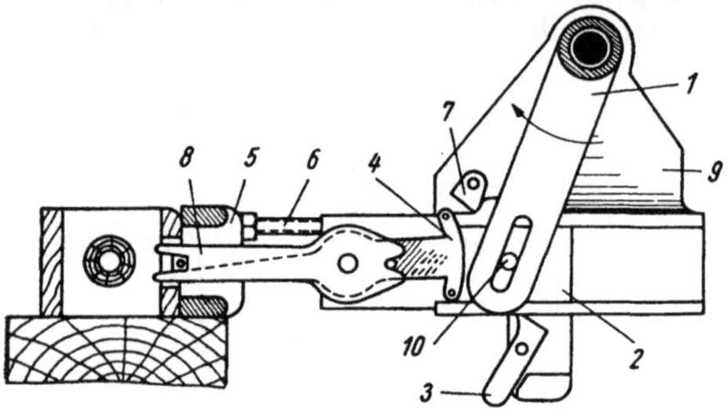

Abb. 75. Fadenfängerschere beim Webstuhl AT-100

Es empfiehlt sich, die Schere derart einzustellen, daß bei der Annäherung der Lade der Hebel *1* und mit ihm der Schlitten *2* sich in Zeigerrichtung der Lade entgegen bewegen. Dabei berührt die Klinke *3* das untere Ende des Hebels *4*, die Schere öffnet sich; sie dringt 8 bis 10 mm in die seitliche Öffnung des Schützens hinein.

Bei der weiteren Bewegung der Lade auf den Geweberand zu geht der Schlitten *2* dadurch, daß der Vorsprung *5* gegen den Bolzen *6* stößt, zurück, das obere Ende des Hebels *4* trifft auf die Klinke *7*, und die Schere schließt sich.

Die richtige Arbeitsweise der Schere erfordert, daß

1. die Schneiden des beweglichen und unbeweglichen Teils *4* bzw. *8* der Schere gut geschärft sind,
2. der Schlitten *2* leicht gleitet,
3. das abgeschnittene Fadenende durch die stumpfe Schere (Zange) festgehalten wird, bis es von der Breithalterschere abgeschnitten wird,
4. der Daumen *10* im Schlitz des Hebels *1* ungehindert gleitet.

Diese Schere tritt nur beim Spulenwechsel in Tätigkeit und soll bei richtiger Einstellung nur ein kurzes Ende des Schußfadens übrig lassen.

Die Breithalterschere. Abb. 76 zeigt die Breithalterschere des Webstuhls AT-100. Ihre Aufgabe ist es, den alten Schußfaden an der Gewebeleiste und den neuen, vom Knopf des Spulenmagazins zur Gewebeleiste führenden Faden abzuschneiden. Es gibt zwei Arten dieser Scheren: 1. Scheren, die bei jeder Ladenbewegung in Tätigkeit treten (dauernd wirkende) und 2. Scheren, die durch den Schußspulenwechsel in Tätigkeit gesetzt werden (periodisch wirkende).

Die Schere wird bei vorderer Ladenstellung kontrolliert und eingestellt; die unbeweglichen Schneiden *1* sind am Halter *2* des Breithalters befestigt; die starke Feder *3* greift um die Achsen *4* und *5*. Bei vorderster Stellung der Lade soll die Unterkante des Breithalters 2 bis 3 mm von der Lade entfernt sein. Das bewegliche Messer *8* steht 4 mm über dem Breithalter.

Abb. 77 zeigt die Stellung des Breithalters gegenüber der Ladenbahn und dem Blatt.

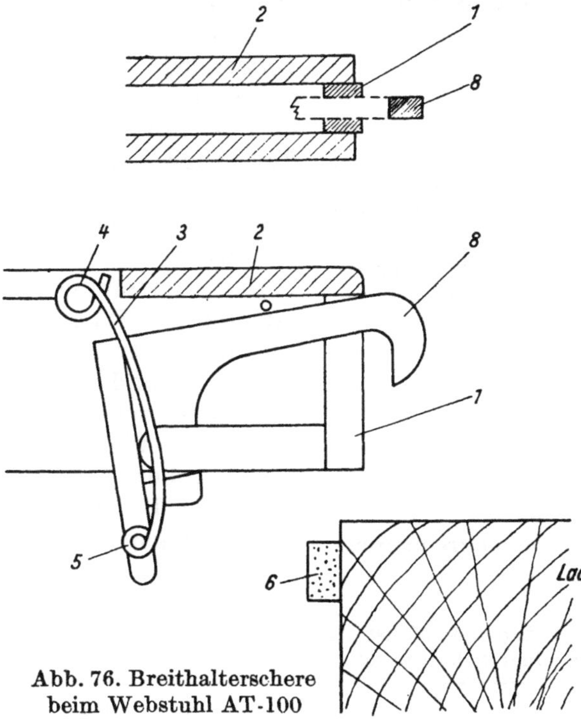

Abb. 76. Breithalterschere beim Webstuhl AT-100

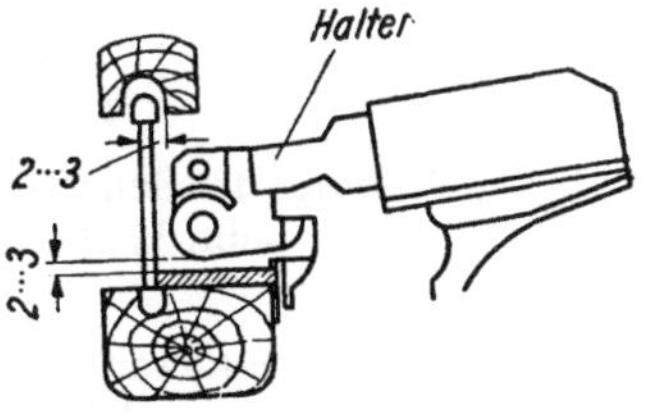

Abb. 77. Stellung des Breithalters beim Webstuhl AT-100

Für ein ordnungsmäßiges Funktionieren der Schere muß

1. der Lederbeschlag *6* (Abb. 76) in Ordnung sein und das bewegliche Messer beim Anschlag an *6* ungehindert nach links gehen,
2. die Schneidevorrichtung den Faden schneiden und nicht abquetschen,
3. die Feder das bewegliche Messer wieder in seine alte Stellung bringen.

11.32.8 Der Fachbildungsmechanismus

Der Webstuhl AT-100 kann je nach der Gewebeart mit einer Exzentereinrichtung oder mit einer Schaftmaschine versehen werden. Über die Einstellung der Schaftmaschine ist schon einiges in Abschnitt 11.31 gesagt worden. Hier werden nur die notwendigsten Angaben über die Einstellung der Fachbildungseinrichtungen gemacht.

Bei Montage der Exzentereinrichtung muß man auf die Schlagexzenterwelle den Exzenter mit der größten Exzentrizität an die rechte Seite stellen und für den hinteren Schaft benutzen; die Tritthebelschellen greifen in die zweite und vierte Kerbe ein; der Abstand zwischen

Ladendeckel und dem ersten Schaft soll in hinterer Stellung der Kurbelwelle 12 bis 15 mm betragen.

Für den Webstuhl AT-100 wird eine Doppelhub-Halboffenfach-Schaftmaschine für 12 Schäfte verwendet, wobei für das Senken der Schäfte in das Unterfach ein Federzugregister verwendet wird. Abb. 78 zeigt die Stellung der Schäfte.

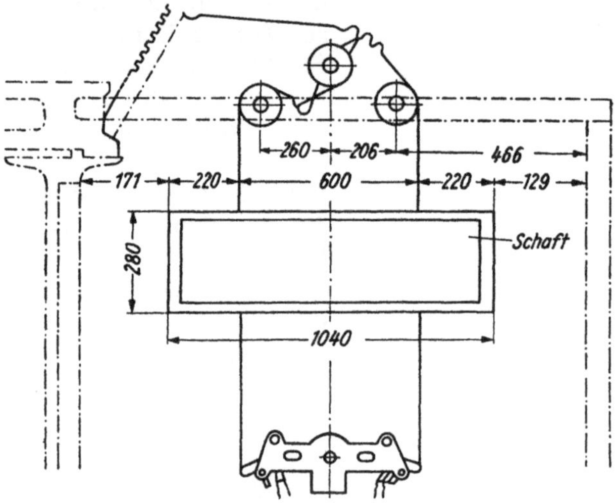

Abb. 78. Stellung der Schäfte und die Geschirrschnürung beim Webstuhl AT-100

Die Einstellungsparameter bei Webstühlen mit einer Schaftmaschine sind anders als bei Exzenterstühlen. Beim Weben des Wollgewebes Art. 176 werden z. B. folgende Einstellungsparameter empfohlen [43]:

Tabelle 12. Parameter für das Weben des Wollstoffs Art. 176 auf dem Webstuhl AT-100 mit einer Schaftmaschine [43]

	Bezeichnung	Größe
Knick der Ketten-Einzugslinie		12,5°
Größe des Fachumtritts		35 mm
Streichbaum über den Kettfadenwächterschienen		25 „
Entfernung vom Brustverbinder bis Geweberand	q	160 „
Breite des Anschlagstreifens	v	3 „
Entfernung vom Geweberand bis 1. Schaft	a_1	200 „
Entfernung vom Geweberand bis 6. Schaft	a_6	265 „
Entfernung von Mitte Kettfadenwächter bis		
a) zum 1. Schaft	b_1	410 „
b) zum 6. Schaft	b_6	345 „
c) Mitte Streichbaum	c	340 „
Entfernung vom Geweberand bis zum Blatt bei hinterer Ladenstellung	d	140 „
Entfernung der Fäden im Unterfach von der Ladenbahn		0,5—1 „
Höhe des Fachs am vorderen Schaft	h_1	75 „
Höhe des Fachs am hinteren Schaft	h_6	94 „
Entfernung vom Ladendeckel bis zum vorderen Schaft		12—15 „

11.32.9 Der Warenregulator

Der Webstuhl AT-100 ist mit einem positiven Warenregulator ausgerüstet (Abb. 79).

Die Arbeit des Regulators wird überprüft, indem man die Kurbelwelle des Webstuhls von Hand dreht. Wenn der Schaltklinkenhebel *3* richtig eingestellt ist, dreht er bei jeder Umdrehung der Kurbelwelle das Schaltrad um ein oder zwei Zähne (je nach der Einstellung) weiter. Der Schaltklinkenhebel kann nach Wunsch an das erste oder zweite Loch der an der Ladenstütze angeschweißten Lasche befestigt werden. Im ersten Fall wird das Schaltrad um 1 Zahn, im zweiten um 2 Zähne gedreht.

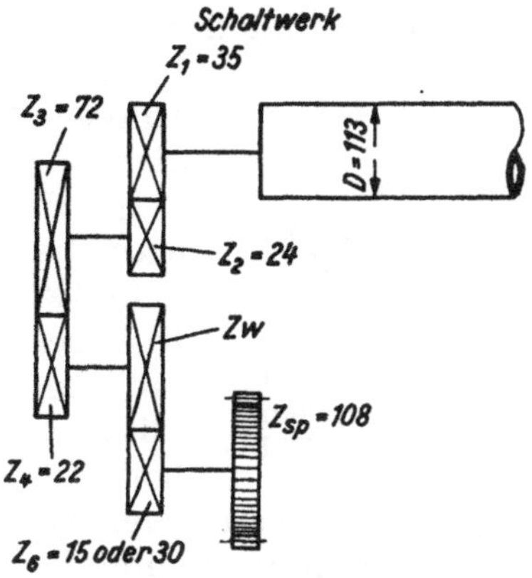

Abb. 79a. Warenregulator des Webstuhls AT-100

Die Schußdichte (auf 10 cm) errechnet sich nach der Formel

$$S = \frac{Z_{sch} \cdot Z_w \cdot Z_3 \cdot Z_1 \cdot 10}{m \cdot Z_6 \cdot Z_4 \cdot Z_2 \cdot \pi \cdot D \cdot \eta}.$$

Hier ist Z_w die Zähnezahl des Wechselrads,
Z_{sch} die Zähnezahl des Schaltrads,
$Z_{1,\,2,\,3,\,4,\,6}$ die Zähnezahl der Räder gemäß Skizze,
m die Zahl der Zähne, um die das Schaltrad jeweils gedreht wird (1 oder 2),
D Durchmesser des Warenabziehbaums in cm,
η Korrekturkoeffizient für die Einarbeitung, der zu etwa 0,97 angenommen werden kann.

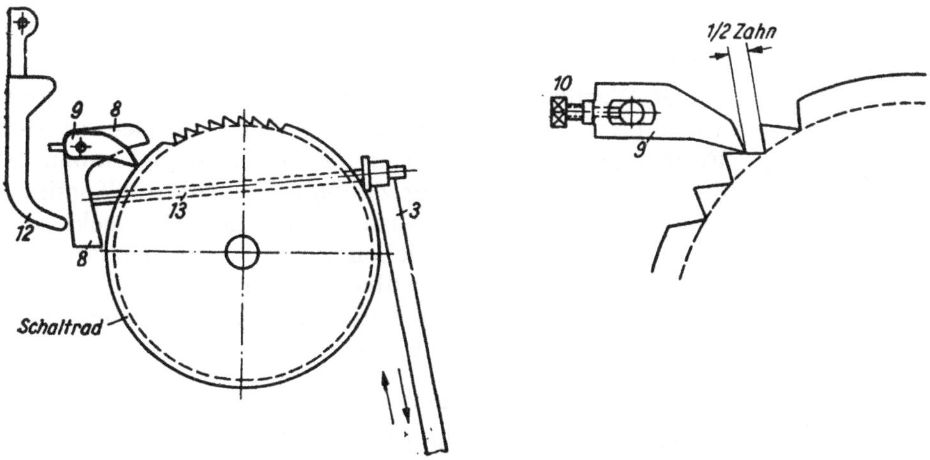

Abb. 79b. Schaltung des Warenregulators

Die Arbeit des Regulators kann dadurch kontrolliert werden, daß man den Daumen einer Hand auf das Schaltrad legt, während die anderen Finger am Rahmen aufliegen. Man fühlt dann, um wieviel Zähne das Schaltrad bei jeder Ladenbewegung gedreht wird.

Zur Überprüfung der Zusammenarbeit des Schaltklinkenhebels, des Schaltrads und der Klinken stellt man die Lade in hintere Stellung.

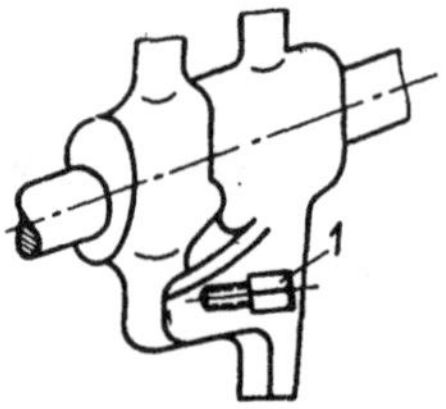

Abb. 80. Ausschalten der Klinkenbetätigung vom Fühler

Dann muß die Schaltklinke den Zahn in voller Breite erfassen. Bei dieser Ladenstellung soll die Sperrklinke *9* nicht mehr als die Hälfte eines Zahns überdecken.

In oberer Stellung der Kurbelwelle kontrolliert man die Arbeit der Schaltklinken, indem man den Schußwächter mit dem Hammer in Eingriff bringt. In diesem Fall wird der Schaltklinkenhebel vom Schaltrad abgehoben; die Entfernung zwischen der Schaltklinke und dem Schaltrad soll dann 3 bis 5 mm betragen.

Das Nachlassen der Ware beim Schußfadenbruch wird durch den Bolzen *10* in der Klinke *9* (Abb. 79) eingestellt. Wenn beim Fingerdruck auf die Schußgabel die Rücklaßklinke 1 bis 2 Zähne freigibt, so ist sie richtig eingestellt.

Der Warenabziehbaum muß genau parallel zum Brustverbinder liegen; er darf in axialer Richtung nicht mehr als 1 mm Spiel haben.

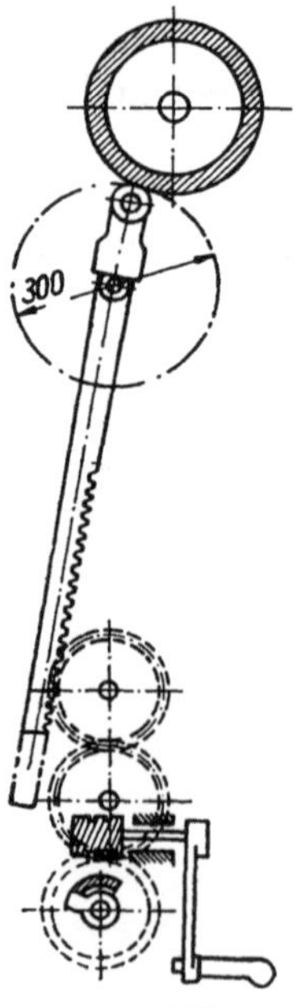

Abb. 81. Warenaufwicklung beim Webstuhl AT-100

Wenn der Schußspulenwechsel durch den Fühler eingeschaltet wird, muß der Bolzen *1* (Abb. 80) gelöst werden, damit die Verbindung zwischen Fühler und Rücklaßklinke aufgehoben wird. Die Rücklaßvorrichtung wird dann beim Ausrücken des Stuhls bei Schußfadenbruch und bei Schußspulenwechsel von der Schußwächtergabel gesteuert.

11.32.10 Warenaufwicklung

Der Warenbaum (Abb. 81) muß parallel zum Warenabziehbaum liegen; die Zahnstangen müssen in den Führungen leicht gleiten und kein Seitenspiel haben. In der tiefsten Stellung der Zahnstangen soll die Torsionsfeder zwischen den Stellringen und der Schnecke sich um 3 bis 4 mm verschieben lassen. Zur Regelung der Stellringe wird der Warenbaum in äußerste untere Stellung gebracht, dabei soll die Nase des Stellrings gegen die Nase des Schneckenrads stoßen.

11.32.11 Der Kettfadenwächter

Der Kettfadenwächter hat die Aufgabe, den Webstuhl beim Bruch eines Kettfadens in Geschlossenfachstellung abzustellen. Die Stellung des Kettfadenwächters auf dem Stuhl muß den technischen Normen für das zu webende Material entsprechen.

Die Kette soll zwischen den Schienen der Wächtervorrichtung ungehindert hindurchgehen.

Die richtige Stellung des Kettfadenwächters wird bei hinterer Stellung der Lade kontrolliert, und zwar soll die Entfernung vom Brustverbinder bis zum Blatt 385 mm betragen (Abb. 82). Dann soll zwischen dem Ladenansatz und dem Stoßeisen ein Abstand von 4 bis 5 mm vorhanden sein. Der Zahn der beweglichen Wächterschiene soll in der Mitte zwischen zwei Zähnen der unbeweglichen Schiene stehen, der Stößel *A* soll in einer Ebene mit dem Exzenter *B* und die Achse der Zugschiene in der Mitte des Ausschnitts der unbeweglichen Schiene stehen; dabei befindet sich der Schützen im linken Schützenkasten, und der Exzenter *B* steht mit seiner großen Achse waagerecht.

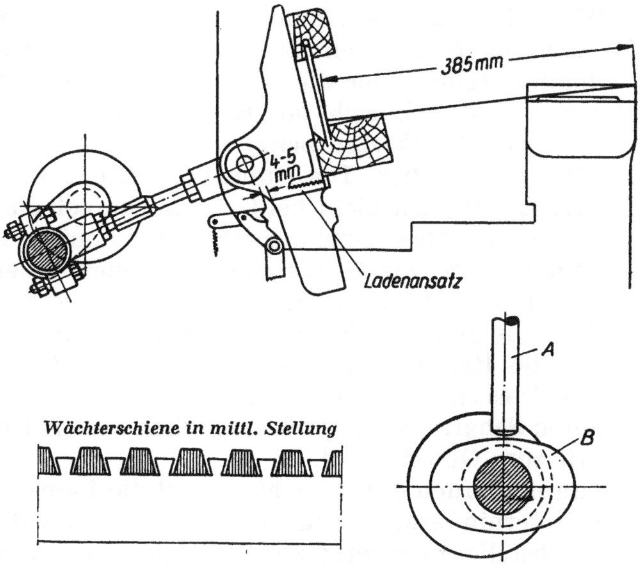

Abb. 82. Einstellung des Kettfadenwächters beim Webstuhl AT-100

Wenn die gegenseitige Stellung von Exzenter, Schienen und Lade anders ist, kann sie durch Verstellung des Kettenrads auf der Kurbelwelle geändert werden.

Die Abmessungen und Gewichte der Lamellen müssen der Nummer des verarbeiteten Garns entsprechen; darüber gibt Tab. 13 Auskunft.

Tabelle 13. Abmessungen von Kettfadenwächter-Lamellen

Nummer des Kettgarns Nm	Gewicht von 100 Lamellen in g	Breite der Lamelle mm	Dicke der Lamelle mm	Gesamtlänge der Lamelle mm
16—30	390	12	0,40	124
31—50	257	12	0,30	124
51—80	215	11	0,25	124
81—100	172	11	0,20	124
101—140	133	9	0,20	124

Die Kettfäden dürfen im Kettfadenwächter keinen Knick aufweisen und möglichst wenig Reibung haben. Die einzelnen Lamellen müssen frei beweglich sein und nicht zusammen„kleben“.

Bei Vorderstellung der Lade soll die Entfernung von der Mitte der ersten Kreuzschiene bis zur Ladenbahn 555 mm betragen.

In waagerechter Stellung des Exzenters *B* soll das untere Ende des Stößels vom Exzenter 1,5 bis 2 mm und das obere Ende des Stößels vom Ausschlaghebel 1,5 bis 2 mm entfernt sein.

Wenn die Lade bei einem Kettfadenbruch nicht bis zur Geschlossenfachstellung gekommen ist, muß man den Stößel näher zum Brustverbinder stellen oder die Konsole des zweiarmigen Hebels verstellen. Der Schützen soll sich bei Kettfadenbruch nach Stuhlabstellung im rechten Schützenkasten befinden, und die Kurbelwelle muß eine halbe Umdrehung machen. Die Bremsvorrichtung muß überprüft werden, da der Webstuhl sonst nicht bei Geschlossenfach zum Stillstand kommt.

Die seitliche Bewegung der gezahnten Schienen des Kettfadenwächters beträgt 22 mm; die beweglichen Schienen sollen 2 bis 3 mm über die festsitzenden Schienen hinausragen; die Verschiebung der Zahneinteilung darf für die gesamte Schienenlänge höchstens ± 1 mm betragen.

Um die Reibung der Kettfäden in den Litzenaugen zu verringern, empfiehlt es sich, die Entfernung von der vorderen Kreuzschiene bis zum hinteren Schaft ebenso groß zu machen wie die Entfernung vom vorderen Schaft zum Geweberand.

Man muß auch darauf achten, daß die Lamellen nicht zu tief hängen. Um zu verhindern, daß zu tief hängende Lamellen den Stuhl unnötigerweise abstellen, legt man zwischen die Kettfadenwächterschienen Stäbe ein. Der Abstand zwischen den Stäben soll 19 mm, zwischen den Kreuzschienen 74 mm betragen; der senkrechte Abstand zwischen Oberkante Kreuzschiene und Unterkante Wächterschiene soll 20 mm sein.

11.32.12 Technische Charakteristik des Webstuhls AT-100

1. Blattbreite (größte Gewebebreite) in mm	1000
2. Blatt Gesamtbreite in mm	1035
Höhe in mm	125
3. Schützen	
Gesamtlänge in mm	410
Breite in mm	48
Höhe der Vorderwand in mm	35
Höhe der Hinterwand in mm	37
Stärke der Vorderwand in mm	6,5
Stärke der Hinterwand in mm	7,5

4. Schußspule	
Gesamtlänge in mm	200
Durchmesser des Spulenfußes in mm	24
Durchmesser der Wicklung in mm	32
Durchmesser der Ringe in mm	30
5. Kettbaum	
Durchmesser des Baums in mm	100
Durchmesser der Scheiben in mm	550
Entfernung zwischen den Scheiben in mm	1020
6. Warenbaum	
Durchmesser des Baums in mm	25
Durchmesser der Warenaufwicklung bis (mm)	300
7. Schußdichte auf 10 cm	von 75 bis 680 Fäden
8. Zahl der Schäfte bei Verwendung	
einer Schaftmaschine	bis 12
einer Exzentereinrichtung	2 bis 4
9. Schußmagazin (Trommel) für 28 Spulen, von denen immer 24 gleichzeitig eingebracht werden	
10. Zahl der Kettfadenwächterschienen	4
11. Umdrehungszahl der Kurbelwelle in der Minute	200
12. Elektromotor für Dreiphasenstrom	
Typ	TT-1 2/6 F
Leistung in kW	0,55
Umdrehungszahl des Rotors in der Minute	950
13. Schalter	ChLS, Typ KA-73-A
14. Gewicht des Schützens mit voller Spule in g	475
15. Nettogewicht des Stuhls mit Schaftmaschine kg	1100
Nettogewicht des Stuhls mit Exzentereinrichtung	1100
16. Äußere Abmessungen des Stuhls in mm	
Breite (mit Schaftmaschine)	2300
Breite (mit Exzentereinrichtung)	2300
Webstuhltiefe bei einem Kettbaumdurchmesser von 550 mm	1390
Höhe des Webstuhls	
mit Schaftmaschine	1890
mit Exzentereinrichtung	1340

17. Umdrehung der Kurbelwelle

179	186	193	200	206	in der Minute
26	27	28	29	30	Zähne des Zahnrads auf der Motorwelle

Die Abmessungen des Stuhls AT-100 und seine Umrisse sind in Abb. 83 angegeben. Die waagerechte Lage der Verbindungsteile wird mit Hilfe einer Wasserwaage kontrolliert; der Stuhl steht auf schalldämpfenden Unterlagen (Filzplatten, Gummi u. a.).

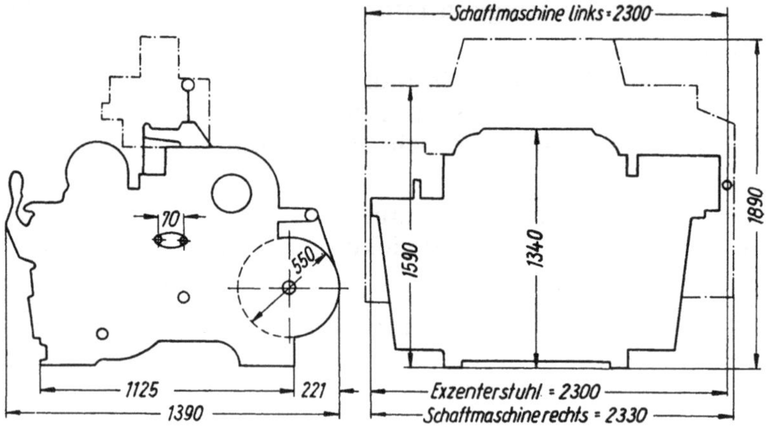

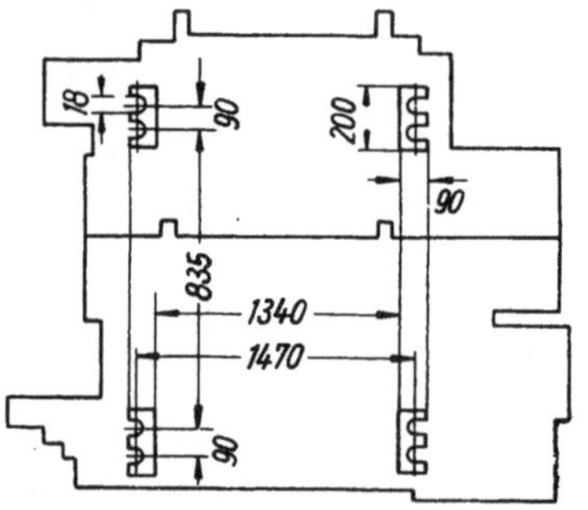

Abb. 83. Abmessungen des Webstuhls AT-100

11.33 Der automatische Webstuhl ATK-100

11.33.1 Gestell und Verbinder

Die Aufstellung der Gestelle und Verbinder erfolgt nach den allgemeinen Regeln für Montage von Webstühlen [43], [45].

Die Gestellwände müssen parallel zueinander stehen, und die bearbeiteten Flächen der Verbinder und Gestelle müssen genau zueinander passen. Die richtige Stellung der Wände wird mit Hilfe eines Lineals überprüft, wobei die Längen der beiden Diagonalen ermittelt werden. Bei paralleler Lage der Gestellwände sind die beiden Diagonalen gleich. Die waagerechte Lage der Verbinder wird mit Hilfe einer Wasserwaage ermittelt.

Die richtige Lage der Gestelle, Verbinder und Wellen ist Voraussetzung für ein ordnungsmäßiges Funktionieren aller Teile des Webstuhls.

Der Abstand zwischen den Achsen der Kurbelwelle *1* (Abb. 84) und der Schlagexzenterwelle *2* beträgt in der Senkrechten 360 mm; der Achsabstand zwischen der Ladenachse *3* und der Schlagexzenterwelle *2* ist in der Waagerechten 440 mm und in der Senkrechten 275 mm. Die Wellen müssen waagerecht und streng parallel zueinander liegen; sie müssen sich leicht von Hand drehen lassen.

Die Toleranz für die Länge der Verbinder beträgt $\pm 0,3$ mm.

11.33.2 Die Wellen

Bei der Kurbelwelle ist der Abstand zwischen den Mitten der Kröpfungen 1190 mm, der Durchmesser der Welle 45 mm, der Wellendurchmesser der Kurbel 40 mm, der Halbmesser der Kurbel 64 $\pm$ 0,2 mm, die Gesamtlänge der Welle 1554 + 1 mm; die Welle ist aus Stahl St. 40 hergestellt.

Die Schlagexzenterwelle ist aus gleichem Stahl und hat einen Durchmesser von 40 mm.

Die Ladenachse darf ein Seitenspiel von höchstens 1 mm aufweisen.

11.33.3 Antrieb und Bremse

Der Antrieb des Stuhls ATK-100 ermöglicht ein schnelles Ingangsetzen und (gemeinsam mit der Bremswirkung) Abstellen.

Wenn der Stuhl bei Geschlossenfach in Gang gesetzt wird, erhält er sofort die für einen normalen Schlag erforderliche Geschwindigkeit. Für den Anlauf des Stuhls genügen 0,4 bis 0,5 Umdrehungen der Kurbelwelle.

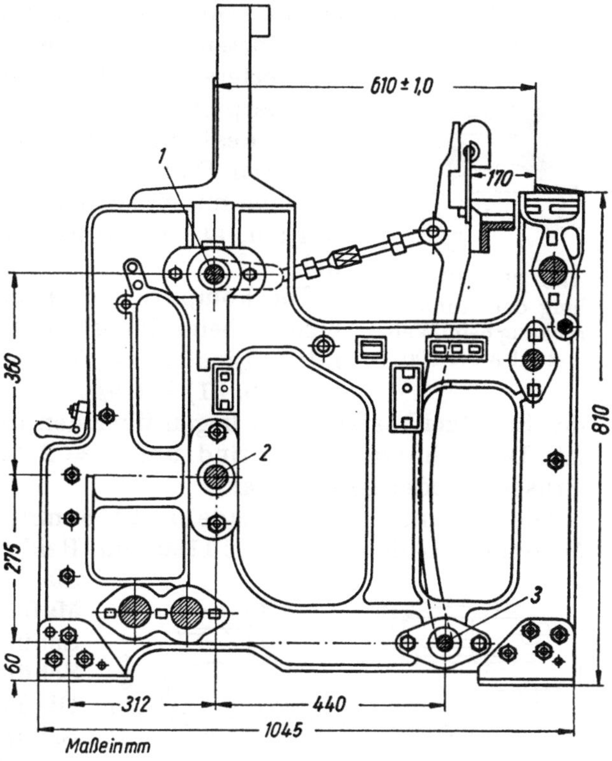

Abb. 84. Stellung der Wellen und der Lade beim Webstuhl ATK-100

Der Antrieb muß so eingestellt sein, daß bei ausgerücktem Motor und eingeschaltetem Stuhl die Keilriemenscheibe sich von Hand nicht drehen läßt.

Die Umdrehungszahl n_k der Kurbelwelle hängt von der Drehzahl des Motors (meistens $n = 950$ U/min) und dem Durchmesser d des Motorwirtels ab; letzterer wird vom Werk mit den Durchmessern 90, 94, 99 und 104 hergestellt. Der Durchmesser der Keilriemenscheibe auf der Kurbelwelle beträgt 436 mm. Unter Berücksichtigung des Schlupfes ergeben sich dann entsprechend den Wirteldurchmessern die Tourenzahlen n_k der Kurbelwelle 190, 200, 210 und 220 U/min.

Bei Einstellung der Bremse ist darauf zu achten, daß zwischen dem Bremsband und der Bremsscheibe beim Einrücken des Stuhls genügend freier Raum (1 bis 2 mm) vorhanden ist. Beim Ausrücken des Stuhls soll zwischen der Rolle *1* (Abb. 85) am Hebel *2* und dem Winkelhebel *3* ein lichter Abstand von 3 bis 5 mm sein.

11.33.4 Die Lade

Die Konstruktion des Ladenmechanismus beim Webstuhl ATK-100 verbindet in sich die Vorteile der Stechervorrichtung und des Blattauswerfers. Die heftigen Schläge der Stecher gegen die Stecherpuffer entfallen, und das Blatt wird beim Anschlag des Schußfadens an den Geweberand sicher festgehalten. Daher können auf dem Webstuhl ATK-100 Gewebe mit einer dichteren Schußeinstellung erzeugt werden, als es auf Stühlen mit Blattauswerfer möglich ist.

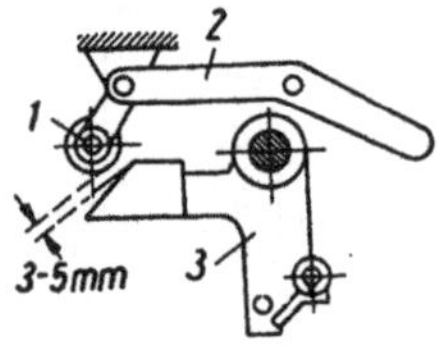

Abb. 85. Einstellung der Stuhlausrückung beim Webstuhl ATK-100

Die kompliziertere Konstruktion des Ladenmechanismus beim Webstuhl ATK-100 erfordert eine sorgfältige Einstellung. Die Vertiefung der Lade in der Mitte (s. Abb. 61) beträgt $f = 4$ mm. Die äußeren Enden der Schützenkästenböden liegen über den inneren Enden, wobei $g = 2$ ist. Die Schützenkästen sind um $a = 2$ bis 3 mm in Richtung zum Brustverbinder geschwenkt.

Die Gesamtlänge der Lade ist 2158 mm; der Abstand zwischen den Mitten der Ladenstützen ist 1190 mm. Beide Enden der Lade ragen über die Ladenstützen um das gleiche Maß hinaus. Der Winkel zwischen Schützenkastenhinterwand und Schützenkastenboden beträgt 90°. Die Lage des Schützens im linken Schützenkasten ist in Abb. 86 dargestellt.

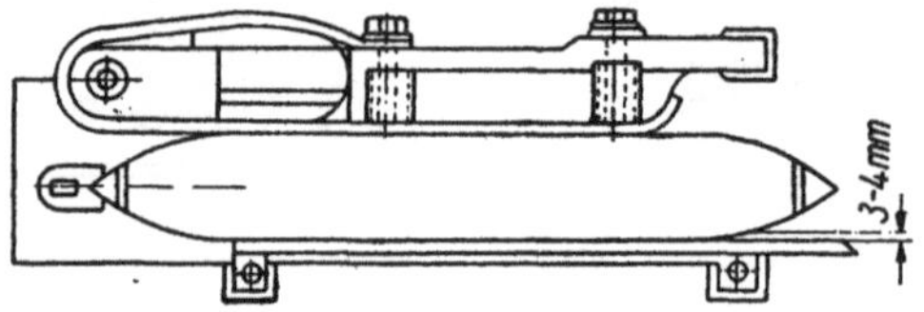

Abb. 86
Lage des Schützens im Schützenkasten

Die Breite der Schützenkästen wird durch Verstellen der Schützenkastenvorderwände geregelt. Ohne Schützenkastenzunge soll der Schützenkasten am Einlaufende 3 bis 4 mm breiter und am hinteren Ende 2 mm breiter als der Schützen sein.

Die Schrägstellung der Schützenkastenwände läßt sich durch exzentrische Daumen und die Länge der Kurbelpleuel durch Bolzen regeln, wobei letztere die Stellung der Lade hinsichtlich des Brustverbinders und des Spulenmagazins bestimmen. Die Achse des Pleuelbolzens liegt 283,8 mm von der Achse der Wellenkröpfung entfernt. Diese Entfernung wird mit Hilfe einer Lehre eingestellt.

Das Blatt wird wie bei einem Webstuhl mit Blattauswerfer seitlich eingelegt. Der Ladendeckel wird so eingestellt, daß der Winkel zwischen

Blatt und Ladenbahn 90° beträgt. Der untere Bund des Blattes muß am Ladenbalken fest anliegen und wird durch einen Winkel angepreßt.

Der von G. I. Kananin konstruierte Schützenwächter (Abb. 87) ist zuverlässig und verhindert, wenn der Schützen im Fach steckenbleibt, eine übermäßige Kettfadenspannung. Seine Wirkungsweise ist folgende: Gelangt der Schützen nicht in den Schützenkasten, so wird die Schützenkastenzunge nicht zurückgedrängt, und die Stecherfinger der Blattschlagwelle bleiben unten; bei der Vorwärtsbewegung der Lade stoßen die Stecherfinger gegen die Puffer, wodurch der ganze Blattschlagmechanismus nach unten gedreht wird. Durch die weitere Drehung der Kurbelwelle wird das Blatt und die Schützenkastenhinterwände freigegeben, gleichzeitig wird der Stuhl ausgerückt und abgebremst.

Bei richtiger Lage des Schützens im Schützenkasten drängt er die Zunge zurück; dadurch dreht sich die Blattschlagwelle, die Stecherfinger heben sich 4 bis 5 mm über die Puffer, und der Schußfaden wird vom Blatt angeschlagen.

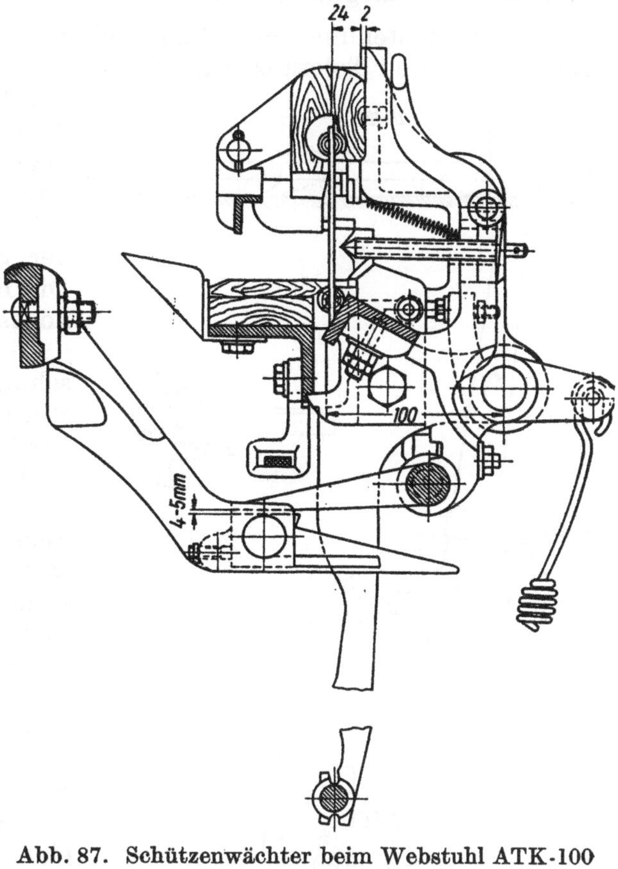

Abb. 87. Schützenwächter beim Webstuhl ATK-100

Bei Herstellung leinwandbindiger Gewebe muß die Entfernung des Blatts vom Geweberand beim Anschlag der Stecher an die Puffer der Breite des Schützens plus 7 bis 8 mm entsprechen; bei Verwendung einer Schaftmaschine muß diese Entfernung etwas größer sein.

In vorderster Stellung der Lade soll die Ladenbahn am Blatt 25 mm tiefer als die Oberkante des Brustverbinders liegen.

Der Ladenbalken muß aus trockenem Holz hergestellt sein; ein Verziehen um 2 bis 4 mm genügt, um die Schützenbahn ungünstig zu beeinflussen. Alle Holzteile müssen sorgfältig geglättet und lackiert sein.

Die Abmessungen der Schützen für Gewebe aus Garnen mittlerer Nummern (Stuhl ATK-100) sowie feiner (Stuhl ATWK-100) und gröberer Nummern (Stuhl ATNK-100) sind im Abschnitt 11.33.15 angegeben.

11.33.5 Der Schlagmechanismus

Bei der Einstellung des Schlagmechanismus müssen die vorgeschriebenen Maße und Toleranzen genauestens eingehalten werden. Zwischen der Innenkante der Gabel und dem Schlagschuhträger soll ein lichter Abstand von 10 bis 15 mm sein (Abb. 88).

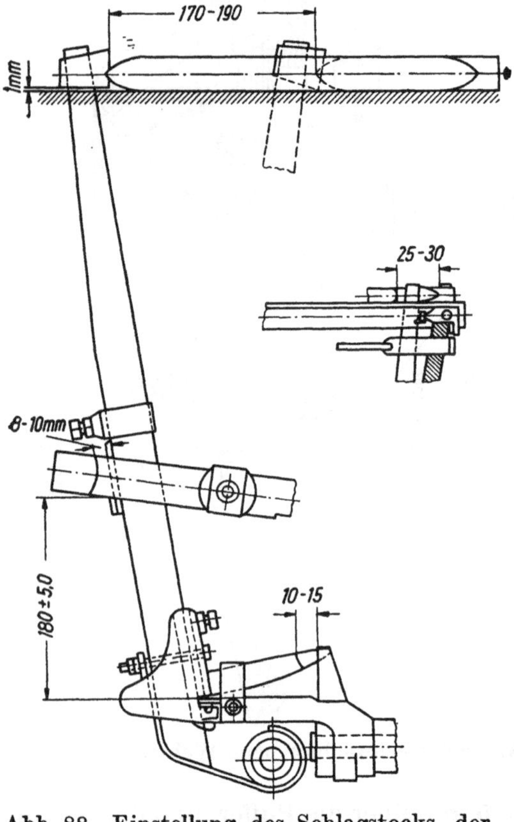

Abb. 88. Einstellung des Schlagstocks, der Schlagkappe und des Schlagstockschuhs beim Webstuhl ATK-100

Der Schlagexzenter muß auf der Schlagrolle voll aufliegen. Die Rolle darf auf der Spindel höchstens 1,5 mm Spiel haben.

Die Oberfläche des Schlagschuhträgers, auf der der Schlagstockschuh gleitet, wird parallel zur Ladenbahn eingestellt.

Der Picker muß 25 bis 30 mm vor der äußersten Stellung des Schlagstocks stehenbleiben. Diese Entfernung wird durch Verstellen der Spiralfedern und des Fangriemens geregelt.

Die Entfernung vom Schlagschuhträger bis Unterkante Schlagkappe soll 180 ± 5 mm sein und wird durch Verstellen des Schlagkappenhalters geregelt.

Der Picker soll beim Schlag eine Strecke von 170 bis 190 mm zurücklegen. Den Schlagbeginn stellt man mit Hilfe einer Lehre so ein, daß die Entfernung des Blattes vom Brustverbinder in diesem Augenblick 230 mm beträgt. Die Schlagkraft läßt sich dadurch verstärken, daß man den Schlagkappenhalter tiefer stellt oder den Abstand zwischen Schlagkappe und Schlagstock verringert. Der Schlag beginnt früher, wenn man den Schlagexzenter in Richtung der Wellendrehung vorstellt. Die Bewegung des Pickers wird durch Verstellen der Schraube *1* geregelt.

Zwischen Picker und Schützenkastenboden muß bei hinterer Stellung des Schlagstocks ein lichter Abstand von 1 mm sein.

11.33.6 Der automatische Schußspulenwechsel

Die richtige Arbeitsweise des Schußspulenwechsels hängt stark von der genauen Einstellung des Mechanismus und von der Einhaltung der vorgeschriebenen Maße ab.

Man muß bedenken, daß der Schußspulenwechsel innerhalb sehr kurzer Zeit verläuft und schlagartig vor sich geht. Bei 200 Umdrehungen der Kurbelwelle in der Minute dauert der Spulenwechsel etwa 0,04 Sekunden, wobei die Spule beim Einschlagen die mittlere Geschwindigkeit von 45 m/min erreicht.

Abb. 89 zeigt den Schußspulenmechanismus des Webstuhls ATK-100. Der Spulenwechsel kann vom Schußwächter, vom Schußfühler und auf kombinierte Art gesteuert werden. Im letzten Fall wird der Schußspulenwechsel vom Schußfühler eingeleitet, und die Schußwächtergabel stellt den Stuhl beim Schußfadenbruch ab.

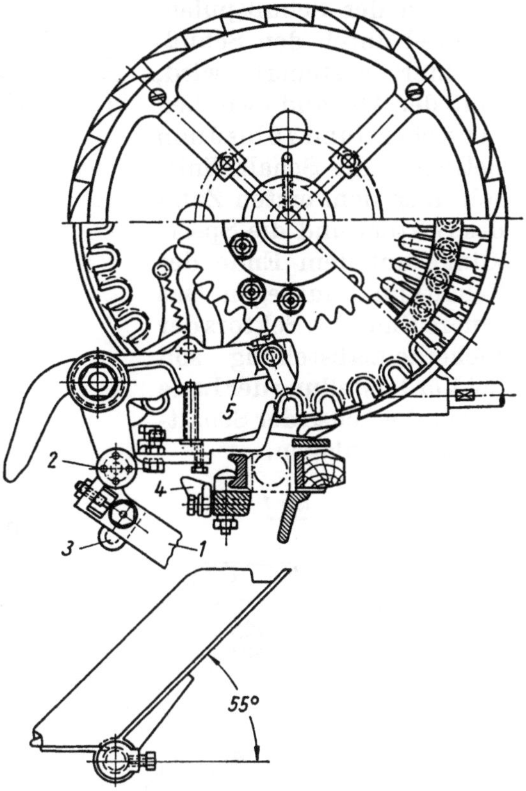

Abb. 89
Mechanismus des Schußspulenwechsels und Trommelmagazin beim Webstuhl ATK-100

Wenn der Schützen die richtige Lage im rechten Schützenkasten hat, gibt die Kontrollvorrichtung das Stoßeisen *1* frei, das durch die Spiralfeder *2* und den mit der Kontrollvorrichtung verbundenen Daumen *3* vor den Ladenansatz *4* kommt. Der Einschlaghammer *5* schlägt auf die unter ihm liegende Spule und sie kommt an die Stelle der alten Spule im Schützen. Nach dem Spulenwechsel und Rückkehr der Lade in hintere Stellung senkt die Kontrollvorrichtung für die richtige Lage des Schützens im Schützenkasten das Stoßeisen, und die Spiralfeder hebt den Hammer.

Der Schußwächter

Wenn die Lade nach dem Schlag von rechts sich in vorderster Stellung befindet, sollen die Zinken der Gabel je nach der Nummer des Schußgarns 4 bis 5 mm in das Gitter hineinragen (Abb. 90).

Die Bewegung des Schußwächterhammers muß gleichzeitig mit der Bewegung der Lade nach dem Anschlag einsetzen, dazu muß der Hebel *2* senkrecht stehen.

Zwischen der Nase des Schußwächterhammers *1* und dem Fangbügel *2* (Abb. 91) soll dabei ein Abstand von 0,5 bis 1,0 mm bestehen, der Hammer führt eine Bewegung von 25 bis 26 mm aus.

Wenn der Schußspulenwechsel durch den Schußwächter gesteuert wird, muß der Abstand zwischen den Teilen *3* und *4* 6 bis 9 mm betragen, die Schaltklinke soll über dem ersten Zahn des Sektors und die Sperrklinke auf dem Ende der Schaltklinke aufliegen. Das innere Ende des Sektors der Sicherheitsabstellung soll bei Vorderstellung der Lade gegen die Achse der Schaltklinke anschlagen.

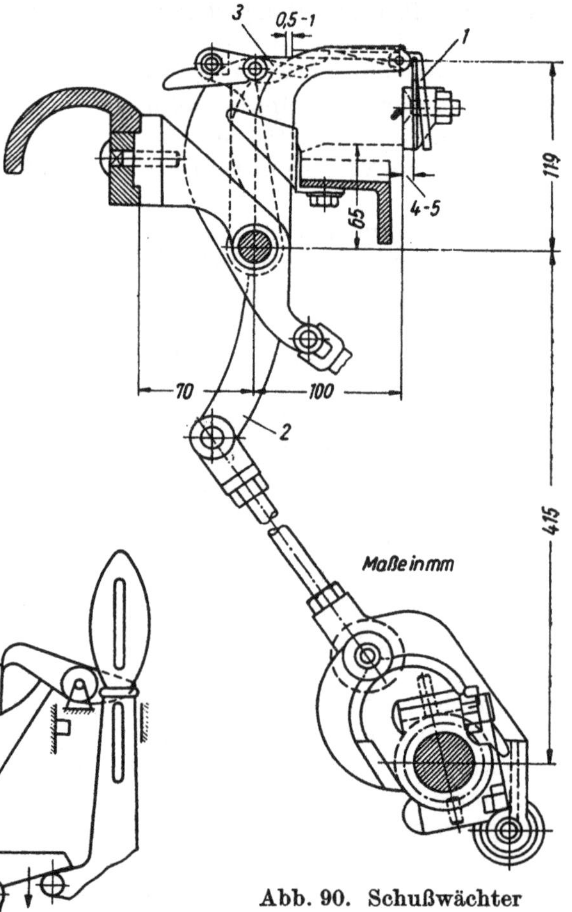

Abb. 90. Schußwächter am Webstuhl ATK-100

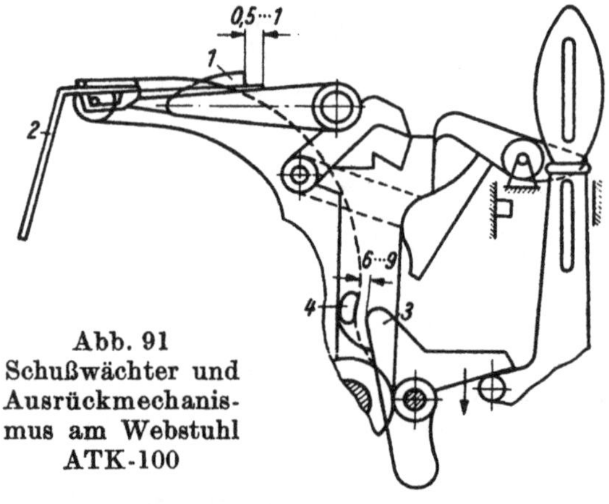

Abb. 91
Schußwächter und Ausrückmechanismus am Webstuhl ATK-100

Wenn der Schußspulenwechsel vom Fühler gesteuert wird, stehen die Teile *3* und *4* in Berührung miteinander, und die Sperrklinke der Sicherheitsabstellung wird ausgeschaltet.

Der Schußfühlermechanismus

Der Schußfühlermechanismus auf dem Webstuhl ATK-100 arbeitet nach dem Prinzip der verschiedenen Reibungskoeffizienten. Wenn das

Schußgarn von der Spule fast vollständig abgearbeitet ist und nur noch zwei oder drei Lagen übriggeblieben sind, stößt der Taster gegen die hölzerne Spulenoberfläche, die Enden des Tasters spreizen sich, da sie keinen Halt am Garn finden[1]).

Das Spreizen der Tasterenden schaltet durch ein Hebelsystem den automatischen Schußspulenwechsel ein.

Der Taster befindet sich an der linken Stuhlseite und wird von einem Winkel getragen. Zum Unterschied vom Schußfühler des Webstuhls AT-100 bedarf der Stoßtaster am Webstuhl ATK-100 weniger Reservewicklung, was ein Vorzug dieser Konstruktion ist.

Die Tiefe der Tasterbewegung wird durch Verstellen von zwei Exzentern an der Stoßstange eingestellt.

Die Zähne des Tasters müssen über das Ende um 1,5 bis 2,5 Garndurchmesser hinausragen. Der Garndurchmesser kann aus der Formel

$$d = \frac{1,25}{\sqrt{N_m}}$$

ermittelt werden; hier ist 1,25 der Koeffizient für Baumwoll-, Seiden- und Leinengarn (s. Abschnitt 3).

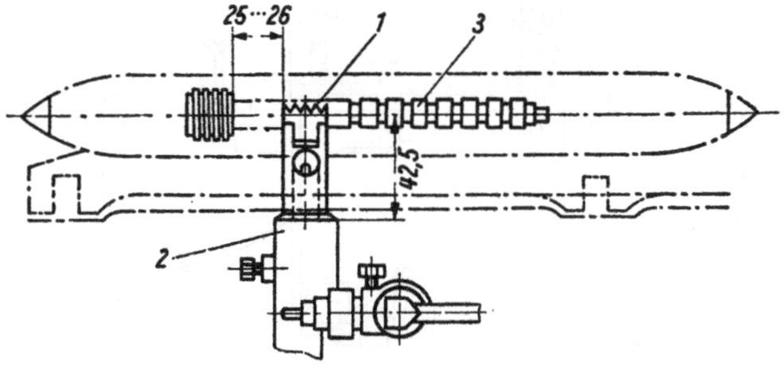

Abb. 92. Schußfühler am Webstuhl ATK-100

Die Zähne müssen beim Spreizen um 38 bis 40 mm auseinandergehen.

Der Stoßtaster muß in der Führung leicht gleiten, die Feder muß ihn bei rückwärtiger Bewegung der Lade rechtzeitig in die Ausgangsstellung bringen, und die Zähne dürfen nicht das Garn beschädigen.

Der Stoßtaster *1* (Abb. 92) muß in den Schützen 18 mm tief (von der Innenwand des Schützens aus gerechnet) hineingreifen. Der Träger des Tasters *2* muß 42,5 mm von der Achse der Spule *3* entfernt sein. Der Taster soll genau in Höhe der Spulenachse 25 bis 26 mm von den Ringen der Schußspule entfernt stehen.

Die auf der Schußspule verbleibende Garnmenge soll je nach Garnnummer nicht mehr als 3 bis 4 m lang sein.

Das Schußspulenmagazin

Der Winkel, an dem das Schußspulenmagazin (Trommelmagazin) befestigt ist, muß genau senkrecht stehen. In vorderer Stellung der Lade soll der Abstand zwischen der Trommelachse *1* (Abb. 93) und der Ladenbahn *2* 221,5 ± 0,1 mm betragen.

[1]) Über die Konstruktion eines auf diesem Prinzip beruhenden Schußfühlers siehe [46].

Die hintere Trommelscheibe *3* darf auf der Achse *1* ein Spiel von höchstens 0,3 mm haben; die Trommelscheibe *3* soll von der Gestellwand *4* 31 ± 1,0 mm abstehen.

Die Schußspulen werden zwischen die beiden Trommelscheiben *3* und *5* eingelegt und müssen parallel zur Bahn des Schützens liegen.

Der Einschlaghammer *1* (Abb. 94) soll 1 bis 3,5 mm über der Spule *2* in der Trommel stehen und sie beim Schlag mit seiner ganzen Fläche gleichzeitig berühren.

In Vorderstellung der Lade soll die Lade 185 ± 1 mm von der Trommelachse entfernt sein. Die Spannkraft der Feder, die den Einschlaghammer in seine Ausgangsstellung zurückführt, wird durch eine Spannvorrichtung entsprechend eingestellt.

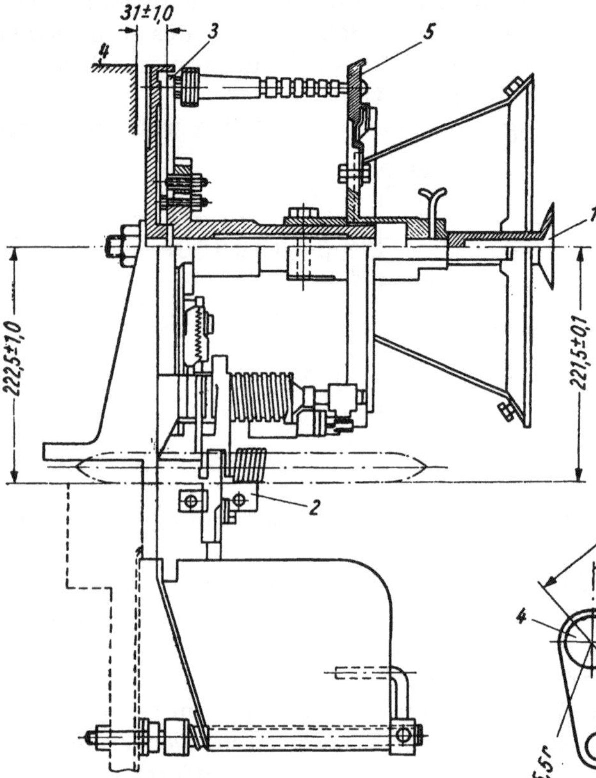

Abb. 93

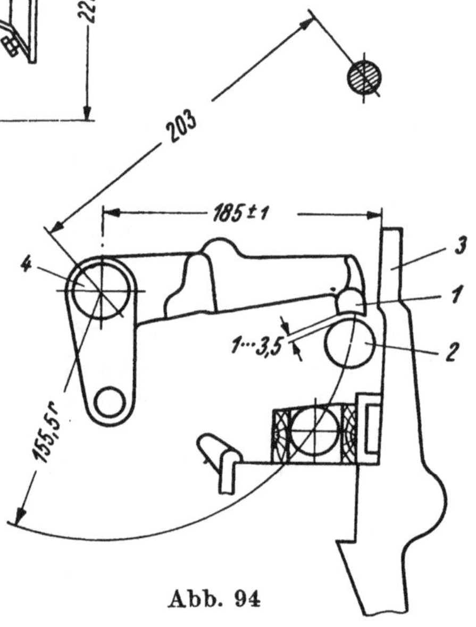

Abb. 94

Abb. 93. Stellung des Trommelmagazins beim Webstuhl ATK-100

Abb. 94. Einstellung des Einschlaghammers beim Webstuhl ATK-100

Die Entfernung von der vorderen Trommelscheibe bis zur gefederten Falle, die die Schußspule von unten stützt, soll 5 bis 6 mm betragen; diese Falle befindet sich, solange die Spule von den Trommelscheiben festgehalten wird, 2 bis 4 mm tiefer als die Spule.

Das Stoßeisen stellt sich dem Ladenansatz in dem Augenblick gegenüber, wenn der Abstand zwischen dem Blatt und dem Geweberand 45 bis 46 mm beträgt. Die Schußspule soll so eingeschlagen werden, daß sie an allen drei Halteringen erfaßt wird; der Abstand zwischen den Ringen und dem Ende des Einschlaghammers soll 1 bis 1,5 mm betragen; zwischen der gefederten Klappe des Spulenmagazins und der Schützenkastenhinterwand soll ein lichter Abstand von 1 bis 4 mm vorhanden sein.

Vorrichtung für die Kontrolle der Lage des Schützens im Schützenkasten

Diese Vorrichtung tritt in Aktion, wenn der Schützen nicht tief genug in den Schützenkasten einläuft, und zwar dann, wenn er von seiner normalen Lage um 8 mm oder mehr abweicht. In diesem Fall stößt das Ende eines Tasters vor dem Spulenwechsel gegen den Schützen oder die Schützenspitze und wird gegen den Brustverbinder gedrückt. Der Daumen der Kontrollvorrichtung stößt gegen den gesenkten Vorsprung des Stoßeisens, das dadurch am Heben gehindert wird, und der Spulenwechsel bleibt aus. Auf diese Art verhindert die Kontrollvorrichtung einen möglichen Spulenbruch, Beschädigungen des Schützens und der Kette.

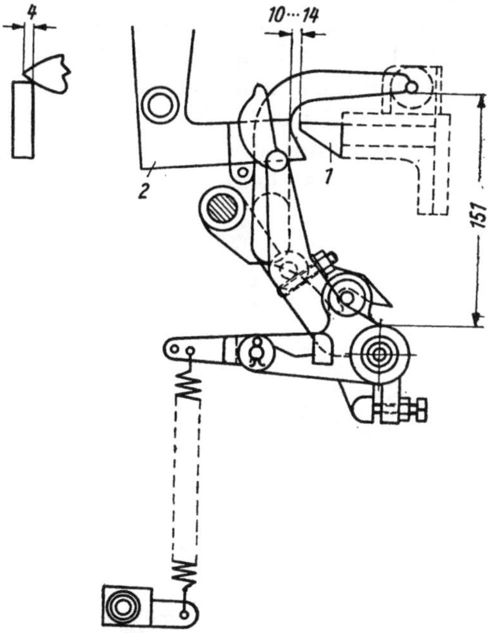

Abb. 95. Einstellung der Kontrollvorrichtung für die Lage des Schützens im Schützenkasten am Webstuhl ATK-100

Der Taster der Kontrollvorrichtung bewegt sich in einer senkrechten Ebene, seine Vorwärtsbewegung in Richtung auf den Brustverbinder erfolgt bei Stillstand der Steuerwelle, die vorhandene Feder verhindert eventuelle Brüche.

Die Spannung der Feder muß mit Hilfe eines Federdynamometers überprüft werden, sie muß derart sein, daß der Taster bei Berührung des Schützens ihn nicht beschädigt.

Abb. 95 zeigt die Einstellung der Kontrollvorrichtung.

Der Tasthebel stößt gegen die Spitze des Schützens, wenn dieser sich im Schützenkasten befindet, jedoch um 8 mm oder mehr von seiner normalen Lage abweicht. In diesem Augenblick soll der Abstand zwischen dem Ladenansatz *1* und dem Stoßeisen des Einschlaghammers *2* 10 bis 14 mm betragen, wenn der Taster die Schützenspitze 4 mm vor ihrem Ende berührt.

Befindet sich die Lade in vorderster Stellung, so steht der Tasthebel der Kontrollvorrichtung oben (der Schützen befindet sich im rechten Schützenkasten), und der Ladenansatz trifft auf das Stoßeisen; die untere Kante des Tasthebels soll dann 9 bis 10 mm über der Ladenbahn liegen und sein vorderes Ende 4 bis 5 mm von der Schützenkastenhinterwand entfernt sein.

11.33.7 Exzentereinrichtung für die Schaftbewegung

Die Webstühle ATK-100 sind mit einem Innentritt-Exzentermechanismus mit Gegenzug (Abb. 96) ausgerüstet. Die Bewegung der Schäfte erfolgt derart, daß sie bei der Fachbildung relativ langsam ins Ober- bzw. Unterfach gehen, während die Fachschließung, nachdem der Schützen durchgelaufen ist, schnell erfolgt.

Beim Webstuhl ATK-100 liegt der Brustverbinder 840 mm über dem Fußboden und der Streichbaum 847,5 mm, d. h. die Oberkante des Streichbaums liegt 7,5 $\pm$ 0,5 mm über dem Brustverbinder. Die Führungsschienen des Kettfadenwächters befinden sich 100 mm über der Oberkante der Kurbelwelle; der Abstand zwischen ihnen beträgt 96 mm.

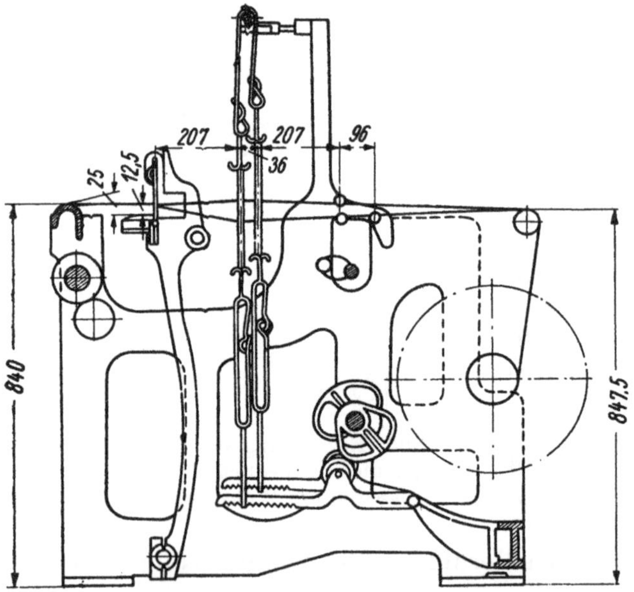

Abb. 96. Stellung der Schäfte beim Webstuhl ATK-100

Zur Verringerung der Reibungsstrecke des Kettfadens im Litzenauge haben Vorderfach und Hinterfach die gleiche Tiefe von 207 mm, und der Abstand zwischen den Schaftmitten beträgt 36 mm.

Das Fach ist beim Anschlagen des Schußfadens an den Geweberand am vorderen Schaft 71 mm und am hinteren Schaft 83 mm hoch. Der Abstand zwischen Geweberand und Ladenbahn beträgt in der Senkrechten 12,5 mm; in hinterer Stellung der Kurbelwelle soll zwischen den Fäden im Unterfach und der Ladenbahn 1,0 bis 1,5 mm und zwischen Oberkante des Schützens und den Fäden im Oberfach ein Abstand von 1,5 bis 2 mm sein.

Bei der Montage der Tritthebel werden ihre Mitten um 14 mm nach rechts verschoben, damit sie in der Mitte der Ladenbahn zu stehen kommen.

Die Einstellung der Tritthebel und der Trittexzenter wird bei geschlossenem Fach vorgenommen: der größere Exzenter kommt nach rechts, der kleinere nach links. Die Tritthebel müssen auf gleicher Höhe liegen. In dieser Stellung werden die Exzenter auf der Welle befestigt. Die Größe des Fachumtritts kann zwischen 0 und 100 mm betragen. Die Tritthebelschellen werden wie folgt eingestellt: die linke Tritthebelschelle greift in die dritte Kerbe, die rechte in die fünfte ein.

In hinterster Stellung der Lade soll ein vom Riemen der kleinen Geschirrolle gefälltes Lot 12 bis 15 mm vom Ladendeckel entfernt sein. Durch Verschiebung der Konsole auf dem Geschirrbogen stellt man die Entfernung zwischen Vorderschaft und Ladendeckel ein.

11.33.8 Die Schaftmaschine

Der Webstuhl ATK-100 kann auch mit einer Halboffenfach-Doppelhub-Schaftmaschine für 12 Schäfte eingerichtet werden. Die Schaftmaschine wird an der linken Seite des Webstuhls auf einem Gestell montiert.

Auf den unteren Verbindern wird das untere Federzugregister für das Senken der Schäfte montiert. Die Schaftmaschine ist ebenso wie die Exzentervorrichtung für eine Größe des Fachumtritts von 0 bis 100 mm vorgesehen.

Die Größe des Fachumtritts wird bei der Schaftmaschine nach der oben beschriebenen Methode eingestellt: Bei geschlossenem Fach (nach einem Schlag von der linken Seite) muß die Kurbel der Kurbelwelle auf den Brustverbinder hinweisen, die Kurbel der Schlagexzenterwelle und die Messerhebel müssen genau waagerecht liegen; die Messer stehen senkrecht einander gegenüber, und die Schäfte, die gemäß dem Rapport wechseln, müssen auf gleicher Höhe stehen.

Die Schaftmaschine wird derart eingestellt, daß die von den Rollen gefällten Lote den Hebeln des unteren Federzugregisters entsprechen. Bei hinterer Stellung der Lade muß der Abstand zwischen dem von der Geschirrolle gefällten Lot und dem Ladendeckel 12 bis 15 mm betragen. Das von der Mitte der Ladenbahn gefällte Lot muß mit der Mitte des Federzugregisters zusammenfallen.

Bei der Montage und Einstellung der Schaftmaschine muß darauf geachtet werden, daß zwischen den Messern und den Platinenhaken ein Abstand von 2 bis 3 mm vorhanden ist; die Messer sollen 5 bis 6 mm unter die Platinenhaken greifen, und in den äußersten Stellungen muß der lichte Abstand zwischen dem Ende der Messerschlitze und dem Messer 2 bis 3 mm betragen.

Die Spannung des Federzugregisters wird durch einen Dynamometer kontrolliert. Die mit den Leistenschäften verbundenen Federn müssen eine erheblich geringere Spannung aufweisen als Federn von Schäften, die viele Kettfäden tragen.

11.33.9 Die Kettbaumbremse

Der Webstuhl ATK-100 ist mit einer Differentialbandbremse ausgerüstet; die genaue Berechnung der Bremse, die auch beim Webstuhl AT-175 verwendet wird, ist im Abschnitt 5.21 angegeben.

Die Bremse muß so eingestellt sein, daß die Rolle *4* (s. Abb. 20) bei vollem Kettbaum 10 mm vom Ende des Hebels *3* ihren Angriffspunkt hat; der Fühler muß an den Kettbaum fest angepreßt sein.

Die Spiralfeder, die den Fühler an den Kettbaum preßt, wird entsprechend der vollen Bewegung des Fühlers — vom maximalen Durchmesser des Kettbaums bis zum abgearbeiteten Kettbaum — einreguliert; der gewichttragende Hebel muß horizontal stehen.

Mit Hilfe des Gewichts und des Hebels, an dem das Gewicht wirkt, wird die Spannung der Kette reguliert. Die Bremse muß so eingestellt sein, daß die Kettspannung vom Anfang bis zum Ende die gleiche bleibt; die Spannung der einzelnen Fäden oder Fadengruppen wird am Anfang, in der Mitte und am Ende der Verarbeitung der Kette mit Hilfe eines Tensometers (Spannungsmessers) kontrolliert. Die Zugspannung des Bremsbandes kann mit Hilfe der an seinem Ende befindlichen Schraube eingestellt werden; durch Festziehen der Mutter verkürzt sich das Band, und die Bremskraft verstärkt sich; gleichzeitig müssen die Hebel des Bremsmechanismus auf ihre richtige Lage kontrolliert werden.

11.33.10 Der Mechanismus der Streichbaumbewegung

Die Bewegung des Streichbaums (s. Abb. 97) soll die Spannung der Kettfäden beim Anschlag des Schußfadens an den Geweberand ausgleichen und die Spannung bei der Fachbildung verringern. Der Mechanismus wird mit Hilfe einer Lehre bei vorderster Ladenstellung und gesenktem vorderen Schaft eingestellt.

Die zusätzliche Kettlieferung im Augenblick der Fachbildung verringert die Kettfadenspannung, wodurch das Garn geschont wird. Diese zusätzliche Lieferung muß immer kleiner sein als die Dehnung der Kette bei der Fachbildung. Das sichert die für ein reines Fach notwendige Kettfadenspannung.

Die zusätzliche Kettlieferung bei der Fachbildung wird mit Hilfe verschiedener Vorrichtungen und Mechanismen bewerkstelligt. Am verbreitetsten sind hin und her schwingende Streichbäume, Streichbäume, die die Kette zeitweilig freigeben, schwingende Kettbäume. Auch gibt es eine ganze Reihe von Kreuzrutenmechanismen (Kreuzwalke), die die Kettfadenspannung regeln und die Fadenbruchzahl verringern.

Der Hauptmangel aller dieser Konstruktionen ist das Fehlen einer genauen Übereinstimmung zwischen dem Zeitpunkt der zusätzlichen Kettlieferung und der Arbeit anderer Mechanismen. Die durch die Drehzahl der Kurbelwelle bestimmte kurze Zeit, in der ein Gewebeelement gebildet wird (0,25 sek bei 240 U/min) erschwert diese Übereinstimmung und verhindert die Verwendung komplizierter Konstruktionen. Ein solcher Mechanismus muß sehr exakt arbeiten und die Struktur des herzustellenden Gewebes berücksichtigen.

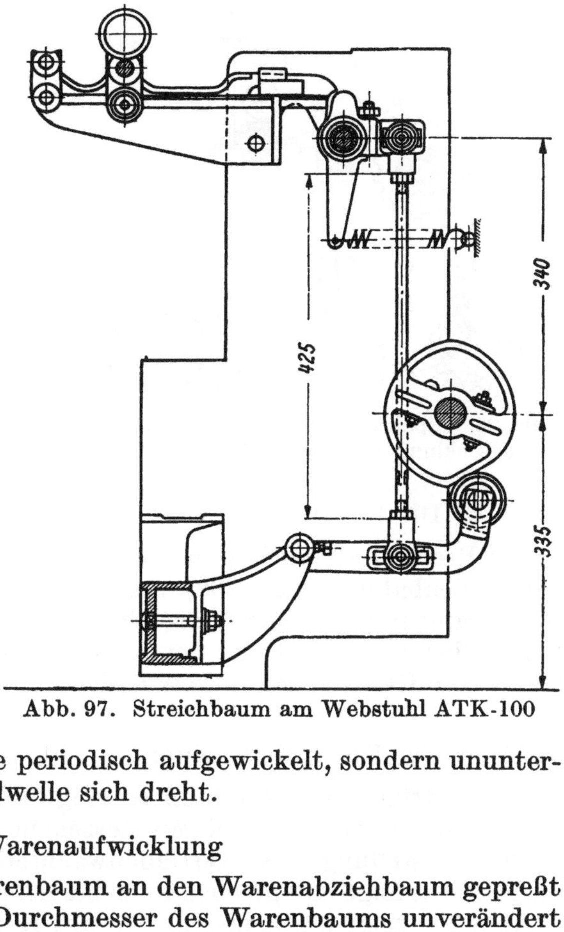

Abb. 97. Streichbaum am Webstuhl ATK-100

11.33.11 Der Warenregulator

Der Warenregulator am Webstuhl ATK-100 ermöglicht die Herstellung von Geweben mit 70 bis 660 Schußfäden auf 10 cm. Er wird von der Kurbelwelle des Stuhls angetrieben, die eine eingängige Schnecke trägt. Es ist ein positiver Regulator mit stetiger Wirkung; das Gewebe wird nicht ruckweise periodisch aufgewickelt, sondern ununterbrochen, so lange die Kurbelwelle sich dreht.

11.33.12 Mechanismus der Warenaufwicklung

Die Kraft, mit der der Warenbaum an den Warenabziehbaum gepreßt wird, muß bei wachsendem Durchmesser des Warenbaums unverändert bleiben.

Die Warenaufwicklung besitzt eine Kontrollvorrichtung, die es möglich macht, die Feder mit Hilfe einer Nase am Gehäuse (Abb. 98), des Vorsprungs *b* am Ring und der Nase an der Schnecke automatisch um 1,5 Umdrehungen zu spannen.

Beim Spannen der Feder nimmt die Nase *a* des Zahnrads den Vorsprung *b* mit und stößt bei gemeinsamer Drehung gegen die feststehende Nase des Gehäuses.

Die Lager des Warenbaums müssen auf gleicher Höhe stehen. Der Warenbaum muß genau parallel zur Welle des Warenregulators stehen, die Ständer dürfen kein Spiel haben, der Abstand zwischen der Nase an der Schnecke und der Nase am Gehäuse soll 2 mm betragen. In unterer Stellung der Ständer muß die Spiralfeder zwischen den Nasen der Spannringe und der Schnecke sich um 3 bis 4 mm verschieben lassen.

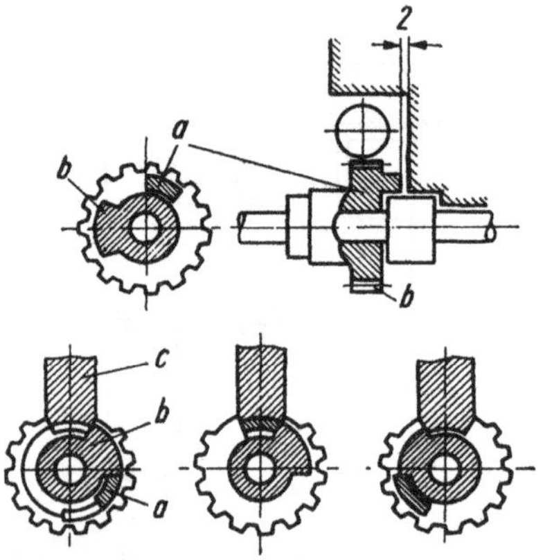

Abb. 98. Spannvorrichtung der Warenaufwicklung am Webstuhl ATK-100

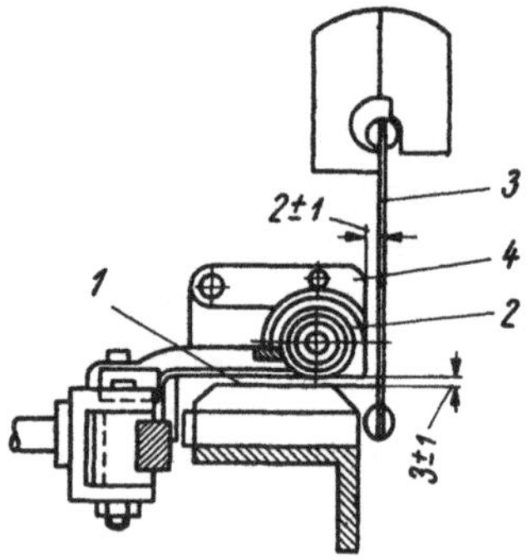

Abb. 99. Einstellung der Breithalter

11.33.13 Die Breithalter

Die Breithalter werden derart eingestellt, daß der Abstand zwischen der Ladenbahn *1* (Abb. 99) und der Unterkante des Breithalters *2* 3 ± 1 mm und zwischen dem Blatt *3* und der Vorderkante des Breithalters bei Vorderstellung der Lade 2 ± 1 mm betragen soll. Der Abstand vom Geweberand bis zur Ladenbahn soll etwa 13 mm betragen.

11.33.14 Der Kettfadenwächter

Der Kettfadenwächter muß so eingestellt sein, daß der Stuhl beim Bruch eines Kettfadens bei geschlossenem Fach abgestellt wird.

Die Einstellung des Kettfadenwächters in bezug auf den Brustverbinder erfolgt entsprechend der berechneten Einzugslinie.

Abb. 100 zeigt die Konstruktion des Kettfadenwächters und die einzuhaltenden Maße.

Die beweglichen und unbeweglichen Lamellenschienen müssen waagerecht liegen; die beweglichen Schienen sollen sich leicht bewegen lassen und 2 bis 3 mm über die unbeweglichen hinausragen, ihre seitliche Bewegung beträgt 22 mm. Das Ausrücken des Webstuhls beim Fadenbruch soll innerhalb einer Umdrehung der Kurbelwelle erfolgen. Der Handgriff der Stange, mit deren Hilfe die herabgefallene Lamelle ermittelt wird, muß sich vor dem oberen Steg befinden.

Der Kettfadenwächter wird derart eingestellt, daß der große Halbmesser seines Exzenters bei Geschlossenfach senkrecht zur Pleuelstange steht, während der die Rollen betätigende Hebel waagerecht liegt. Der Abstand zwischen den Zähnen des Sektors und den Klinken soll 8 bis 9 mm sein.

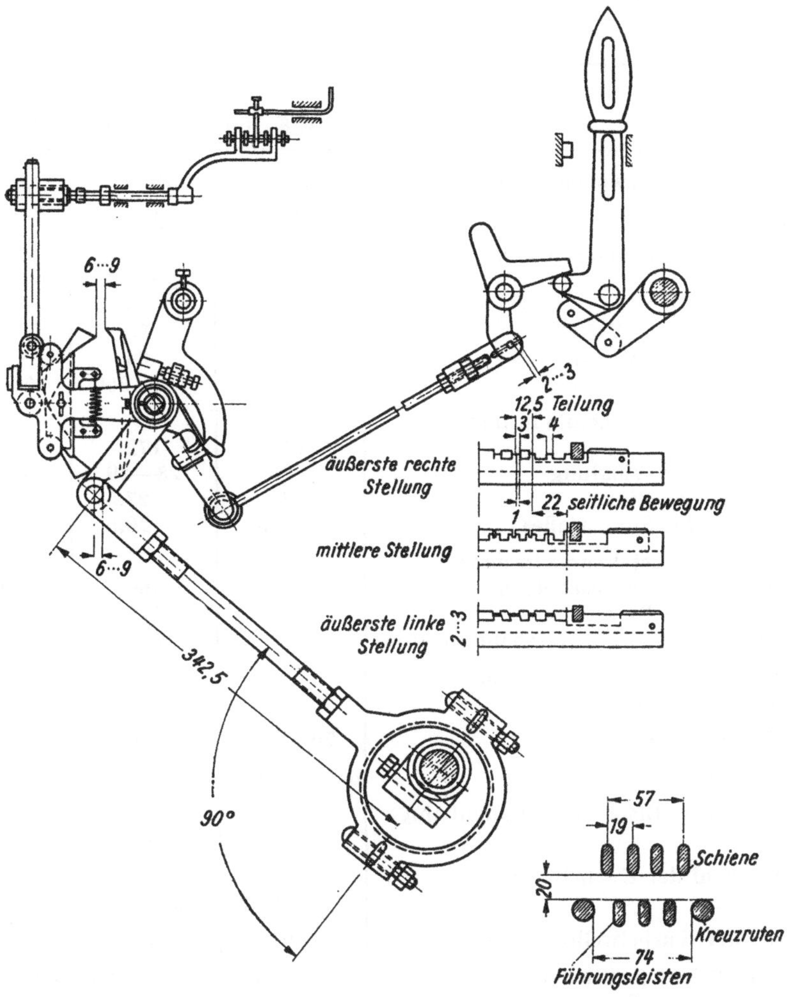

Abb. 100. Kettfadenwächter am Webstuhl ATK-100

Der Puffer soll auf dem Daumen des Ausrückhebels liegen. Der Abstand zwischen der Innenkante der Öse und dem Daumen des Puffers soll 2 bis 3 mm betragen. Die Entfernung zwischen den unteren Kreuzschienen beträgt in der Waagerechten 74 mm, zwischen Oberkante der unteren Kreuzschienen und Unterkante der Schienen in der Senkrechten 20 mm.

11.33.15 Technische Charakteristik der Webstühle ATWK-100, ATK-100 und ATNK-100

Der Stuhl ATK-100 ist für Garne mittlerer Nummer, der Stuhl ATWK-100 für feinere und der Stuhl ATNK-100 für gröbere Garne bestimmt.

	Webstuhl		
	ATWK-100	ATK-100	ATNK-100
Blattbreite (größte Gewebebreite) in mm	1000	1000	1000
Höhe des Blattes in mm	125	125	125
Abmessungen des Schützen in mm:			
Gesamtlänge	370	384	410
Breite	41	44	48
Höhe der vorderen Wand	27	30	34
Höhe der hinteren Wand	31	34	38
Gewicht in g	280—300	300—350	350—400
Abmessungen der Schußspule in mm:			
Gesamtlänge	160	172	200
Durchmesser der Wicklung	26	28—29	30—32
Durchmesser der Ringe	25,5	27,5	30
Durchmesser des Spulenfußes	20,5	20,5	22,0
Abmessungen des Kettbaums in mm:			
Durchmesser der Baumscheiben	400	460	550
Durchmesser des Kettbaums	110	110	110
Entfernung zwischen den Kettbaumscheiben	1030	1030	1030
Durchmesser der Wicklung auf dem Warenbaum in mm	bis 300	bis 300	bis 300
Schußdichte auf 10 cm	70—660	70—660	70—660
Nm des Schußfadens	65 und höher	24—65	1—24
Winkel zwischen Blatt und Ladenbahn in Grad	90	90	90
Umdrehungszahl der Kurbelwelle in der Minute	190—200	200—220	200—210
Halbmesser der Kurbelwelle in mm	60	64	68
Wirkungskoeffizient (zeitlicher)	0,88—0,93	0,88—0,93	0,88—0,93
Stuhlantrieb	Einzelantrieb vermittels Keilriemen und Reibungskupplung an der rechten Seite		
Elektromotor Typ TT-US mit einer Leistung in kW	0,55	0,55	0,55
Umdrehungszahl des Elektromotors in der Minute	950	950	950
Keilriemen	Profil A, GOST 1254—45		

	Webstuhl		
	ATWK-100	ATK-100	ATNK-100
Schalter	Druckknopfschaltung		
Einschaltung des Stuhls	durch drei Hebel, von denen der eine sich hinten befindet		
Bremse	Bandbremse		
Gewicht des Exzenterstuhls mit dem Elektromotor in kg	817	850	880
Außenmaße des Stuhls in mm:			
Breite der Lade	2130	2158	2210
Gesamtbreite bis Knopf des Spulenmagazins	2154	2182	2234
Gesamttiefe einschließlich Kettbaum von 460 mm Durchmesser	1235	1265	1353
Schmierung	offene Ölschmierung		
Breithalter	mit 7 Rädchen		
Lager	Gleitlager		
Zahl der Spulenstellen im Magazin	32	32	32
Zahl der in Arbeit befindlichen Spulen	28	28	28
Abmessungen des Pickers in mm	55 · 28 · 37		
Zahl der Schienen des Kettfadenwächters	4	4	4
Höchstzahl der Schäfte bei Verwendung einer Schaftmaschine	12	12	12

11.4 Die Zusammenarbeit der Webstuhlmechanismen

Früher wurde bereits darauf hingewiesen, daß die koordinierte Arbeit der einzelnen Mechanismen des Webstuhls von entscheidender Bedeutung für seine Leistung ist. Hier soll das auf Abb. 101 gezeigte Arbeitsdiagramm des automatischen Webstuhls für eine volle Periode, d. h. für zwei Umdrehungen der Kurbelwelle besprochen werden [47].

Die untere Hälfte des Kreises zwischen 0 und 360° entspricht der ersten Umdrehung der Kurbelwelle, die obere Hälfte von 360 bis 0° der zweiten Umdrehung; die Kurbelwelle des Webstuhls dreht sich im Uhrzeigersinn.

Die Einstellung der Mechanismen des Webstuhls und die Überprüfung ihrer Wirkungsweise soll zweckmäßigerweise auf die Kurbelwelle bezogen werden, wobei man die einzelnen Zeitpunkte durch den Winkel (in Grad) mißt, den die Kurbel vom Augenblick des Anschlags an zurückgelegt hat.

Am Handrad des Webstuhls wird ein in 360° geteilter Pappkreis befestigt. An der Gestellwand wird ein Zeiger angebracht. Indem man die

Kurbelwelle des Stuhls von Hand dreht, kann man den Beginn und das Ende der Bewegung der einzelnen Mechanismen verfolgen.

Auf dem Arbeitsdiagramm des Webstuhls entspricht der erste Ring (von innen nach außen) der Bewegung der Lade, der zweite der Arbeit der Fachbildungseinrichtung, der dritte der Arbeit der Schaftmaschine, der vierte der Bewegung des Schützens, der fünfte der Tätigkeit des

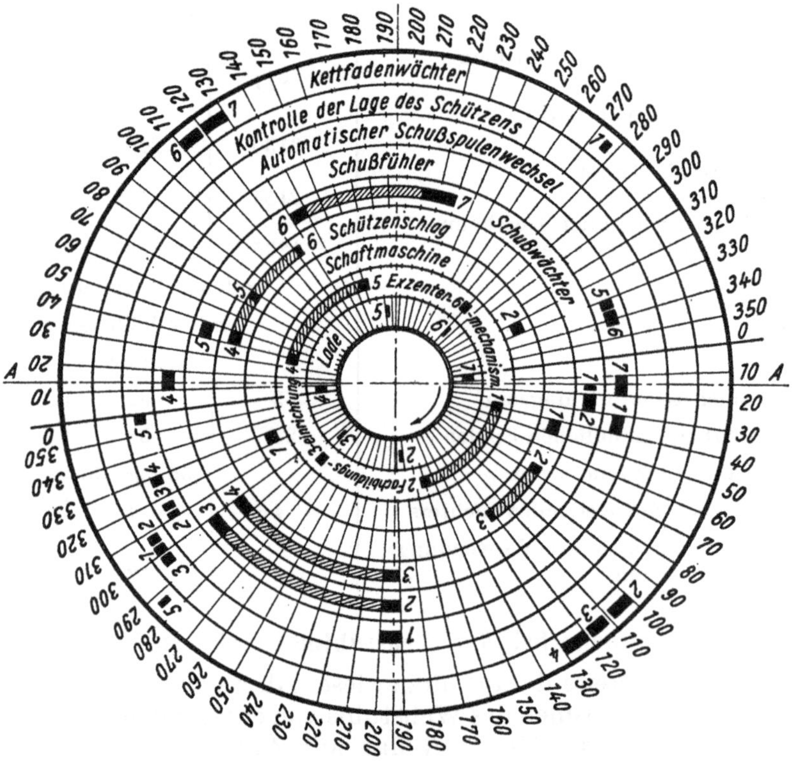

Abb. 101. Arbeitsdiagramm eines Webstuhls

Schußwächters, der sechste der Tätigkeit des Schußfühlers, der siebente der Arbeit des Mechanismus für den automatischen Wechsel der Schußspulen, der achte der Arbeit der Kontrollvorrichtung für die Lage des Schützens im Schützenkasten und der neunte der Tätigkeit des Kettfadenwächters. Die Zeichen I und II geben den entsprechenden Halbkreis an; die einzelnen Zeitpunkte sind mit Ziffern versehen und bedeuten:

Lade und Ladenantrieb

1	Anschlag; Schützen im linken Schützenkasten	I	0°
2	Lade in äußerster hinterer Stellung	I	180°
3	Stoßeisen treffen auf den Ladenansatz	I	280—285°

4	Anschlag; Schützen im rechten Schützenkasten	II	0°
5	Lade in äußerster hinterer Stellung	II	180°
6	Stoßeisen treffen auf den Ladenansatz	II	280—285°

Fachbildungseinrichtung

1	Fach voll geöffnet, Vorderschaft gehoben, Hinterschaft gesenkt	I	35— 45°
1—2	Stillstand der Schäfte für die Dauer von		110—130°
2	Ende des Stillstandes, Vorderschaft senkt sich, Hinterschaft hebt sich	I	155—165°
3	Fach geschlossen	I	275—285°
	entsprechende Größe des Fachumtritts		55—65 mm
4	Fach voll geöffnet, Hinterschaft gehoben, Vorderschaft gesenkt	II	35— 45°
4—5	Stillstand der Schäfte für die Dauer von		110—130°
5	Ende des Stillstands, Hinterschaft senkt sich, Vorderschaft, hebt sich	II	155—165°
6	Fach geschlossen	II	275—285°
	entsprechende Größe des Fachumtritts		55—65 mm

Schaftmaschine

1	Fach geschlossen	I	320—330°
2	Fach geschlossen	II	320—330°

Bewegung des Schützens

1	linke Schlagspindel setzt sich in Bewegung	I	40— 50°
2	Beginn der Schlagstockbewegung	I	75— 85°
3	Ende der Schlagstockbewegung	I	125°
4	rechte Schlagspindel setzt sich in Bewegung	II	40— 45°
5	Beginn der Schlagstockbewegung	II	75— 85°
6	Ende der Schlagstockbewegung	II	125°

Schußwächter

1	Bügel wird vom Schußwächterhammer erfaßt	I	15°
2	Steuerwelle (der Schußwächtergabel) beginnt ihre Bewegung	I	20— 30°
3	Steuerwelle kommt zum Stillstand	I	190—200°
3—4	Stillstand der Steuerwelle für die Dauer von		100°
4	Steuerwelle beginnt Rückwärtsbewegung	I	290—300°
5	Bügel wird freigegeben	II	40— 50°
6	Ende der Rückwärtsbewegung des Schußwächterhammers	II	130—140°
6—7	Stillstand des Schußwächterhammers in rückwärtiger Stellung für die Dauer von		80— 90°
7	Beginn der Vorwärtsbewegung des Schußwächterhammers	II	210—230°

Schußfühler

1	Druck auf den Hebel, Steuerwelle beginnt sich zu drehen	I	30— 40°
2	Ende der Drehung der Steuerwelle	I	190—200°
2—3	Stillstand der Steuerwelle für die Dauer von		100°
3	Beginn der Rückwärtsdrehung der Steuerwelle	I	290—300°
4	Hebel wird freigegeben	II	10— 20°
5	Spulenfühler berührt volle Spule	II	330—335°
6	Spulenfühler berührt leere Spule	II	335—345°
7	Hebel wird in die Höhe des Puffers gehoben	I	10— 20°

Automatischer Schußspulenwechsel

1	Stoßeisen hebt sich	I	190—200°
2	Berührung mit dem Puffer	I	310°
3	Eindrückhammer berührt Spule	I	313°
4	Spule berührt Halteringe	I	325—330°
5	Ende des Spulenwechsels	I	357—360°

Vorrichtung für die Kontrolle der Lage des Schützens im Schützenkasten

1	Tasthebel berührt Schützenspitze	I	300°
2	Stoßeisen senkt sich unter den Puffer, wenn Taster Schützenspitze trifft	I	304—307°
3	Schlag der Lade gegen den Hebel der Schere	I	295—300°

Kettfadenwächter

1	Kulisse steht senkrecht in der Mitte	II	275°
2	Herabfallende Lamelle hält Schiene auf	I	100—110°
3	Klinke beim Ausrückhebel greift ein	I	110—120°
4	Äußerste rechte Stellung der Kulisse	I	120—130°
5	Mittlere Stellung der Kulisse	I	285°
6	Herabfallende Lamelle hält Schiene auf	II	110—120°
7	Äußerste linke Stellung der Kulisse	II	120—130°

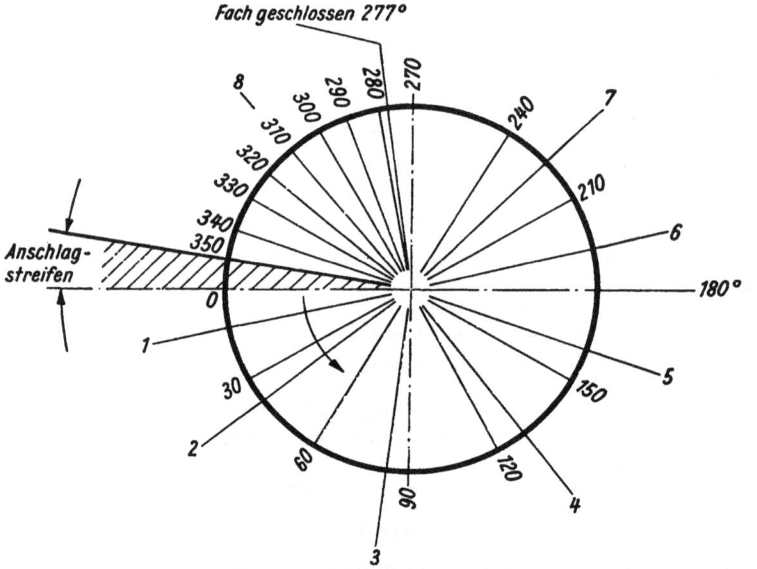

Abb. 102. Vereinfachtes Arbeitsdiagramm eines automatischen Webstuhls

Abb. 102 stellt ein Arbeitsdiagramm des automatischen Webstuhls für eine Umdrehung der Kurbelwelle (0 bis 360°) bei der Herstellung eines leinwandbindigen Gewebes dar, wobei die Größe des Fachumtritts 50 mm und der Anschlagstreifen 10° der Kurbelwellenumdrehung beträgt. Die einzelnen Momente sind durch entsprechende Ziffern bezeichnet, die folgende Bedeutung haben (die Kurbelwelle dreht sich gegen den Uhrzeigersinn):

0 Anschlag des Schußfadens an den Geweberand;
1 Fangbügel wird durch Schußwächterhammer erfaßt;
2 Beginn des Stillstands der Schäfte;
3 Beginn des Schlags;
4 Ende des Schlags;
5 Ende des Stillstands der Schäfte;
6 Ende der Schieberbewegung;
7 Ende der Schützenbewegung;
8 Beginn des Schußspulenwechsels;
0 Ende des Schußspulenwechsels.

12 Lehren und Geräte für die Kontrolle der Einstellungsparameter der Webstuhlmechanismen

12.1 Winkellehre nach W. F. ILJITSCHJOW [48] [49] für Einstellung und Kontrolle der Webstuhlparameter

Abb. 103 zeigt eine winkelförmige Lehre nach W. F. ILJITSCHJOW, die für die bequeme Einstellung und Kontrolle der Parameter des Webprozesses benutzt werden kann.

Die auf der Abbildung angegebenen Strecken entsprechen folgenden Einstellungsparametern:

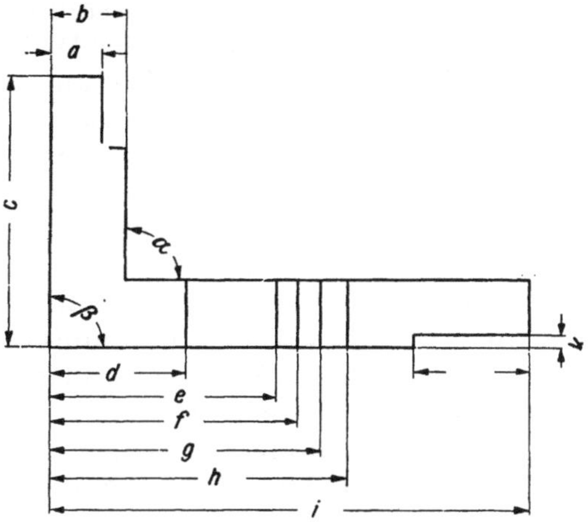

Abb. 103. Lehre nach W. F. ILJITSCHOW

a Entfernung vom Geweberand bis zum Breithalterdeckel;
b Entfernung vom Ladendeckel bis zum vorderen Schaft;
c Höhe des Fachs am Blatt bei hinterer Stellung der Lade;
d Größe des Fachumtritts;
e Entfernung von der Ladenbahn bis zum Brustverbinder bei vorderer Stellung der Lade;
f Entfernung des Geweberandes vom Blatt in dem Augenblick, wenn der Stecher des Schützenwächters den Stecherpuffer berührt;
g Abstand der Schützenbahn vom Geweberand (an der Gewebeleiste) auf der rechten Webstuhlseite;
h desgleichen auf der linken Webstuhlseite;
i Entfernung zwischen den Kreuzschienen;
k Abstand der Kette von der Ladenbahn;
α Winkel für die Überprüfung des Schützens;
β Winkel für die Einstellung des Blatts und der Schützenkastenzunge.

12.2 Lehre nach A. O. BRJUCHOW

Das Melangekombinat zu Barnaul verwendet für die Einstellung der automatischen Webstühle AT-9 zur Herstellung des Gewebes Art. 1032 die Lehre nach A. O. Brjuchow (Abb. 104). Mit Hilfe dieser Lehre können folgende Parameter kontrolliert werden:

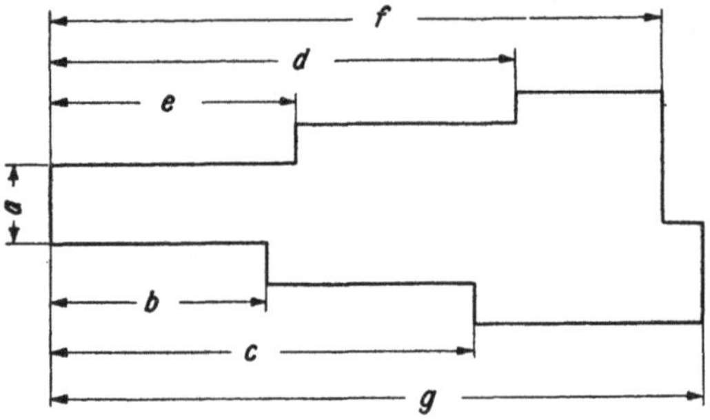

Abb. 104. Lehre nach A. O. Brjuchow

a Entfernung vom Ladendeckel bis zum vorderen Schaft bei hinterer Stellung der Lade;
b Größe des Fachumtritts;
c Abstand der Schützenbahn vom Geweberand an der Leiste;
d Entfernung des Geweberands vom Blatt in dem Augenblick, wenn der Stecher des Schützenwächters den Puffer berührt;
e Entfernung des zweiten Streichbaums von der Einzugslinie der Kette;
f Abstand der Konsole des Lamellen-Kettfadenwächters vom Schienenhalter;
g Stellung der Schienen des Lamellen-Kettfadenwächters.

12.3 Lehre zur Bestimmung der Lage einzelner Teile des Webstuhls

Abb. 105a zeigt eine verstellbare Lehre zur Überprüfung der Lage der einzelnen Mechanismen des Webstuhls. Diese Lehre besteht aus einem waagerechten Lineal, das an einem Ende eine feste Stütze und am anderen eine bewegliche trägt. Auf dem Lineal liegt eine Wasserwaage. Die feste Stütze der Lehre wird auf den Brustverbinder gestellt und die bewegliche auf den Streichbaum; diese wird mit Hilfe der Schraube *1* befestigt. Die waagerechte Lage der Lehre wird nach der Libelle der Wasserwaage eingestellt.

Mit Hilfe dieser Lehre kann man die Stellung des Kettfadenwächters, die Tiefe des vorderen und hinteren Fachs, die Stellung des Streichbaums hinsichtlich des Brustverbinders und andere Einstellungsparameter des Webstuhls bestimmen.

Die Abbildungen 105b, c, d zeigen die Abmessungen der einzelnen Teile der Lehre, die nach diesen Angaben ohne weiteres angefertigt werden kann.

12.4 Lehre System IWNITI[1]) zur Einstellung automatischer Webstühle

Mit Hilfe der in Abb. 106 gezeigten Lehre kann man den Streichbaum und den Kettfadenwächter in waagerechter (d. h. in Richtung der Webstuhltiefe) und in senkrechter (bezogen auf den Brustverbinder) Richtung einstellen.

[1]) Wissenschaftliches Forschungsinstitut der Textilindustrie zu Iwanowo.

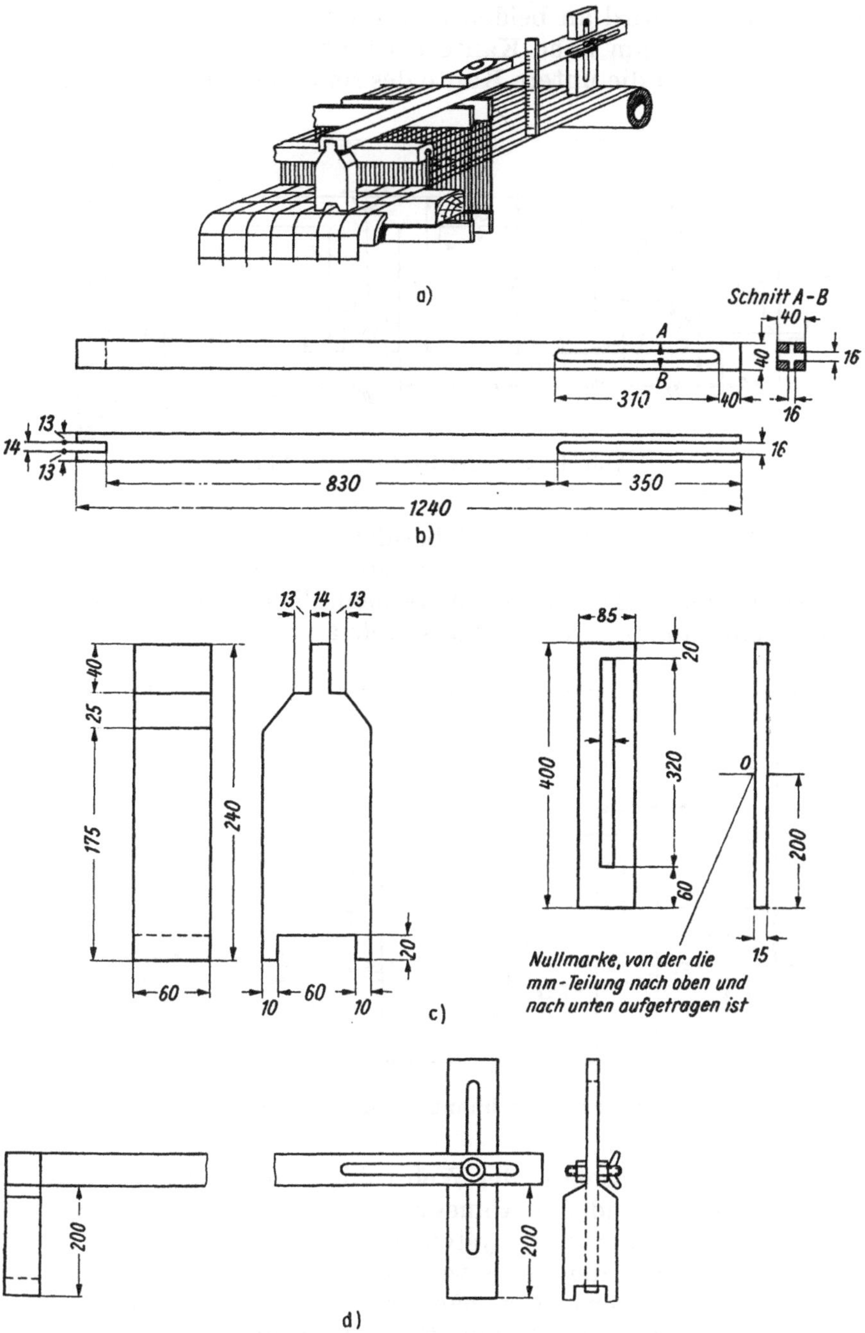

Abb. 105. Verstellbare Lehre für die Webstuhleinstellung.
a Gesamtbild und Anwendung; *b, c, d* Einzelteile

Die Einstellung wird an beiden Seiten des Webstuhls vorgenommen. Dabei muß die 46 mm hohe Kante bei hinterer Stellung der Lade das Blatt berühren und die untere Kante des senkrechten Teils *I* die Laden-

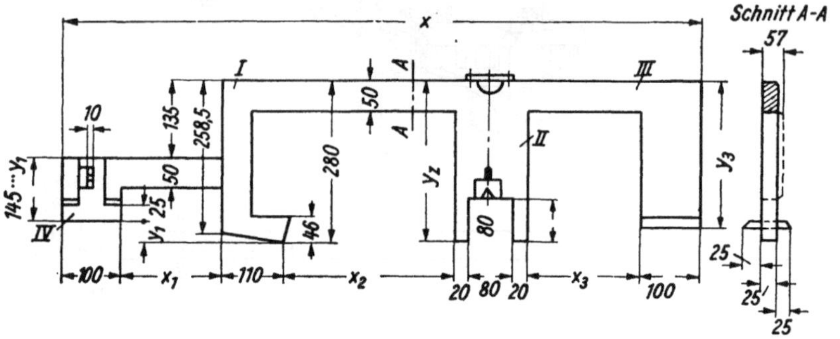

Abb. 106. Lehre System IWNITI

bahn. Die Füße des Ständers *II* berühren die Lamellenschienen, der Ständer *III* den Streichbaum und der verbreiterte Teil *IV* die Oberkante des Brustverbinders. Das in der Mitte befindliche Lot zeigt die richtige Lage der Lehre an. Die Lehre ist aus Holz angefertigt.

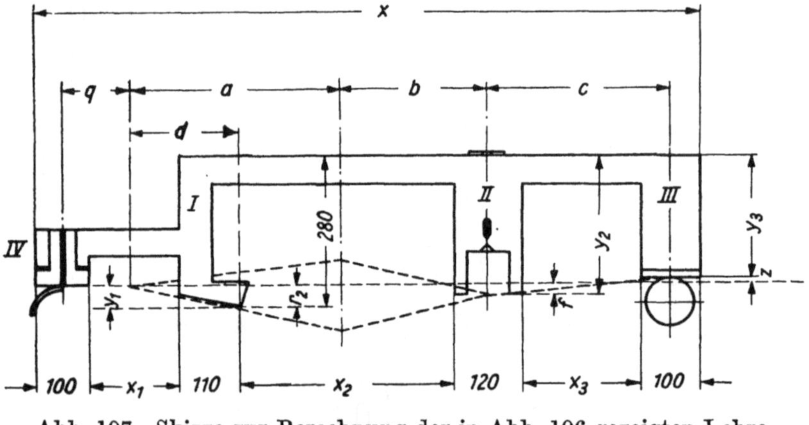

Abb. 107. Skizze zur Berechnung der in Abb. 106 gezeigten Lehre

Die Einstellungsparameter der Webstühle sind bei einzelnen Geweben verschieden, daher sind die Abmessungen x_1, x_2, x_3, y_1, y_2, y_3 und X der Gewebeart und dem Stuhlsystem angepaßt.

Diese Abmessungen der Lehre werden entsprechend den Angaben der Abb. 106 für jede Gewebeart nach den Einstellungsparametern bestimmt. Vorerst müssen folgende Berechnungen durchgeführt werden (s. Abb. 107):

Es ist

$$x_1 = (q + d) - \left(110 + \frac{100}{2}\right)$$
$$x_2 = (a + b) - \left(d + \frac{120}{2}\right)$$
$$x_3 = c - \frac{120 + 100}{2}$$
$$y_1 = r_2$$
$$y_2 = 280 - (r_2 \pm f)$$
$$y_3 = 280 - (r_2 + z)$$

Hier bedeuten (s. Abb. 107 und Abb. 5 in Abschn. 4.3):

a die waagerechte Entfernung vom Geweberand bis zum (ersten) Schaft;

b die waagerechte Entfernung vom (ersten) Schaft bis Mitte Kettfadenwächter;

c die waagerechte Entfernung von Mitte Kettfadenwächter bis Mitte Streichbaum;

q die waagerechte Entfernung vom Brustverbinder bis Geweberand;

d die waagerechte Entfernung vom Geweberand bis Blatt (an der Ladenbahn) bei hinterer Ladenstellung;

r_2 die senkrechte Entfernung der Ladenbahn (am Blatt) von der Höhe des Brustverbinders bei hinterer Ladenstellung;

f die senkrechte Stellung der Mitte des Kettfadenwächters über der Höhe des Brustverbinders;

z die senkrechte Stellung von Oberkante Streichbaum über der Höhe des Brustverbinders;

ϱ Winkel, den die Ladenbahn in hinterer Stellung mit der Waagerechten bildet.

Die Gesamtlänge der Lehre ist

$$X = 100 + x_1 + 110 + x_2 + 120 + x_3 + 100.$$

Tabelle 14 enthält die Abmessungen dieser Lehre für einige Webstuhlsysteme und Gewebe.

Tabelle 14. Maße der Lehre System Iwniti für einige Gewebe

Webstuhl	Gewebe	Abmessungen in mm							Winkel in °
		x_1	x_2	x_3	y_1	y_2	y_3	X	ϱ
ATS-100 (Exzenterstuhl)	Nessel Art. 597	176	400	224	40	265	230	1230	11
AT-100 (mit Schaftmaschine)	Wollgewebe Art. 176	176	454	240	51	287	265	1300	11
Ältere Automatenwebstühle	Gingham Art. 103	148	347	190	51	292	270	1115	11
Ältere Automatenwebstühle	Satin/Trikot Art. 360	168	433	230	50	279	257	1261	11

12.5 Lehre System IWNITI für den automatischen Webstuhl AT-100

Diese Lehre und ihre Verwendung ist in Abb. 108 gezeigt. Mit Hilfe dieser Lehre kann man bei den automatischen Stühlen den Schlagbeginn, die Größe des Fachumtritts, die Stellung der Schäfte und des Kettfadenwächters sowie andere Einstellungsparameter kontrollieren:

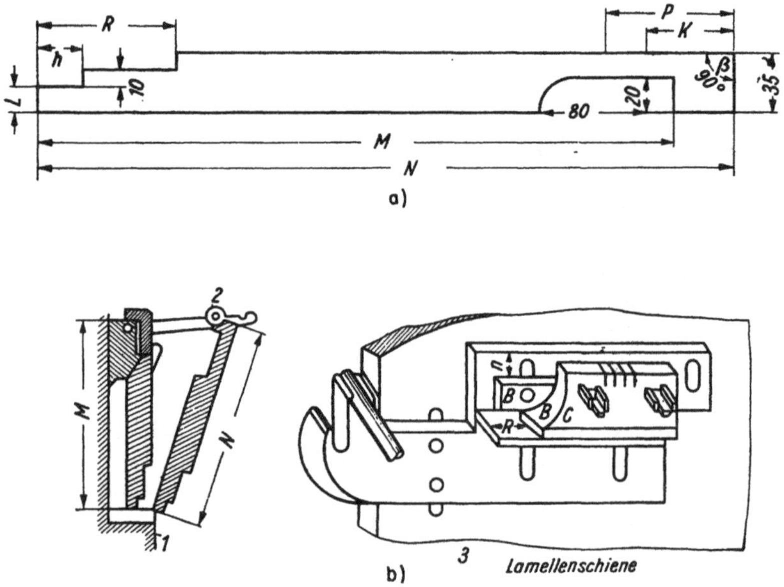

Abb. 108. Lehre System IWNITI für den automatischen Webstuhl AT-100

Die Abmessungen dieser Lehre haben folgende Bedeutung:

P Schlagbeginn, d. h. der Abstand des Blattes vom Geweberand bei einsetzendem Schlag;

β Winkel zwischen der Ladenbahn und dem Blatt;

K Größe des Fachumtritts, d. h. die Entfernung zwischen dem Geweberand und dem Blatt bei geschlossenem Fach;

L Entfernung zwischen dem Ladendeckel und dem ersten Schaft bei hinterer Stellung der Kurbelwelle;

M Maß für die Höheneinstellung der Konsole *3* (Abb. 108b) des schwingenden Streichbaums;

N Maß für die Einstellung des Mittelpunkts des Streichbaums *2* hinsichtlich der Kante des Lagerdeckels des Kettbaums;

h Höhenstellung des Kettfadenwächters; bei der Messung dieser Strecke wird die Lehre auf die Kante der Konsole *3* gesetzt, dabei muß das Ende der Lehre die Oberkante der Konsole *B* berühren;

R waagerechte Entfernung zwischen den Flächen der Konsolen *B* und *C*; mit Hilfe dieses Maßes kann man den Kettfadenwächter in der Horizontalen einstellen.

12.6 Geräte zur Messung des Neigungswinkels der Ladenbahn und des Anschlagwinkels

Bei Berechnung der Einstellungsparameter der Webstühle muß man die Neigung der Ladenbahn in ihrer hinteren Stellung kennen. Diese Neigung der Ladenbahn ist von großer praktischer Bedeutung, da von ihr der Abstand zwischen der Kette und der Ladenbahn abhängt, der 1 mm betragen soll.

Zur Bestimmung dieses Neigungswinkels kann man das in Abb. 109 gezeigte Gerät verwenden.

Dieses Gerät besteht aus dem Fuß *1*, den zwei Metallplatten *2*, die durch Schrauben miteinander verbunden sind und dem um die Achse *4* frei beweglichen Zeiger *3*. Das Gerät enthält eine in Grad eingeteilte Skala, die durch Glas geschützt ist.

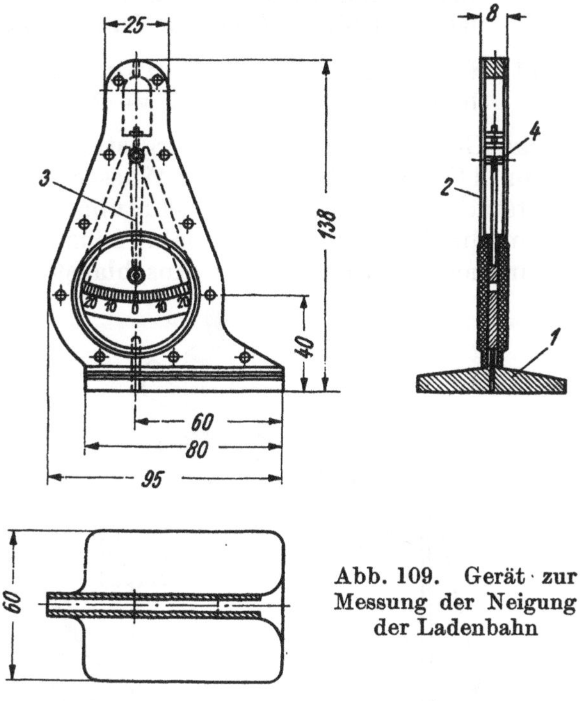

Abb. 109. Gerät zur Messung der Neigung der Ladenbahn

Um den Neigungswinkel der Ladenbahn zur Horizontalen zu messen, setzt man den Fuß *1* auf die Ladenbahn und liest die Neigung an der Abweichung des Zeigers ab.

Für die angenäherte Bestimmung des Anschlagwinkels kann man den in Abb. 110 gezeigten Winkelmesser verwenden. Dieser Winkelmesser besteht aus den beiden gelenkig miteinander verbundenen Blechen *1* und *2*. Das eine Blech besitzt auf der gewölbten Fläche eine Gradeinteilung, an der man den Anschlagwinkel ablesen kann.

Die Einstellung des erforderlichen Winkels zwischen den Platten erfolgt mit Hilfe der Schraube *3*, die an einem Ende ein Linksgewinde und am anderen ein Rechtsgewinde hat.

Um den Anschlagwinkel zu messen, setzt man bei Vorderstellung der Lade die eine Ebene des Winkelmessers auf das Gewebe und die andere an das Blatt. Die beiden Ebenen des Winkel-

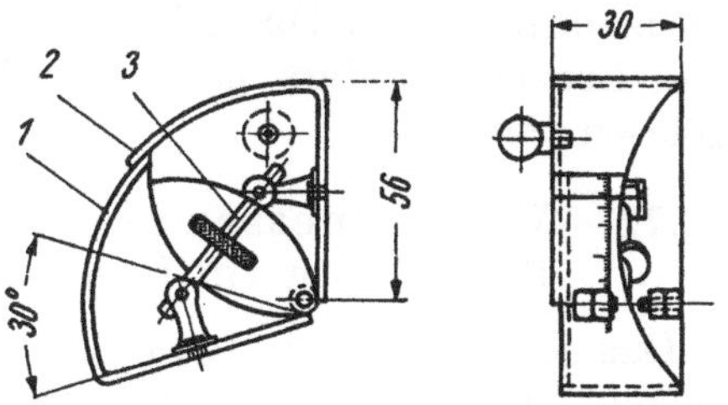

Abb. 110. Gerät zur Bestimmung des Anschlagwinkels

messers müssen am Gewebe bzw. am Blatt voll aufliegen, was durch Verstellung der Schraube *3* erreicht wird. Das Gerät ist für Anschlagwinkel von 70 bis 100° und mehr zu benutzen.

12.7 Geräte und Lehren System ZNIILW[1]) für die Einstellung der Einzelteile und für die Kontrolle der normalen Einstellung von Webstühlen

12.71 Gerät zur Bestimmung der Lage der Ladenbahn in bezug auf den Brustverbinder

Das Gerät ist aus Holz hergestellt und besteht aus dem Fuß *1* (Abb. 111), der Schiene *2*, der Wasserwaage *3*, dem Schieber *5* (der im Gleitstück *4* steckt) und der Schraube *6*.

Um die Höhe der Ladenbahn hinsichtlich des Brustverbinders zu bestimmen, wird die Lade in Anschlagstellung gebracht, der Fuß *1* wird

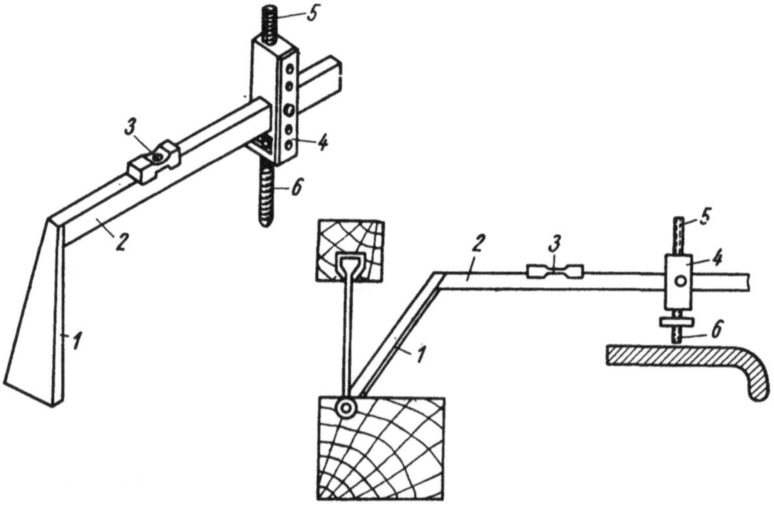

Abb. 111. Gerät zur Bestimmung der Lage der Ladenbahn

auf die Ladenbahn am Blatt gestellt und die Schraube *6* auf den Brustverbinder. Durch Drehung der Schraube *6* bringt man die Schiene *2* in horizontale Lage. Dann kann die Stellung der Ladenbahn hinsichtlich des Brustverbinders nach der Millimeterteilung des Schiebers *5* abgelesen werden.

12.72 Winkelmesser zur Bestimmung des Knickwinkels der Kettfäden im Schaft

Das Gerät besteht aus dem mit einer Gradeinteilung versehenen Bogen *1* (Abb. 112a), den Schienen *2* und *3*, den Platten *5* und *6*, dem

---

[1]) Zentrales Wissenschaftliches Forschungsinstitut der Bastfaserindustrie.

Finger *8* und den Schrauben *7*. Die Schiene *2* ist an der Basis des Bogens befestigt, während die Schiene *3* beweglich ist. Die Platten *5* und *6* werden durch die Schrauben *7* festgehalten. Der Finger *8* befindet sich auf der Drehachse *4*.

Der Knickwinkel der Kettfäden im Litzenauge wird bei geschlossenem Fach wie folgt gemessen. Die Platte *5* wird auf die Kette am Blatt gelegt

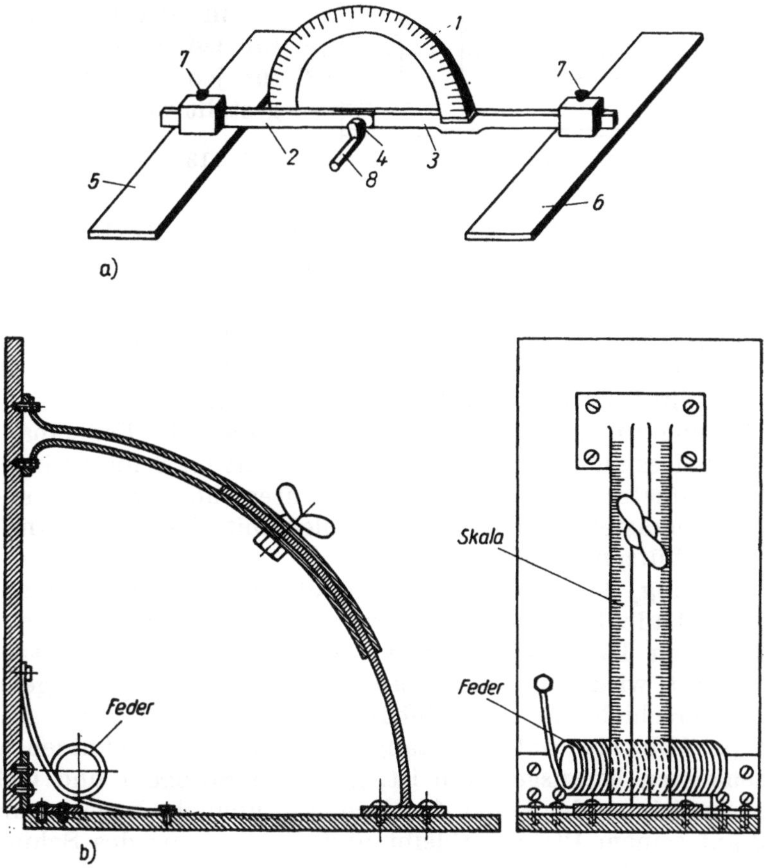

Abb. 112. Winkelmesser

und die Platte *6* auf die Kettfäden jenseits des Schafts, so daß der Bogen und der Finger *8* zwischen den Litzen liegen. Im Augenblick der Berührung der Platten *5* und *6* mit der Kette wird der Knickwinkel der Kettfäden an der Kreisteilung abgelesen. Der Winkelmesser muß so konstruiert sein, daß die Kettfäden unter seinem Gewicht sich nicht merklich durchbiegen; die Platten *5* und *6* müssen parallel zueinander liegen. Abb. 112b zeigt ein anderes ähnliches Gerät für die Bestimmung des Winkels zwischen dem Schaft und der Kette.

12.73 Lehre für die Kontrolle der Abstände zwischen den Kröpfungen der Kurbelwelle und für die Breite der Kröpfung

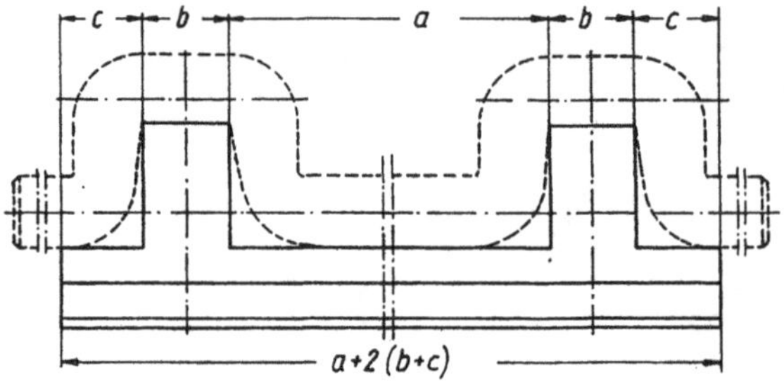

Die Lehre ist in Abb. 113 dargestellt. Ihre Anwendung geht aus der Abbildung hervor. Eine derartige Lehre muß für jeden Webstuhltyp und für jede Webstuhlbreite hergestellt werden.

Abb. 113. Lehre für die Kurbelwelle

12.74 Dynamometer zur Bestimmung der Reibung des Schützens im Schützenkasten

Das Gerät besteht aus der mit einer Maßeinteilung versehenen Stange *1* (Abb. 114), dem Ring *2*, dem Gehäuse *3*, der Feder *4*, dem Griff *5*, der Buchse *6* und dem Haken *7*. Abb. 115 zeigt die Einzelteile dieses Dynamometers, der im Dorochow-Werk verwendet wird.

Die Teilung auf der Dynamometerstange zeigt die Federspannung in kg an. Zur Messung der Reibung des Schützens im Schützenkasten wird der Dynamometer bei Webstühlen mit Unterschlag am äußersten Ende des Schützenkastens und bei Webstühlen mit Oberschlag am inneren Ende des Schützenkastens angesetzt.

Zur Messung der Reibung des Schützens wird der Dynamometer parallel zur Ladenbahn gestoßen bzw. gezogen. Der Widerstand, den der Schützen dem Herausstoßen bzw. -ziehen aus dem Schützenkasten entgegensetzt, wird durch die zusammengedrückte Feder aufgenommen. Dadurch verschiebt sich das Gehäuse des Geräts und der geschlitzte Ring *2* (s. Abb. 114) auf der Stange. Nachdem der Schützen aus dem Schützenkasten herausgetreten ist, gelangen Stange *1* und Gehäuse *3* infolge Einwirkung der Feder *4* in ihre ursprüngliche Lage, während der Ring *2* auf seinem Platz verbleibt und die Reibung des Schützens im Schützenkasten in kg anzeigt.

Die Abbildungen 116 bis 123 zeigen die verschiedenen Arten der Verwendung dieses Geräts bei mechanischen Oberschlag- und Unterschlagwebstühlen.

Wenn man die Reibung bei Unterschlagwebstühlen mißt, kann der Haken *7* abmontiert werden, da er in diesem Fall überflüssig ist.

12.75 Lehre zur Messung der Länge der Kurbelpleuel

Die Webstühle ATK-100 sind mit verstellbaren Kurbelpleueln versehen. Die Pleuellagerschale und das Pleuelmittelstück sind durch einen

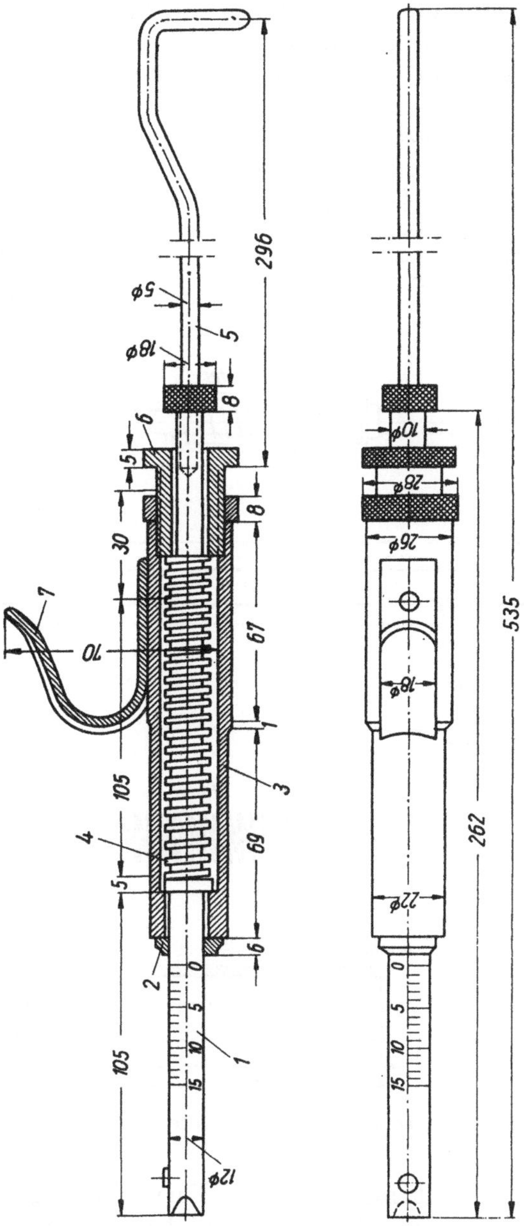

Abb. 114. Dynamometer System ZNIILW

Bolzen verbunden, durch den man die Länge der Kurbelpleuel regeln kann. Die Pleuelbügel werden durch zwei Bolzen festgehalten.

Die Einstellung und Kontrolle der Kurbelpleuel werden für die Webstühle ATK mit Hilfe der in Abb. 124a gezeigten Lehre vorgenommen.

Für die Webstühle AT-100 wird zur Bestimmung der Entfernung zwischen dem Pleuelbolzen und der Achse der Kurbelkröpfung eine ähnliche in Abb. 124 b gezeigte Lehre verwendet.

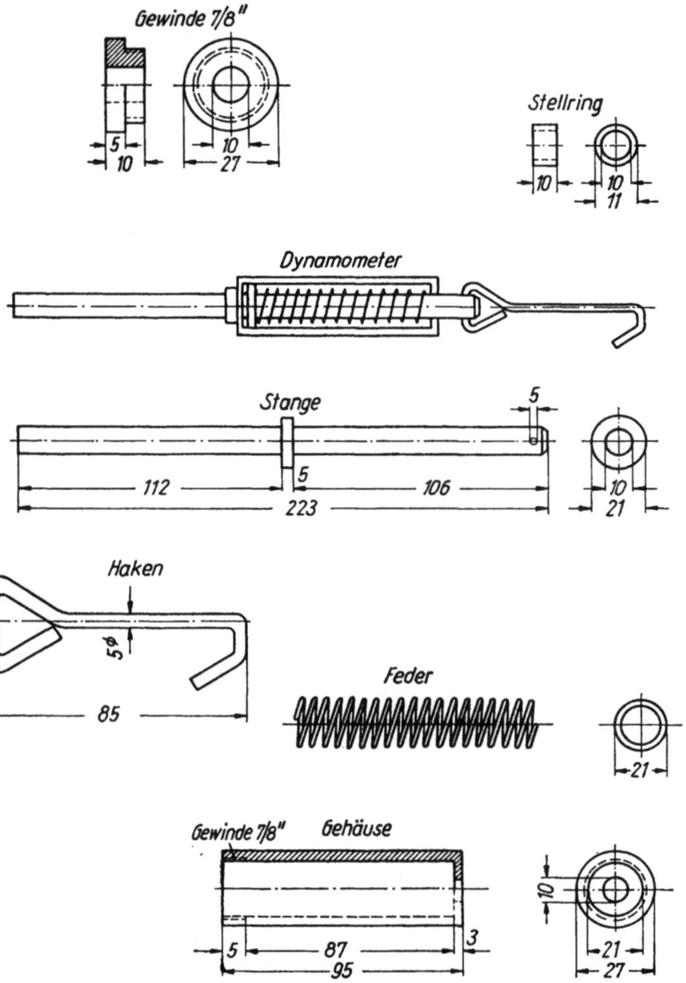

Abb. 115. Einzelteile des Dynamometers nach Abb. 114.

12.76 Lehre zur Bestimmung der Entfernung zwischen der Schlagexzenterwelle und der Ladenachse

Bei den mechanischen Webstühlen ist die Ladenachse in senkrechter und waagerechter Richtung verstellbar.

Durch Veränderung der Stellung der Ladenachse regelt man den Anschlagwinkel (des Schußfadens an den Geweberand).

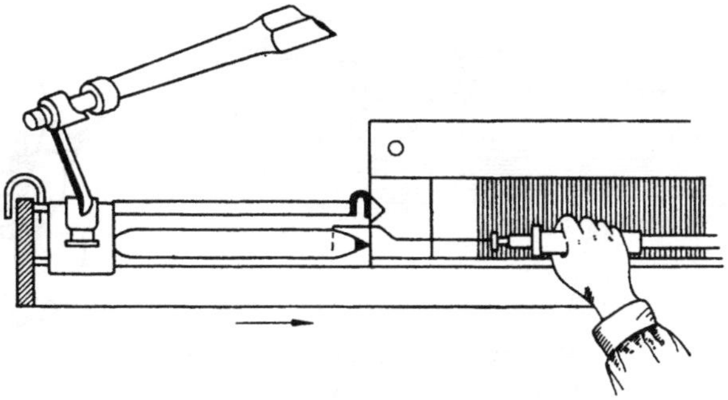

Abb. 116
Bestimmung der Reibung des Schützens im Schützenkasten bei Oberschlagstühlen

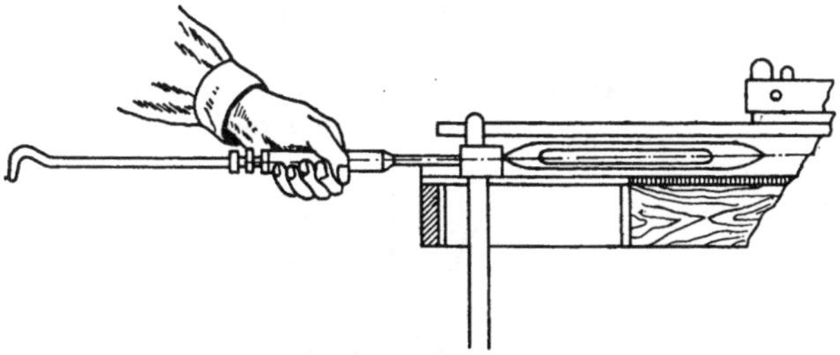

Abb. 117
Bestimmung der Reibung des Schützens im Schützenkasten bei Unterschlagstühlen

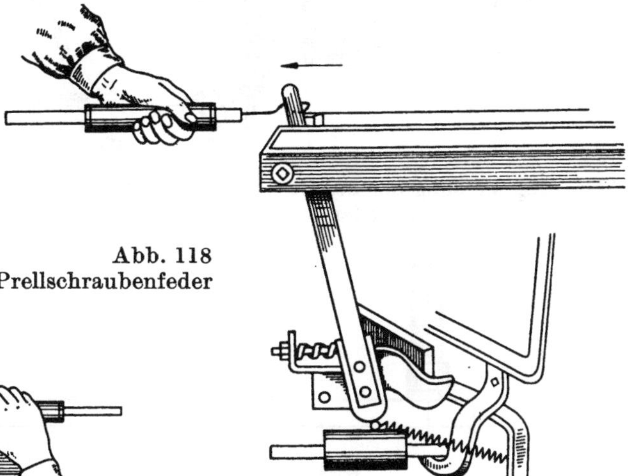

Abb. 118
Messung der Stärke der Prellschraubenfeder

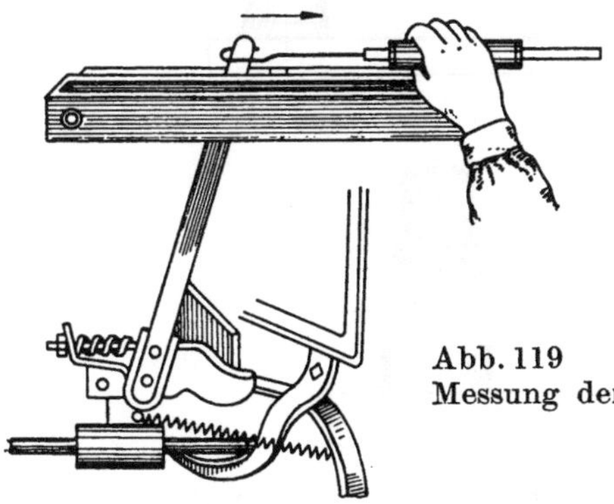

Abb. 119
Messung der Stärke der Schlagstockrückzugfeder

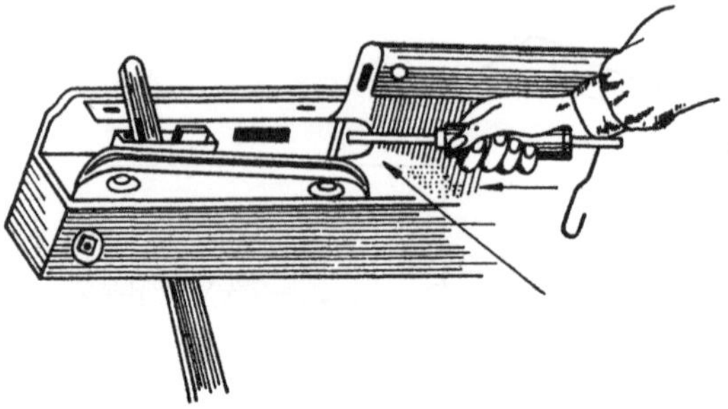

Abb. 120. Messung der Stärke der Schützenkastenzungenfeder

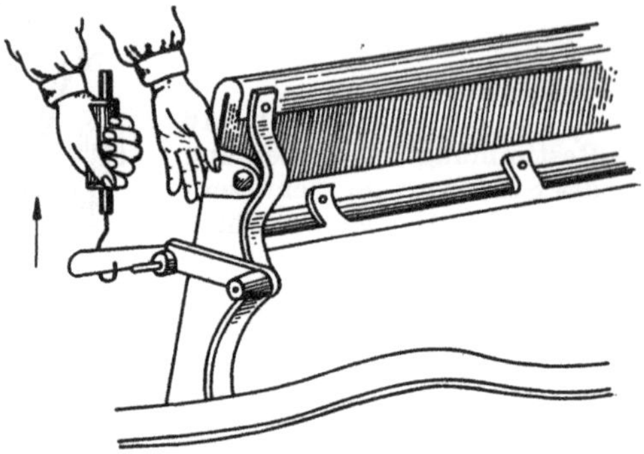

Abb. 121. Messung der Stärke der Blattschlagfeder

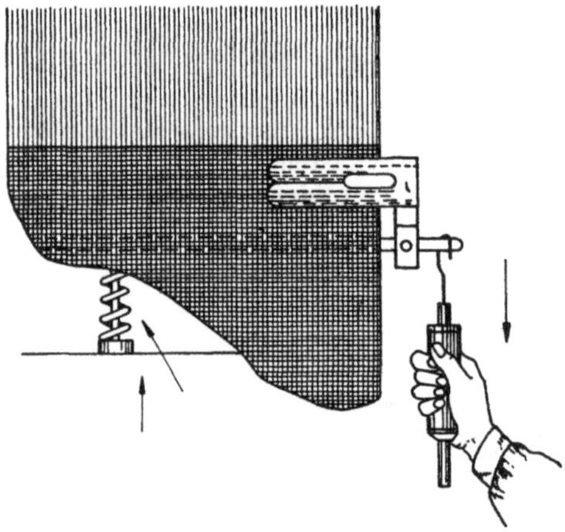

Abb. 122. Messung der Stärke der Breithalterfeder

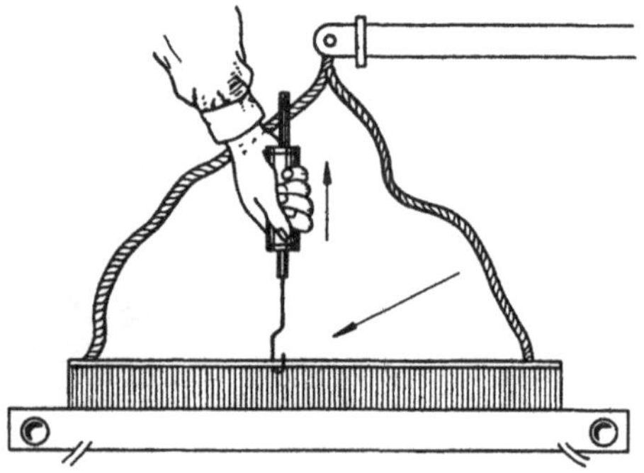

Abb. 123. Messung der Stärke der Feder des Federzugregisters durch Heben eines Schaftes

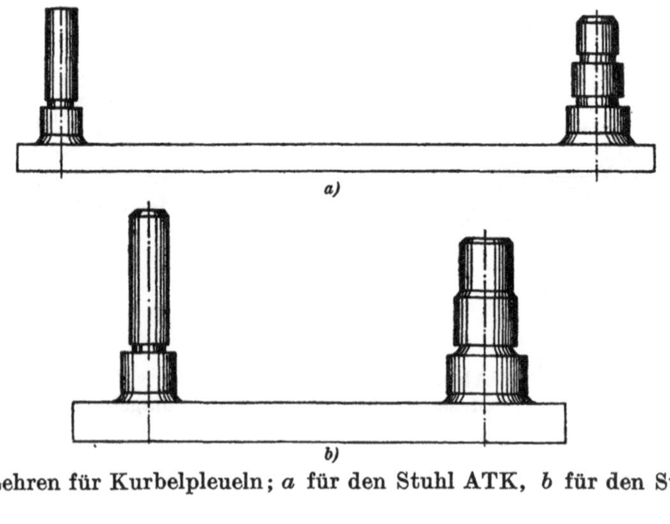

Abb. 124. Lehren für Kurbelpleueln; *a* für den Stuhl ATK, *b* für den Stuhl AT-100

Wenn die Ladenachse die äußerste hintere Stellung einnimmt, schlägt das Blatt den Schußfaden an die untere Seite des Geweberandes an; wenn sie in äußerster vorderer Stellung sich befindet, wird der Schußfaden an die obere Seite des Geweberandes angeschlagen.

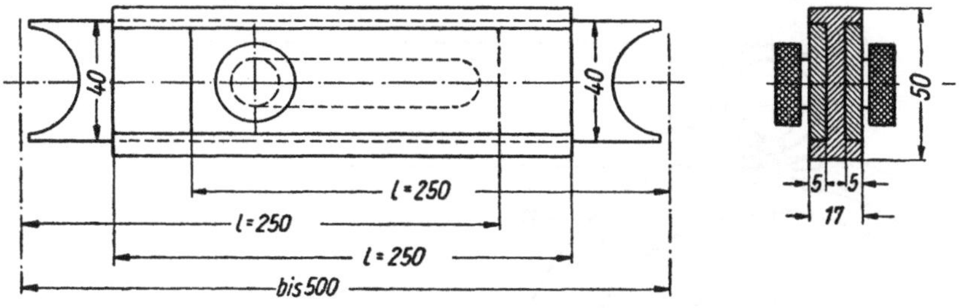

Abb. 125. Lehre für die Stellung der Ladenachse

Die Ladenachse muß genau parallel zur Schlagexzenterwelle und zur Kurbelwelle liegen.

Die Entfernung zwischen der Schlagexzenterwelle und der Ladenachse wird mit Hilfe der in Abb. 125 gezeigten Lehre bestimmt. Diese Lehre besteht aus zwei Metallplatten und Schrauben; die Einzelteile ihrer Konstruktion gehen aus der Zeichnung hervor.

12.77 Gerät zur Aufzeichnung der Bewegung des Kettbaums während des Webvorgangs

Um die Bewegung des Kettbaums beim Weben aufzuzeichnen, kann man das in Abb. 126 gezeigte Gerät verwenden.

Die Höhe der mit Hilfe dieses Geräts aufgezeichneten Kurve beträgt 25 mm, während der Papierstreifen 46 bis 48 mm breit ist; die Länge des Papierstreifens entspricht dem Umfang des Metallreifens, auf dem er befestigt ist.

Das Gerät besteht aus der Trommel *1* mit der schraubenförmigen Nut, in der sich der Stein *2* bewegt, dem Schieber *3*, dem Hebel *4* mit der Schreibvorrichtung *5*, den zwei Kettenrädern *6* und *7*, dem auf dem Kettbaum befestigten Metallreifen *8*, einer Konsole, verschiedenen Lagern, Einzelteilen und Schrauben.

Die Trommel *1* wird von der Kurbelwelle über die Kettträder *6* und *7* durch eine Kette angetrieben. Das Kettenrad *7* läßt sich auseinandernehmen und auf der Kurbelwelle befestigen.

Das Gerät wird mit Hilfe einer Konsole am Webstuhlrahmen befestigt. Am Ende des Hebels *4* ist die Schreibfeder *5* angebracht. Die Feder liegt auf dem Papierstreifen *10*, der vom Reifen *8* getragen wird.

Der Reifen *8* läßt sich auseinandernehmen; er wird mit Hilfe einer Muffe und zwei Bolzen neben der Kettbaumscheibe befestigt. Der Durchmesser der Muffe muß den Abmessungen des Kettbaums entsprechen.

Während der Arbeit wird die Trommel *1* von der Kurbelwelle angetrieben, wodurch der Schieber *3* und der Hebel *4* eine hin- und hergehende Bewegung ausführen. Im Verlauf des Webvorgangs bewegt sich der Kettbaum und gleichzeitig der Reifen *8*, so daß die Feder auf dem Papierstreifen *10* die Kurve der Kettbaumbewegung aufzeichnet.

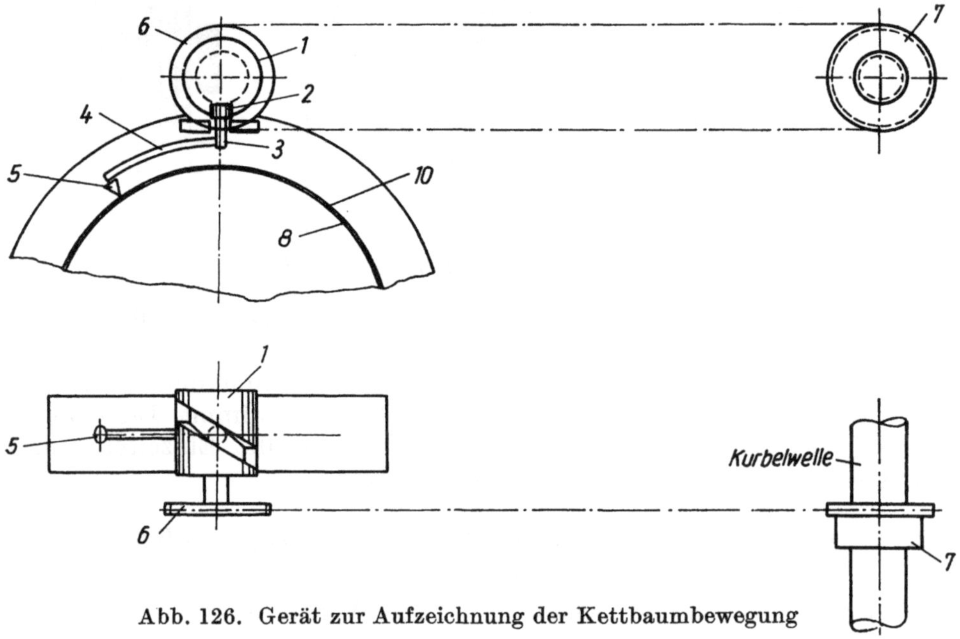

Abb. 126. Gerät zur Aufzeichnung der Kettbaumbewegung

Mit Hilfe dieses Geräts läßt sich die Bewegung des Kettbaums während einer relativ langen Zeit aufzeichnen; man kann die Bewegung des Kettbaums im Augenblick des Anschlags und bei der Fachbildung verfolgen und den Einfluß einzelner Parameter der Webstuhleinstellung (z. B. der Größe des Fachumtritts, des Anschlagwinkels) auf die Verschiebung der Kettfäden in Längsrichtung ermitteln.

12.78 Lehre für die Überprüfung der Ladenstützen

Beim Wechsel der Ladenstützen werden sie nach einer Lehre kontrolliert. Abb. 127 zeigt eine derartige Lehre für den Webstuhl AT-100.

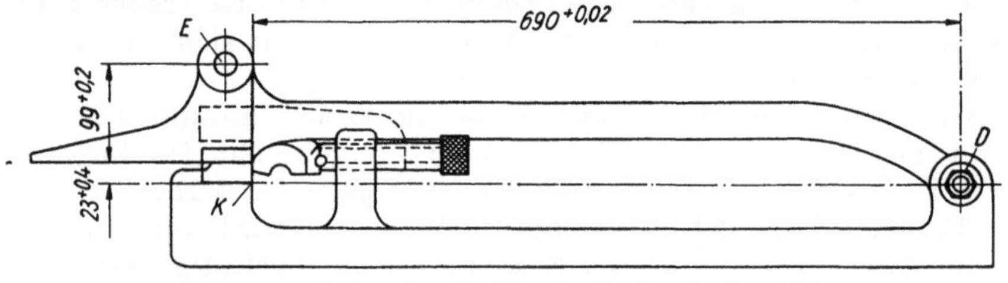

Abb. 127. Lehre für die Kontrolle der Ladenstützen

Bei der Ladenstütze werden kontrolliert: die Fläche K, die Entfernung zwischen der Ladenachse D und dem Pleuelbolzen E.

12.79 Lehre für die Webstuhleinstellung der Dorochow-Werke

Abb. 128 zeigt eine in den Dorochow-Werken verwendete Lehre für die Parameter und Einstellungen der Webstühle. Diese Lehre ermöglicht die Kontrolle folgender Größen: a — der Höhe des Fachs, b und c — der Größe des Fachumtritts, d und e — der Entfernung zwischen dem Geweberand und der Bahn des Schützens, f — der Entfernung vom

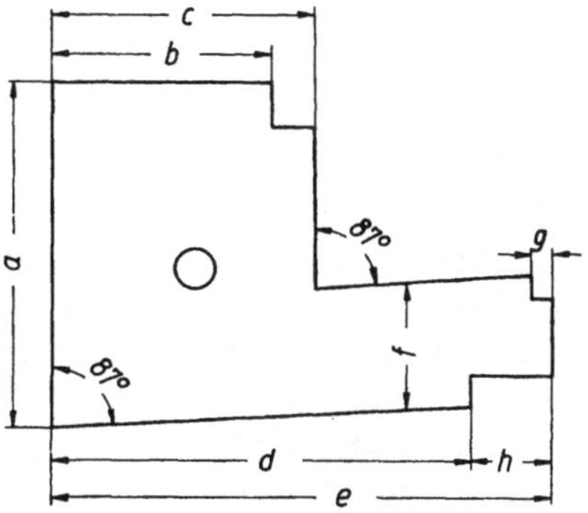

Abb. 128. Lehre der Dorochow-Werke

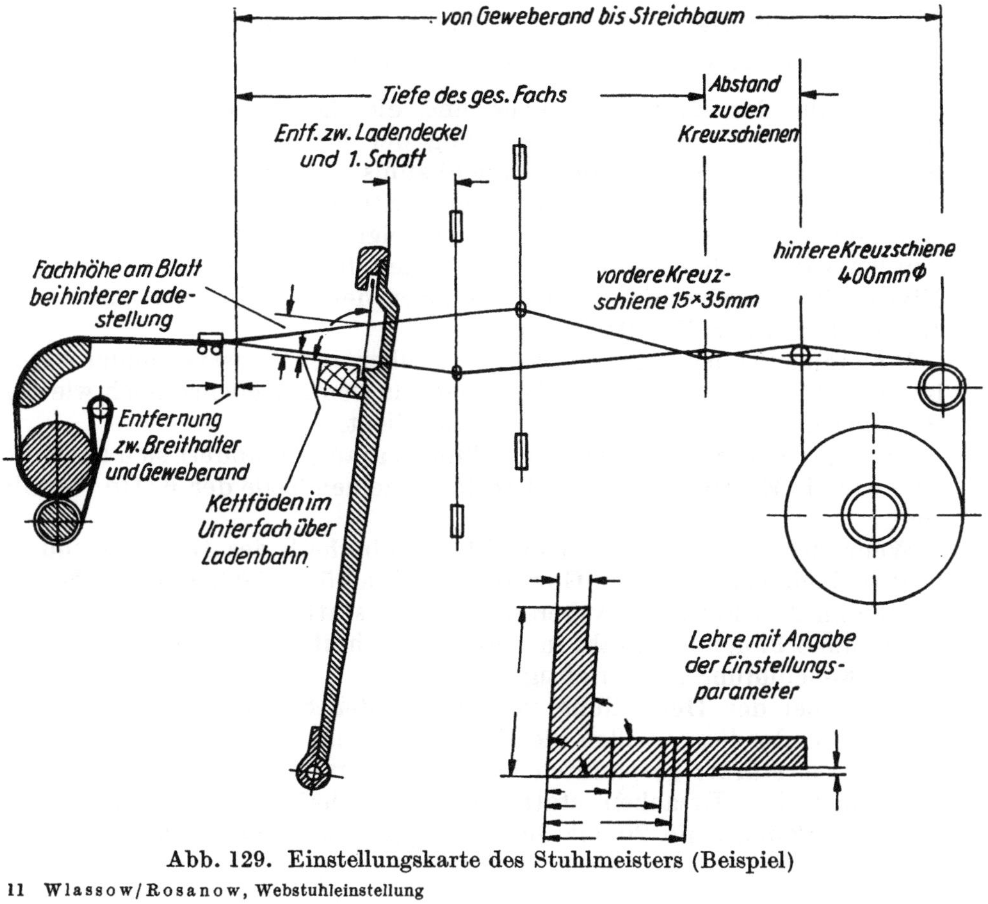

Abb. 129. Einstellungskarte des Stuhlmeisters (Beispiel)

Ladendeckel bis zum ersten Schaft, g — der Entfernung vom Geweberand bis zum Breithalter, h — die Strecke, um die der Hebel unter die Blattschlagverriegelung vorgeht, sowie des Winkels (87°) zwischen der Ladenbahn und dem Blatt.

12.8 Einstellungskarten

Im Geräteschrank eines jeden Stuhlmeisters müssen entsprechende Karten für die Einstellung des Webstuhls für alle in seiner Stuhlgruppe in Arbeit befindlichen Gewebearten aushängen.

Diese Karten enthalten die Einstellungsparameter der Webstühle, die Regeln für die Vorbereitung des Stuhls und die Zeichnung der Lehre, die der Stuhlmeister benutzen soll.

Abb. 129 zeigt das Beispiel einer solchen Karte für die Herstellung eines Satingewebes.

13 Beziehung zwischen den Einstellungsparametern und der Leistung von Webstühlen

Die Zahl der Kettfadenbrüche und die damit verbundene Stuhlleistung ändern sich bei Veränderung der Einstellungsparameter des Stuhls, wie der Stellung des Streichbaums hinsichtlich der Höhe des Brustverbinders, der Größe des Fachumtritts usw.

Versuche in verschiedenen Webereien zeigten, daß bei der Herstellung von leinwandbindigen Geweben das Senken des Streichbaums unter das Niveau des Brustverbinders das Aussehen des Gewebes verschlechtert. Im Gewebe treten Rietstreifen auf.

Wenn der Streichbaum 15 bis 20 mm über dem Brustverbinder steht, ist die Zahl der Kettfadenbrüche höher, als wenn er ebenso hoch wie der Brustverbinder oder nur 5 mm über ihm liegt.

Bei einer Veränderung der Einstellungsparameter ändert sich auch die Art, wie die Kettfadenbrüche über die einzelnen Teile der Kette verteilt sind.

Wenn der Streichbaum 15 bis 20 mm oberhalb des Brustverbinders liegt (bei leinwandbindigen Geweben), finden 45 bis 50% der Kettfadenbrüche im Abschnitt „Geweberand-Schaft" statt.

Die hohe Fadenbruchzahl in diesem Abschnitt zeigt, daß der Prozeß der Gewebebildung nicht richtig verläuft.

Wenn bei der Herstellung von Nessel der Streichbaum über dem Brustverbinder liegt, reißen die Kettfäden beim Anschlag des Schusses im unteren, stärker gespannten Fach; auch finden Fadenbrüche infolge technologischer Ursachen statt (Aneinanderhaften von Fäden, aufgerauhte Fäden), die 20 bis 30% der gesamten Fadenbruchzahl ausmachen.

Liegt der Streichbaum in gleicher Höhe wie der Brustverbinder, so ist die Spannung im Oberfach und im Unterfach gleichmäßiger. Jedoch zeigt die Praxis, daß bei Herstellung dichter Gewebe mit Leinwandbindung ein erheblicher Unterschied in der Spannung des Oberfachs und Unterfachs bestehen muß, um den Anschlag des Schußfadens an den Geweberand zu erleichtern.

Die Herstellung von Nessel, der einen kleinen Bedeckungsgrad besitzt, kann bei einer geringen Höherstellung des Streichbaums (5 mm) über dem Brustverbinder erfolgen; bei der Herstellung von Leinwandgeweben mit hoher Dichte muß der Streichbaum höher gestellt werden.

Das Maß, um das der Streichbaum höher gestellt wird, wird durch Berechnung oder durch Versuche ermittelt.

Bei der Herstellung von Satin, Diagonal und Köper verwendet man eine Schaftmaschine und die Einzugslinie der Kette nimmt eine andere Gestalt an. In diesem Fall muß der Streichbaum 50 bis 75 mm unterhalb des Brustverbinders liegen.

Die Zahl der Kettfadenbrüche ändert sich bei Verschiebung des Streichbaums in senkrechter Richtung. So wurde bei Herstellung von Satin Art. 116 und einer Stellung des Streichbaums 30 mm unterhalb des Brustverbinders 0,812 Kettfadenbrüche auf 1 m beobachtet, während die Zahl der Kettfadenbrüche bei einer Stellung des Streichbaums 60 mm unterhalb des Brustverbinders nur 0,437 auf 1 m betrug.

Die Zahl der Kettfadenbrüche und die Leistung der Webstühle hängen in erheblichem Maße auch von der Größe des Fachumtritts ab. Experimentelle Untersuchungen und Erfahrungen der Webereien zeigen, daß beim Weben von Leinwand ohne vorzeitigen Fachumtritt die Gewebebildung weniger gut vor sich geht.

Die vom Blatt an den Geweberand angeschlagenen Kettfäden gehen nach dem Blattrückgang wieder zurück. In diesem Fall vergrößert sich die Breite des Anschlagstreifens auf 7 bis 8 mm, die Zahl der Fadenbrüche wächst infolge technologischer Ursachen (Aneinanderhaften der Fäden, aufgerauhte Fäden usw.) derart an, daß das Weben von diesen Geweben ohne vertretenes Fach unmöglich wird.

Die Zahl der Kettfadenbrüche auf 1 m beim Arbeiten ohne vorzeitigen Fachumtritt beträgt 4,62, während bei einer Größe des Fachumtritts von 50 mm nur 0,43 Fadenbrüche gezählt wurden. Im ersten Fall beträgt die Stuhlleistung nur 1,5 bis 1,6 m in der Stunde, während sie bei 50 mm Fachumtritt auf 4,03 m in der Stunde steigt.

Wenn man die Größe des Fachumtritts von 0 auf 10, 25, 40 und 50 mm erhöht, geht die Zahl der Kettfadenbrüche immer mehr zurück: den Tiefstwert erreicht sie bei einem Fachumtritt von 50 mm.

Übersteigt die Größe des Fachumtritts 50 mm, so beginnt die Zahl der Kettfadenbrüche zu wachsen. So wächst z. B. bei einem Fachumtritt von 70 mm die Zahl der Fadenbrüche im Abschnitt „Geweberand — Schaft" und erreicht 62% von der Gesamtzahl der Fadenbrüche. Der Schützen wird von den Kettfäden an den Leisten eingeklemmt und hat nicht genug Zeit, ungehindert durch das Fach zu kommen.

Die relative Verteilung der Kettfadenbrüche auf die einzelnen Abschnitte des Webstuhls in Abhängigkeit von der Größe des Fachumtritts

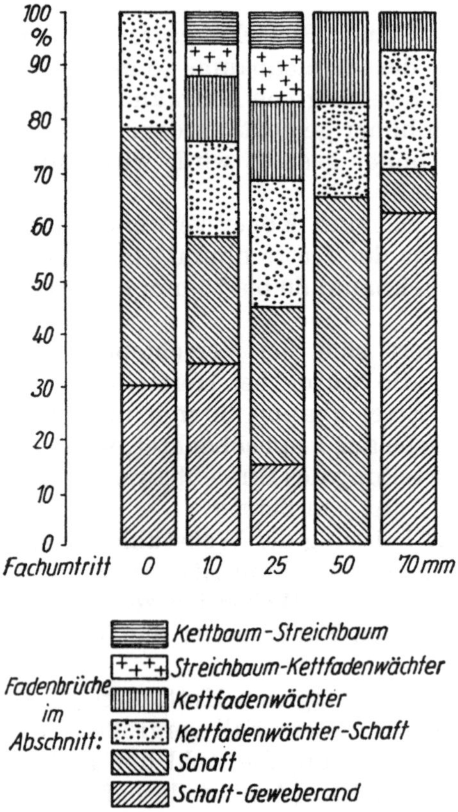

Abb. 130. Relative Verteilung der Kettfadenbrüche (in %) auf die einzelnen Zonen des Webstuhls in Abhängigkeit von der Größe des Fachumtritts

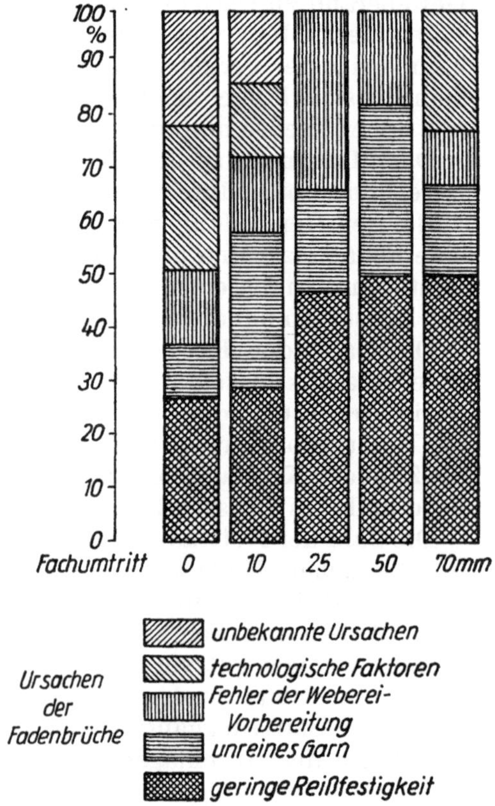

Abb. 131. Relative Verteilung der Kettfadenbrüche nach den Ursachen (in %) in Abhängigkeit von der Größe des Fachumtritts

bei Herstellung eines leinwandbindigen Gewebes ist in Abb. 130 dargestellt.

Das in Abb. 131 gezeigte Diagramm veranschaulicht die Verteilung der Kettfadenbrüche nach den verschiedenen Ursachen in Abhängigkeit von der Größe des Fachumtritts, und zwar für die Herstellung eines leinwandbindigen Gewebes.

Aus diesem Diagramm geht hervor, daß bei einer Größe des Fachumtritts von 0 mm 26,5% der Kettfadenbrüche durch technologische

Faktoren und 23,5% durch unbekannte Ursachen hervorgerufen wurden.

Wenn die Größe des Fachumtritts erhöht wird, verringert sich die Zahl der Kettfadenbrüche infolge technologischer Ursachen; bei einem Fachumtritt von 10 mm betrugen sie nur 14,3% und bei einem Fachumtritt von 25 und 50 mm fielen sie ganz weg.

Die Größe des Fachumtritts hängt von der Schußdichte im Gewebe ab. Um die Zahl der Kettfadenbrüche zu verringern, empfiehlt es sich, bei Erhöhung der Schußdichte einen früheren Fachumtritt zu wählen.

Bei Webstühlen mit Schaftmaschinen muß die Größe des Fachumtritts kleiner sein als bei Exzenterstühlen.

Die größte Differenz in der Spannung der Kettfäden im Unterfach und Oberfach tritt bei Benutzung einer Schaftmaschine dann auf, wenn der Schaft ein Drittel bis ein Viertel seines Weges nach oben zurückgelegt hat. Daher empfiehlt es sich nicht, bei Herstellung von Geweben mit hoher Schußdichte auf Webstühlen mit Schaftmaschinen die Größe des Fachumtritts zu erhöhen.

Für die Wahl der richtigen Größe des Fachumtritts muß man den entsprechenden Anschlagwinkel ermitteln, die Differenz in der Spannung der Kettfäden im Ober- und Unterfach bestimmen und die Schäfte richtig einstellen, d. h. so, daß die Reibungsstrecke der Kettfäden in den Litzenaugen möglichst klein ist.

Beobachtungen zeigten, daß die Zahl der Kettfadenbrüche beim Weben von Satin bei einem Fachumtritt von 25 mm nur ein Drittel der Fadenbruchzahl betrug wie beim Weben ohne vorzeitigen Fachumtritt. Kettfadenbrüche im Abschnitt „Geweberand — Schaft" fanden in diesem Fall überhaupt nicht statt.

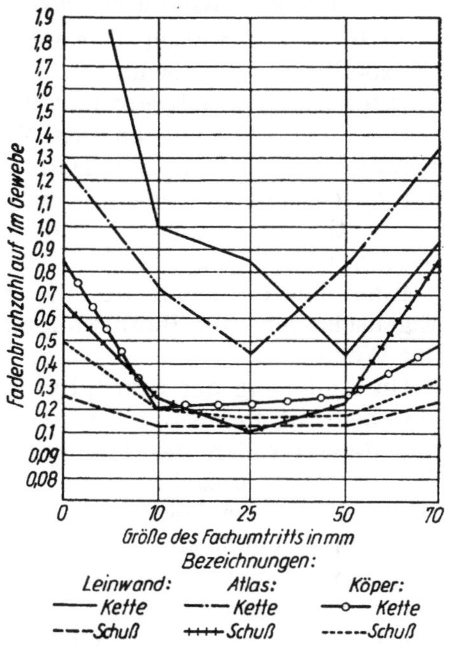

Abb. 132. Zahl der Kett- und Schußfadenbrüche auf 1 m beim Weben von Geweben mit verschiedenen Bindungen in Abhängigkeit von der Größe des Fachumtritts

Eine Erhöhung des Fachumtritts auf 50 mm bei der Herstellung von Satin verursachte eine stärkere Wechselwirkung zwischen Kette und Schuß und wirkte sich auf den Entstehungsprozeß des Gewebes negativ aus. Die Zahl der Kettfadenbrüche erhöhte sich und es traten Fadenbrüche infolge technologischer Ursachen (Aneinanderhaften der Fäden, vom Schützen verursachte Kettfadenbrüche usw.) auf.

Das in Abb. 132 gezeigte Diagramm veranschaulicht die Gesamtzahl der Kett- und Schußfadenbrüche für verschiedene Gewebe in Abhängigkeit von der Größe des Fachumtritts.

14 Veränderung der textilphysikalischen Eigenschaften der Gewebe in Abhängigkeit von den Einstellungsparametern der Webstühle

14.1 Veränderung der textilphysikalischen Eigenschaften der Gewebe je nach Stellung des Streichbaums und der Größe des Fachumtritts

Nicht selten weisen Gewebe der gleichen Art verschiedene textilphysikalische Eigenschaften (z. B. Festigkeit, Dehnung, Elastizität, Dichte, Quadratmetergewicht u. a.) auf.

In einigen Fällen liegen diese Werte sogar außerhalb der in den Normen vorgesehenen Toleranzen. Dadurch kommt es häufig zu Reklamationen der Ausrüstungsbetriebe, die sich bei den Webereien über Abweichungen der textilphysikalischen Eigenschaften der Rohgewebe von den Normen beschweren.

Eine der Ursachen für die Veränderung der textilphysikalischen Eigenschaften von Baumwollgeweben ist die verschiedene Einstellung der Webstühle.

Die Änderung der textilphysikalischen Eigenschaften von Baumwollgeweben mit Leinwand-, Atlas- und Köperbindung, bedingt durch verschiedene Größen des Fachumtritts und verschiedene Stellungen des Streichbaums hinsichtlich des Brustverbinders, wurde näher untersucht. Die drei Gewebe (Leinwand, Atlas und Köper) wurden aus Kette Nm 48 und Schuß Nm 60 nach den Standardvorschriften hergestellt. Die Leinwand wurde auf einem Exzenterwebstuhl mit Ausgleichsschwingbaum, der Atlas und der Köper auf Webstühlen mit Schaftmaschinen hergestellt. Die Größe des Fachumtritts wurde so eingestellt, daß sie 0, 10, 25, 50 und 70 mm betrug; die Höhe des Streichbaums hinsichtlich des Brustverbinders war 0, +5, +10 mm für Leinwand und —30, —50, —60 mm für Atlas und Köper.

Es stellte sich heraus, daß die Einarbeitung des Schußfadens infolge der Verkreuzungen (es wurden dem Gewebe entnommene Schußfäden gemessen) mit größerer Höhe des Streichbaums hinsichtlich des Brustverbinders wächst: falls der Streichbaum in Höhe des Brustverbinders liegt, ist die Bindungskräuselung geringer, als wenn der Streichbaum 5 mm über dem Brustverbinder liegt.

Die Reißfestigkeit des leinwandbindigen Gewebes erhöht sich, wenn der Streichbaum 5 mm höher als der Brustverbinder liegt, und fällt bei weiterer Erhöhung wieder ab.

Abb. 133 zeigt die Reißfestigkeit und Bruchdehnung des Gewebes (Leinwand) für verschiedene Lagen des Streichbaums.

Eine Änderung der Streichbaumstellung ruft eine Erhöhung der Bruchdehnung des Gewebes in Schußrichtung von 11,6% (Streichbaum in Nullstellung, d. h. in Höhe des Brustverbinders) auf 12,6% (Streichbaum 5 mm über dem Brustverbinder) hervor, was durch die stärkere Einarbeitung des Schusses bedingt ist.

Die Bruchdehnung des Gewebes in Kettrichtung verringert sich bei höherer Stellung des Streichbaums infolge der größeren Kettspannung. Das wird auch durch die geringere Länge eines dem Gewebe entnommenen Fadens bestätigt. Eine Gegenüberstellung der bei verschiedenen Parametern enthaltenen Ergebnisse zeigt, daß bei Höherstellung des Streichbaums gegenüber dem Brustverbinder die Einarbeitung der Kette zurückgeht, während die Einarbeitung des Schusses sich erhöht.

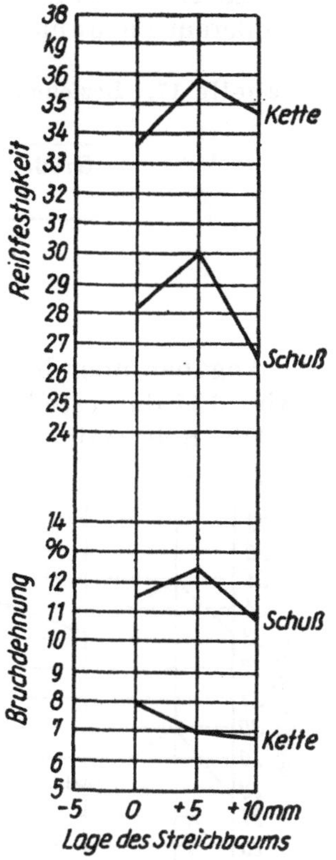

Abb. 133
Beziehung zwischen der Lage des Streichbaums und den Festigkeitswerten eines leinwandbindigen Gewebes

Ein früherer Fachumtritt führt dazu, daß die relative Länge der Kettfäden im Gewebe zurückgeht (es wurden die dem Gewebe entnommenen Fäden gemessen):

Tabelle 15. Beziehung zwischen Fachumtritt und Einarbeitung der Kette

Größe des Fachumtritts in mm	Kettfäden länger als das Gewebestück um %
0	5,0
10	4,2
25	3,9
50	3,9

Die Einarbeitung der Kette geht also mit größerem Fachumtritt zurück.

Bei größerem Fachumtritt ist die relative Länge der Schußfäden infolge stärkerer Verkreuzung größer:

Tabelle 16. Beziehung zwischen Fachumtritt und Einarbeitung des Schusses

Größe des Fachumtritts in mm	Schußfäden länger als das Gewebestück in %
0	9,8
10	10,3
25	11,2
50	12,6

Die Einarbeitung des Schusses erhöht sich also mit größerem Fachumtritt.

Die Bruchdehnung des Gewebes in Schußrichtung erhöht sich mit größerem Fachumtritt folgendermaßen:

Tabelle 17. Beziehung zwischen Fachumtritt und Bruchdehnung eines leinwandbindigen Gewebes in Schußrichtung

Größe des Fachumtritts in mm	Bruchdehnung in %
0	11,6
10	11,9
25	12,1
50	12,6

Angaben über Reißfestigkeit und Bruchdehnung des Gewebes sind in Abb. 134 dargestellt.

Die Reißfestigkeit des Gewebes in Schuß- und Kettrichtung nimmt mit der Größe des Fachumtritts zu.

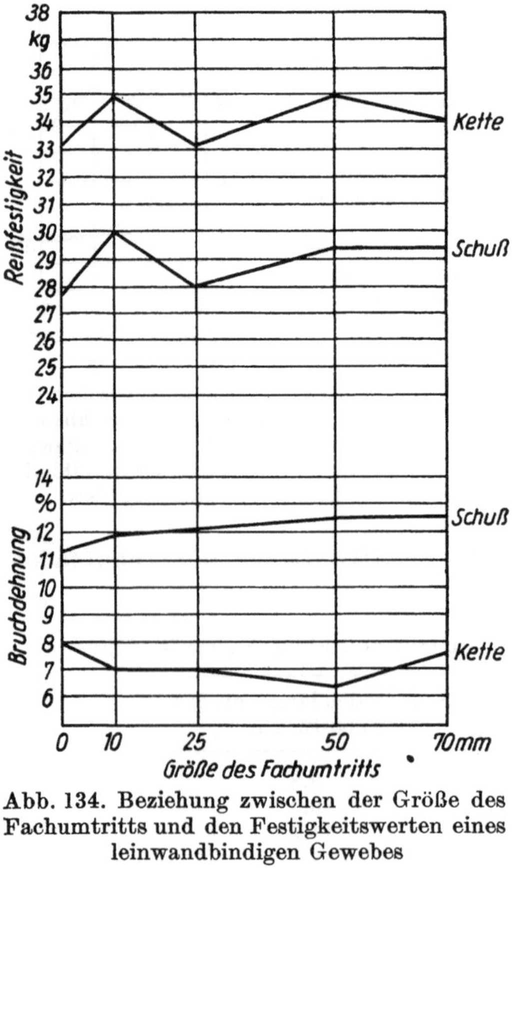

Abb. 134. Beziehung zwischen der Größe des Fachumtritts und den Festigkeitswerten eines leinwandbindigen Gewebes

So beträgt z. B. die Reißfestigkeit des Gewebes in Schußrichtung bei einer Größe des Fachumtritts von 0 mm 27,75 kg und bei einer Größe des Fachumtritts von 50 mm 29,75 kg; die Reißfestigkeit in Kettrichtung beträgt entsprechend 33,4 und 35,1 kg.

Die größere Festigkeit des Gewebes sowohl in Schuß- als auch in Kettrichtung erklärt sich durch die gleichmäßigere Verteilung und Spannung der Fäden im Gewebe und auch durch ihre stärkere Wechselwirkung miteinander an den Kreuzungspunkten.

Auch die elastischen Eigenschaften der leinwandbindigen Gewebe verändern sich je nach der Lage des Streichbaums und der Größe des Fachumtritts. (Die Versuche wurden an einem Gewebe durchgeführt, das mit 75% der mittleren Bruchlast belastet wurde). So beträgt z. B. die elastische Dehnung des ohne vorzeitigen Fachumtritt hergestellten Gewebes in Kettrichtung 2,13% und bei einer Größe des Fachumtritts von 50 mm 2,50%; für die Schußrichtung entsprechend 3,25% und 3,60%.

Die elastischen Eigenschaften der Leinwand bei einer Größe des Fachumtritts von 50 mm weisen höhere Werte infolge des regelmäßigen

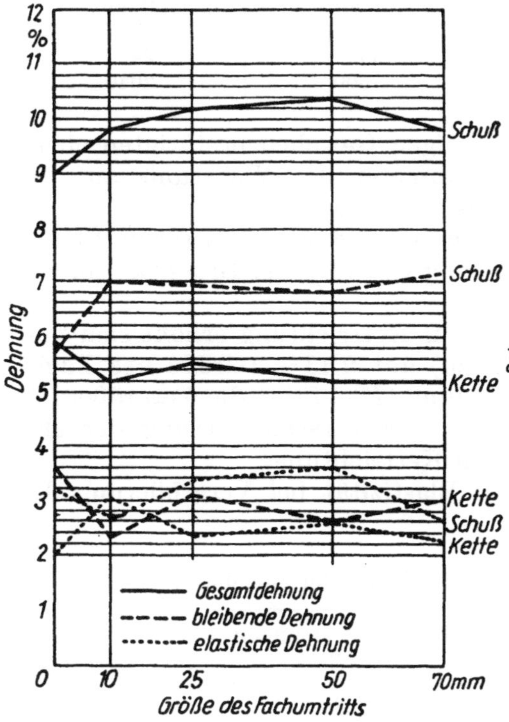

Abb. 135. Beziehung zwischen der Größe des Fachumtritts und dem elastischen Verhalten eines leinwandbindigen Gewebes

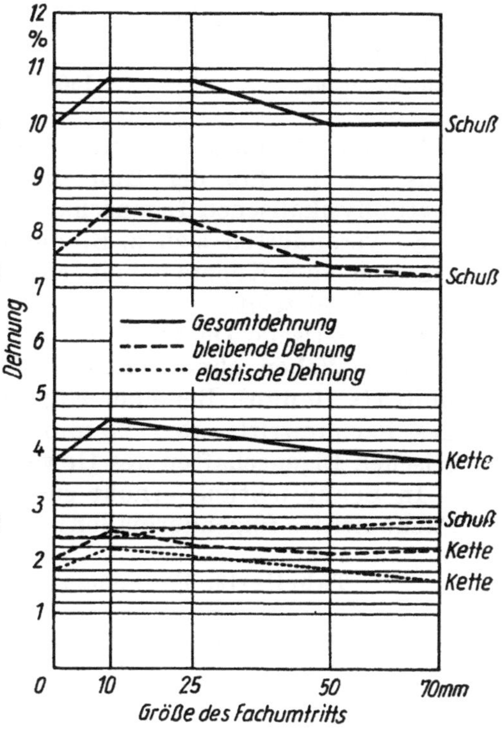

Abb. 136. Beziehung zwischen der Größe des Fachumtritts und dem elastischen Verhalten eines Köpers

Aufbaus des Gewebes auf. Die Veränderung der elastischen Eigenschaften der Leinwand bei einer Belastung, die 75% der Reißfestigkeit beträgt, ist in Abb. 135 gezeigt.

Eine Prüfung der Gewebe auf Scheuerfestigkeit bei einer Vorspannung, die 2% der Reißfestigkeit beträgt, zeigte, daß die Einstellungsparameter der Webstühle auch den Scheuerwiderstand des Gewebes beeinflussen. Geprüft wurde leinwandbindiges Gewebe, das bei einer Größe des Fachumtritts von 0, 25 und 50 mm hergestellt worden war.

Ein Scheuereffekt in entsprechender Richtung tritt nach folgender Tourenzahl ein:

Tabelle 18. Beziehung zwischen Fachumtritt und Scheuerfestigkeit eines leinwandbindigen Gewebes

	Tourenzahl bei einem Fachumtritt von		
	0 mm	25 mm	50 mm
Kettrichtung	1400	3300	2450
Schußrichtung	150	500	2040

Prüfungen von atlas- und köperbindigen Geweben bestätigten ebenfalls den Einfluß der Einstellungsparameter des Webstuhls auf die textilphysikalischen Eigenschaften des Gewebes.

So veränderten sich z. B. die Dehnung und die elastischen Eigenschaften eines Köpers bei einer Belastung von 75% der Bruchlast so, wie es Abb. 136 zeigt.

Die elastische Dehnung des Köpers in Kettrichtung erhöht sich von 1,75% (Weben ohne vertretenes Fach) auf 2,13% (Größe des Fachumtritts 10 mm). Bei einer Köperbindung ($K\frac{2}{2}$) führt die Vergrößerung des Fachumtritts über 25 mm hinaus zur Verschlechterung der elastischen Eigenschaften des Gewebes in Kettrichtung.

In Schußrichtung erhöht sich die Elastizität bei Vergrößerung des Fachumtritts folgendermaßen:

Tabelle 19. Beziehung zwischen Elastizität und Fachumtritt

Größe des Fachumtritts	Elastische Dehnung in %
0	2,38
10	2,38
25	2,62

Mit wachsender Größe des Fachumtritts verringert sich bei Köper die Einarbeitung der Kette und erhöht sich die Einarbeitung des Schusses.

Die oben gemachten Ausführungen über die Abhängigkeit der physikalischen Eigenschaften der Gewebe von den Parametern der Webstuhleinstellung gestatten nachstehende Schlußfolgerungen:

1. Um vorkommende Schwankungen in den textilphysikalischen Eigenschaften von Rohgeweben zu verhindern und gleichartige Gewebe zu erhalten, müssen für jede Gewebeart bestimmte Einstellungsparameter (Größe des Fachumtritts, Lage des Streichbaums hinsichtlich des Brustverbinders, Anschlagwinkel des Schusses am Geweberand u. a.) strengstens eingehalten werden.

2. Eine Untersuchung des Webvorgangs bei *leinwandbindigen* Geweben ergab folgendes:

   a) Die Reißfestigkeit des Gewebes in Schußrichtung erhöht sich, wenn man den Streichbaum 5 mm höher als den Brustverbinder stellt und fällt bei noch höherer Stellung des Streichbaums.

   b) Die Einarbeitung der Kette verringert sich, wenn man den Streichbaum 5 mm über den Brustverbinder lagert, während die Einarbeitung des Schusses sich erhöht.

   c) Die Reißfestigkeit ist sowohl für Kette als auch für Schuß am geringsten, wenn man ohne vertretenes Fach arbeitet; die Reißfestigkeit erreicht ihren Maximalwert bei einer Größe des Fachumtritts von 45 bis 50 mm.

   d) Ein größerer Fachumtritt gleicht die Spannung der Kettfäden aus und erhöht diese Spannung; in diesem Fall geht die Einarbeitung der Kette zurück, die Einarbeitung des Schusses steigt.

   e) Die elastischen Eigenschaften des Gewebes verbessern sich mit wachsender Größe des Fachumtritts, ihren optimalen Wert erreichen sie bei einer Größe des Fachumtritts von 45 bis 50 mm.

3. Eine Untersuchung des Webvorgangs bei *atlasbindigen* Geweben ergab folgendes:

   a) Wenn man den Streichbaum 60 bis 65 mm tiefer als den Brustverbinder lagert, erhöht sich die Reißfestigkeit des Gewebes in Kettrichtung und bleibt in Schußrichtung unverändert; mit wachsender Größe des Fachumtritts verringert sich die Einarbeitung der Kette und erhöht sich die Einarbeitung des Schusses.

   b) Die Reißfestigkeit des Gewebes in Kett- und Schußrichtung wächst mit größerem Fachumtritt bis zu einer gewissen Grenze und sinkt im weiteren ab; die Elastizität des Gewebes wächst bei Vergrößerung des Fachumtritts bis 25 mm und geht im weiteren zurück.

4. Eine Untersuchung des Webvorgangs bei *köperbindigen* Geweben zeigte, daß bei tiefer Stellung des Streichbaums gegenüber dem Brustverbinder die Einarbeitung der Kette zurückgeht. Die Einarbeitung des Schusses wird in diesem Fall größer.

5. Die besten textilphysikalischen Eigenschaften der Gewebe wurden bei folgenden Parametern der Webstuhleinstellung (Blattbreite 100 mm) erhalten:

Tabelle 20. Optimale Parameter beim Weben verschiedener Gewebe

Parameter	Maße in mm beim Weben von		
	Leinwand	Atlas	Köper
Entfernung			
vom Brustverbinder bis zum Geweberand	175	175	175
vom Breithalter bis zum Geweberand	66	66	66
vom Geweberand bis zum ersten Schaft	200	200	200
Höhenlage hinsichtlich des Brustverbinders:			
Geweberand tiefer um	18	12—13	15
Ladenbahn in hinterer Stellung tiefer um	50	46—48	48
Streichbaum um	5 mm höher	60—70 mm tiefer	60 mm tiefer
Größe des Fachumtritts	50	25	25

14.2 Veränderung der Breite des Gewebes in Abhängigkeit von der Größe des Fachumtritts und der Vorspannung

Bei konstanter Gewebebreite am Blatt und Veränderung der Größe des Fachumtritts und der Vorspannung der Kette (bei Geschlossenfach) verändert sich die Gewebebreite am Geweberand, am Brustverbinder und auf dem Warenbaum (s. Abb. 137 und 138).

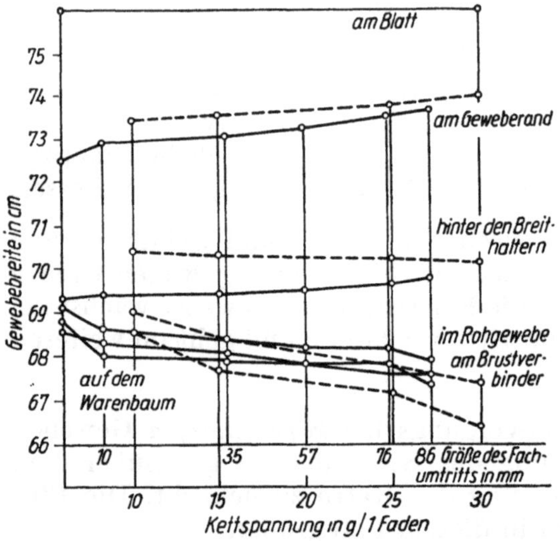

Abb. 137. Die Gewebebreite in den einzelnen Zonen des Webstuhls in Abhängigkeit von der Größe des Fachumtritts und der Vorspannung der Kette beim Webstuhl AT-80

Experimentelle Untersuchungen an den Webstühlen AT-80 und AT-175 zeigten [50], daß mit Vergrößerung des Fachumtritts und der Vorspannung die Breite des Gewebes am Geweberand größer wird, während sie am Brustverbinder und auf dem Warenbaum sich verkleinert, was durch den schmaleren Anschlagstreifen erklärt werden kann. Mit größerem Fachumtritt und Vorspannung wirkt sich der Einfluß des Blatts auf die Breite des Gewebes auf den von den Breithaltern erfaßten Gewebeteil stärker aus.

Die Spannung der Kettfäden im Gewebe erhöht sich mit wachsender Vorspannung und mit der Größe des Fachumtritts; in diesem Fall verbiegen sich die Schußfäden unter dem Druck der Kettfäden stärker, die Kettfäden selbst rücken enger zusammen, wodurch sich die Gewebebreite auf dem Brustverbinder und dem Warenbaum verringert. Wenn das Gewebe vom Stuhl abgenommen wird, erhöht sich seine Breite ein wenig durch die Deformation der Kett- und Schußfäden, da die in der Längsrichtung (Kettrichtung) des Gewebes wirkenden Zugkräfte wegfallen.

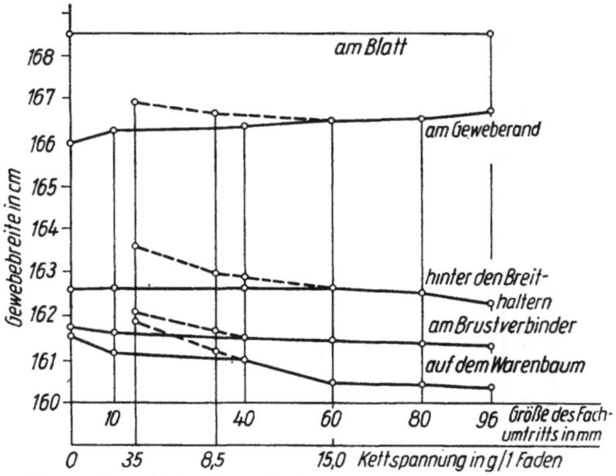

Abb. 138. Die Gewebebreite in den einzelnen Zonen des Webstuhls in Abhängigkeit von der Größe des Fachumtritts und der Vorspannung der Kette beim Webstuhl AT-175

Wenn ohne vertretenes Fach gearbeitet wird, erreicht die Einarbeitung bei leinwandbindigen Geweben den Maximalwert von 10 bis 12% und das erhaltene Gewebe ist breiter als sonst.

Mit Vergrößerung des Fachumtritts verringert sich die Einarbeitung und die Gewebebreite.

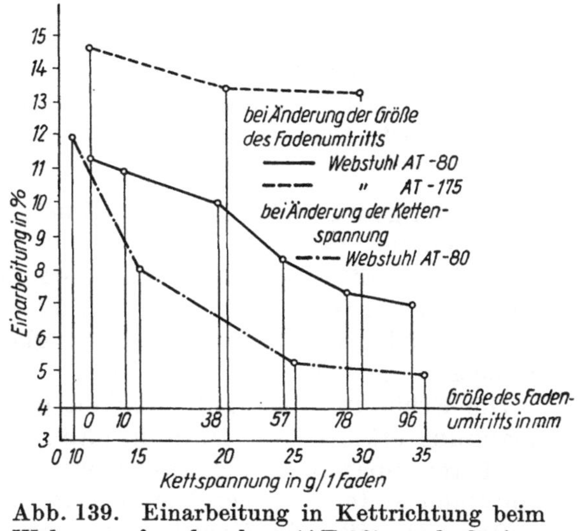

Abb. 139. Einarbeitung in Kettrichtung beim Weben auf schmalen (AT-80) und breiten (AT-175) Webstühlen in Abhängigkeit von der Größe des Fachumtritts und der Vorspannung der Kette

Abb. 139 zeigt, wie sich die Einarbeitung der Kette eines Nesselgewebes in Abhängigkeit von der Vorspannung und der Größe des Fachumtritts verändert. Diese Einarbeitung wird weniger durch die Größe des Fachumtritts als durch die Vorspannung beeinflußt. Das erklärt sich durch die Grenzen, in denen die Kettspannung schwankt: beim Anschlag kann diese Schwankung 15 g erreichen, während sie bei Veränderung der Vorspannung um 30 g wechseln kann. Aus dem Diagramm ist ersichtlich, daß die

Einarbeitung in Kettrichtung bei Erhöhung der Vorspannung und Vergrößerung des Fachumtritts zurückgeht.

Wenn man die Vorspannung erhöht, vergrößert sich die Einarbeitung des Schusses im Gewebe (Abb. 140), und zwar infolge eines stärkeren Drucks der Kettfäden auf die Schußfäden und somit einer verstärkten Verbiegung der Schußfäden.

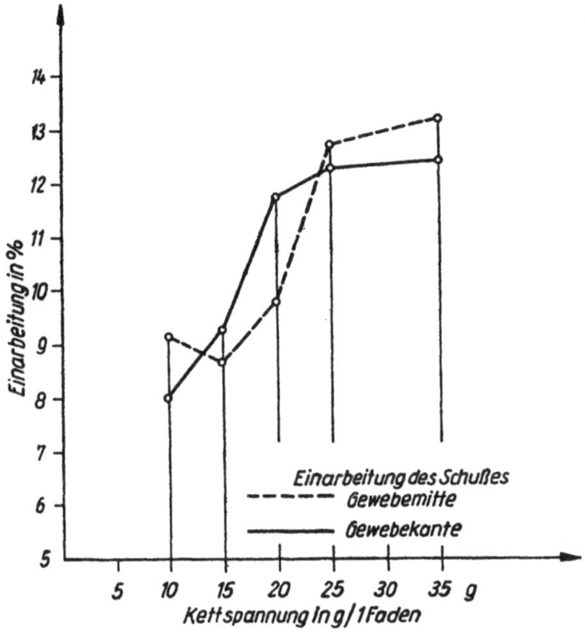

Abb. 140. Einarbeitung des Schusses in verschiedenen Teilen des Gewebes in Abhängigkeit von der Kettvorspannung

14.3 Abhängigkeit der Reißfestigkeit und Bruchdehnung des Gewebes von der Vorspannung der Kette

Die Veränderung der Reißfestigkeit des Nesselgewebes Art. 594 in Kettrichtung in Abhängigkeit von der Vorspannung der Kette auf dem Webstuhl ist in Abb. 141 dargestellt.

Die Reißfestigkeit des Gewebes bei konstanter Größe des Fachumtritts und sonstigen gleichbleibenden Einstellungsparametern ändert sich in Abhängigkeit von der Vorspannung. Mit Erhöhung der Vorspannung wird die Reißfestigkeit des Gewebes größer. Beispielsweise besaß ein Nesselgewebe (Gewebestreifen von 50 · 200 mm) bei einer Vorspannung der Kettfäden von 10 g eine Reißfestigkeit von 22 bis 23 kg und bei einer Vorspannung von 35 g 27 bis 30 kg.

Die Erhöhung der Reißfestigkeit des Gewebes mit wachsender Vorspannung erklärt sich dadurch, daß in diesem Fall die Kettfäden unter stärkerer Spannung eingewebt werden, wodurch die Spannung der einzelnen Fäden sich vergleichmäßigt.

Beim Zerreißen des Gewebes kann man beobachten, daß die Kettfäden im Gewebe, das mit einer Vorspannung von 10 g hergestellt worden war, ungleichmäßig gespannt sind: es reißen gleichzeitig nur wenige Fäden; bei einer Vorspannung von 25 g erhalten die Fäden eine gleichmäßigere Spannung im Gewebe, und die Zahl der Kettfäden im Probestreifen, die gleichzeitig zerrissen werden, ist größer; dadurch erhöht sich auch die Gewebefestigkeit. Jedoch muß man im Auge behalten, daß die Vorspannung nur bis zu einer gewissen Grenze erhöht werden kann. Man muß den optimalen Wert der Vorspannung auf dem Versuchswege ermitteln; eine übermäßige Erhöhung der Vorspannung ruft ein Durchscheuern der Kettfäden in den Litzen sowie bleibende Deformationen im Garn hervor und verschlechtert letzten Endes die textilphysikalischen Eigenschaften des Gewebes, seine Reißfestigkeit und seine Bruchdehnung.

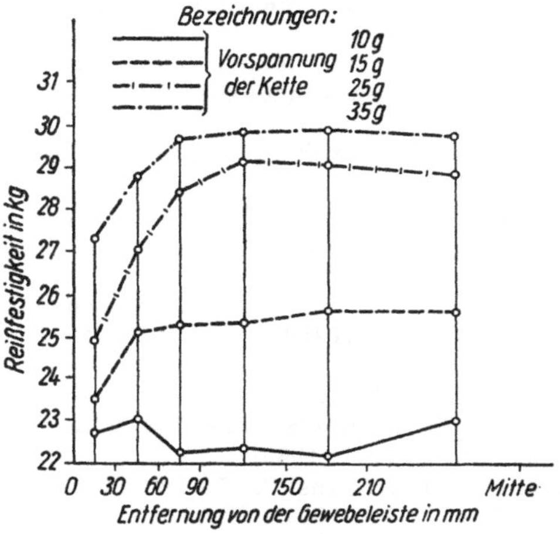

Abb. 141. Reißfestigkeit eines leinwandbindigen Gewebes in Abhängigkeit von der Vorspannung der Kette

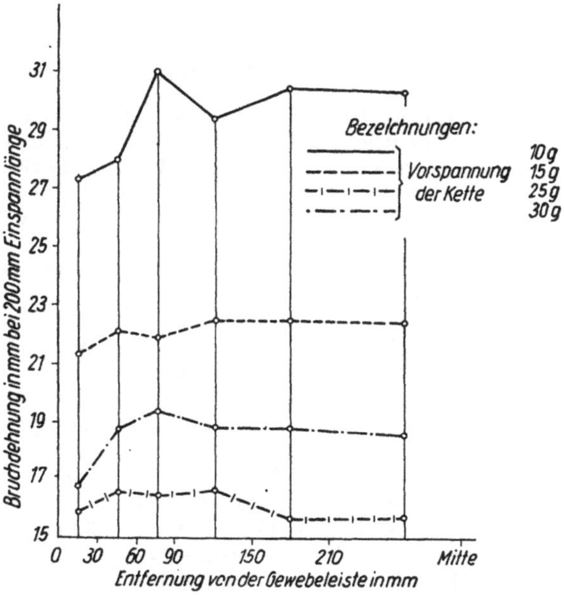

Abb. 142. Bruchdehnung eines leinwandbindigen Gewebes in Abhängigkeit von der Vorspannung der Kette (Einspannlänge bei der Prüfung 200 mm)

Abb. 142 zeigt, wie sich die Bruchdehnung eines Gewebes (Nessel Art. 594) in Kettrichtung je nach der Vorspannung beim Weben verändert.

Mit wachsender Vorspannung verringert sich die Bruchdehnung des Gewebes; das kommt daher, daß mit Erhöhung der Vorspannung die Einarbeitung der Kettfäden kleiner wird und ein Reißen des Gewebes bei erheblich stärker gestreckten Kettfäden erfolgt.

Ein Gewebe mit hoher Einarbeitung enthält Kettfäden, die stärker gekrümmt sind. Bei einer Festigkeitsprüfung werden die Kettfäden am Anfang gestreckt und ergeben somit höhere Bruchdehnungen.

Je kleiner also die Einarbeitung der Kettfäden ist, um so kleiner ist auch die Bruchdehnung des Gewebes und umgekehrt. Die unterschiedliche Bruchdehnung eines Gewebes an verschiedenen Stellen (in der Gewebebreite) erklärt sich durch die unterschiedliche Spannung der Kettfäden: näher zu den Gewebeleisten sind sie stärker gespannt als in der Mitte.

LITERATURVERZEICHNIS

[1] Карев, В. Ф., Единый способ наладки ткацких станков. (Karew, W. F., Einheitliche Methode zur Einstellung von Webstühlen), „Текстильная промышленность", (Textil-Ind.), **10**, 11 (1950).

[2] Ильичев, В. Ф., Власов, П. В., Основы технологического плана ткачества. (Iljitschew, W. F., und Wlassow, P. W., Grundlagen des technologischen Webplans), Гизлегпром, 1946.

[3] Справочник по хлопкоткачеству. (Handbuch der Baumwollweberei), Гизлегпром, 1949.

[4] Кулен, Г. Р., Типовые заправки основы на ткацких станках (Kulen, G. R., Typenmäßige Einstellungen der Webstühle), „Текстильная промышленность", (Textil-Ind.), **6**, 7, 8 (1946).

[5] Ильин, И. В., Проектирование льняных тканей (Iljin, I. W., Das Entwerfen von Leinengeweben), „Текстильная промышленность", (Textil-Ind.), **12**, 12, 27 (1952).

[6] Brierley, S., Theory and Practice of Cloth Setting. „Text. Manuf.", **57**, 3—4, 47—49, 90—92, 130—132, 206—208, 244—246, 311—312, 428—429 (1931); **58** 10—11, 50—51, 178—179, 342, 433 (1932); **59**, 13—14, 141 (1933).

[7] Peirce, F. T., The Geometry of Cloth Structure. „J. Textile Inst.", 45—96 (1937).

[8] Kober, P., Die Gewebedichte. „Melliand Textilber.", 36, (1937); Über den Einfluß der Bindung auf die Gewebestruktur, 337 (1939).

[9] Новиков, Н. Г., О строении ткани и проектировании ее с помощью геометрического метода. (Nowikow, N. G., Über die Struktur des Gewebes und über sein Entwerfen mit Hilfe der geometrischen Methode), „Текстильная промышленность", (Textil-Ind.), **6**, 2, 9—17 (1946); 4—5, 18—24; 6, 24—28; 11—12, 17—25.

[10] Walz, F., und Luibrand, J., Die Gewebedichte. „Textil-Praxis", 330—335, 366—370 (1947).

[11] Wiechmann, W., Die Berechnung der Fadendichte eines Gewebes. „Melliand Textilber.", 51—54 (1948).

[12] Кутепов, О. С., Методика проектирования ткани. (Kutepow, O. S., Methoden zum Entwerfen von Geweben), „Текстильная промышленность", (Textil-Ind.), 10, 2, 20—22 (1950).

[13] Stscherbina, N., Die Strukturphasen des Gewebes. „Faserforschung und Textiltechnik", **7**, 1, 38—41 (1956).

[14] Кочетов, А. И., О плотности ткани. (Kotschetow, A. I., Über die Gewebedichte), Текстильная промышленность", (Textil-Ind.), **12**, **4**, 32 (1952).

[15] Беркович, Н. Ю., К вопросу расположения заправочной линии на суконных ткацких станках. (Berkowitsch, N. J., Zur Frage der Lage der Einzugslinie auf Tuchwebstühlen), „Текстильная промышленность", (Textil-Ind.), **11**, 9, 27—32 (1951); 10, 20—22.

[16] Петров, З. Ф., О виде конструктивно-заправочной линии. (Petrow, Z. F., Über die Gestalt der Einzugslinie), „Текстильная промышленность", (Textil-Ind.), **13**, 9, 27 (1953). Kritik an [15].

[17] Беркович, Н. Ю., О расположении заправочной линии на ткацких станках. (BERKOWITSCH, N. J., Über die Lage der Einzugslinie auf den Webstuhl), „Текстильная промышленность“, (Textil-Ind.), 14, 5, 25 (1954). Erwiderung auf [16].

[18] Ерофеев, М. Д., О виде конструктивно- заправочной линии. (JEROFEJEW, M. D., Über die Gestalt der Einzugslinie der Kette), „Текстильная промышленность“, (Textil-Ind.), 14, 8, 32 (1954).

[19] Новиков, Н. Г., Ткачество. (NOWIKOW., N. G., Die Weberei), Гизлегпром, 1934.

[20] Воробьев, В. А., Напряжение основы на ткацком станке в зависимости от структуры ткани. (WOROBJOW, W. A., Die Kettspannung auf dem Webstuhl in Abhängigkeit von der Gewebestruktur), „Текстильная промышленность“, (Textil-Ind.), 11, 2, 23 (1951); „Textil-Praxis“, 553 (1953); „Faserforschung und Textiltechnik“, 2, 497—502 (1951).

[21] Алексеев, К. Г., Аналитический метод расчета натяжения нити. (ALEXEJEW, K. G., Analytische Methode zur Berechnung der Fadenspannung), „Текстильная промышленность“, (Textil-Ind.), 10, 28 (1953).

[22] Овцын, Н. К., О величине пути трения основных нитей в глазках галев ремиз и ламелях. (OWZYN, N. K., Über die Größe der Reibungsstrecke der Kettfäden in den Litzenaugen der Schäfte und Lamellen), „Текстильная промышленность“ (Textil-Ind.), 11, 4, 30—33 (1951).

[23] Черешнев, Л. Т., Определение величины перемещения нити в глазах галев ремизы при зевообразовании. (TSCHERESCHNEW, L. T., Über die Verschiebung des Kettfadens im Litzenauge während der Fachbildung), „Текстильная промышленность“, (Textil-Ind.), 12, 8, 22 (1952).

[24] FRENZEL, W., und MARTIN, H., Meßgeräte und Meßverfahren zur Bestimmung der Kettfadenbeanspruchung beim Weben. „Faserforschung und Textiltechnik“, 2, 257—273 (1951).

[25] FRENZEL, W., und MARTIN, H., Kettfadenbeanspruchung und Schaftbewegung am Webstuhl. „Faserforschung und Textiltechnik“, 4, 319—336 (1953).

[26] Бородовский, М. С., Возможности повышения производительности ткацких станков в свете теории выносливости пряжи. (BORODOWSKI, M. S., Die Erhöhung der Webstuhlleistung im Lichte der Theorie der Dauerfestigkeit von Garnen), „Текстильная промышленность“, (Textil-Ind.), 14, 10, 23—29 (1954).

[27] Гордеев, В. А., Расчет коэффициента упругости системы заправки ткацкого станка. (GORDEJEW, W. A., Berechnung der Elastizitätskoeffizienten des Garnsystems auf dem Webstuhl), „Текстильная промышленность“, (Textil-Ind.), 15, 5, 26 (1955).

[28] Васильченко, В. Н., О необходимом пределе выносливости основной пряжи. (WASSILTSCHENKO, W. N., Über die erforderliche Dauerstandfestigkeit des Kettgarns), „Текстильная промышленность“, (Textil-Ind.), 15, 12, 33—36 (1955).

[29] STEIN, F., Vom Wesen der Tuchbindung. „Melliand. Textilber.“, 994—999 (1927).

[30] Дынник, С. А., Образование элемента ткани. (DYNNIK, S. A., Die Bildung des Gewebeelements), „Текстильная промышленность“, (Textil-Ind.), 8, 7, 37—40 (1948).

[31] Власов, П. В., Розанов, Ф. М., О формировании ткани. (WLASSOW, P. W., und ROSANOW, F. M., Über die Bildung des Gewebes), „Текстильная промышленность“, (Textil-Ind.), 10, 1, 21—23 (1950).

[32] STEIN, H., und ROHS, W., (FISCHER, H., GRIESE, H., und SATLOW, G.), Messungen am Webstuhl. „Textil-Praxis“, 891, 934, 1039 (1954).

[33] Алексеев, К. Г., Новый прибор для определения натяжения нитей основы на ткацком станке. (ALEXEJEW, K. G., Neues Gerät zur Bestimmung der Kettfadenspannung auf dem Webstuhl), „Текстильная промышленность“, (Textil-Ind.), 11, 5, 32—33 (1951).

[34] Колесников, П. А., Прибор для измерения натяжения основных нитей. (Kolesnikow, P. A., Gerät zur Messung der Kettfadenspannung), „Текстильная промышленность", (Textil-Ind.), **9**, 10 (1949); „Faserforschung und Textiltechnik", **2**, 58—60 (1951).

[35] Раевский, П. П., Метод экспериментального исследования механических параметров машин. (Rajewski, P. P., Methode zur experimentellen Untersuchung der mechanischen Parameter von Maschinen), Издание Академии наук СССР, Moskau 1952.

[36] Куроедов, Ю. И., Новый тензометрический прибор для технологических исследований. (Kurojedow, J. I., Neues tensometrisches Gerät für technologische Untersuchungen), „Текстильная промышленность", (Textil-Ind.), **13**, 4 (1953).

[37] Хохлов, В. Д., Приборы для измерения неравномерности хода машин. (Chochlow, W. D., Geräte zur Bestimmung des ungleichmäßigen Laufs von Maschinen), „Текстильная промышленность", (Textil-Ind.), **16**, 2, 44—46 (1956).

[38] Наумов, В. А., Наладка зевообразовательного и боевого механизмов. (Naumow, W. A., Einstellung des fachbildenden Mechanismus und Schlagmechanismus), Гизлегпром, 1952.

[39] Наумов, В. А., Теория и метод наладки боевых механизмов ткацких станков по траектории полета челнока. (Naumow, W. A., Theorie und Methode zur Einstellung der Schlagmechanismen von Webstühlen auf Grund der Schützenbahn), „Текстильная промышленность", (Textil-Ind.), **11**, 6, 28 (1951); 7, 17; 8, 20.

[40] Александров, С. А., Хлопкоткачество. (Alexandrow, S. A., Die Baumwollweberei), Гизлегпром, 1939, Т. III, S. 159—160.

[40a] Буров, Г. А., Новые приемы наладки ткацких станков. (Burow, G. A., Neue Methoden der Webstuhleinstellung), Гизлегпром, 1952.

[41] Андреев, А. В., и Беркович, Н. Я., Шерстоткачество. (Andrejew, A. W., und Berkowitsch, N. I., Die Wollweberei), Гизлегпром, Moskau 1954, S. 215.

[42] Вяткин, А. И., Савичев, В. И., Автоматический ткацкий станок АТ-100. (Wjatkin, A. I., und Sawitschew, W. I., Der automatische Webstuhl AT-100), Облгиз, Iwanowo 1952.

[43] Гордеев, В. А., Устройство и обслуживание автоматического ткацкого станка АТ-100. (Gordejew, W. A., Einrichtung und Bedienung des automatischen Webstuhls AT-100), Гизлегпром, 1955.

[44] Живов, К. И., и Щербин, М. И., Высокоскоростной автоматический станок АТК-100. (Shiwow, K. I., und Stscherbin, M. I., Der schnellaufende automatische Webstuhl ATK-100), Гизлегпром, 1950.

[45] Зевакин, Л. В., Новое уточное шупло. (Sewakin, L. W., Ein neuer Schußfühler), „Текстильная промышленность", (Textil-Ind.), **15**, 8, 28—30 (1955).

[46] Справочник-Хлопчатобумажные машины. (Handbuch für Maschinen der Baumwollindustrie), Наркомтяжпром, Главлегмаш, 1936.

[47] Власов, П. В., Технические условия заправки ткацких станков. (Wlassow, P. W., Technische Bedingungen für die Einstellung von Webstühlen), „Текстильная промышленность", (Textil-Ind.), **5**, 10 (1945).

[48] Справочник по льноткачеству. (Handbuch der Leinenweberei), Гизлегпром, 1949.

[49] Розанов, Ф. М., и Медведева, Г. И., Значение и роль шпаруток при изготовлении ткани на ткацком станке. (Rosanow, F. M., und Medwedjewa, G. I., Bedeutung und Rolle der Breithalter beim Weben), Научно-исследовательские труды МТИ. (Wiss. Forsch.-Arb. Mosk. Textil-Inst.), Гизлегпром, 1954, Bd. 12.

ANLAGEN

Anlage 1

Verzeichnis einiger sowjetischer Webwaren
(nach der Nummer des Artikels geordnet)

Art.-Nr.	Bezeichnung	Material	Breite in cm	Kette		Schluß		Bindung
				Nm	Faden auf 10 cm	Nm	Faden auf 10 cm	
11	Leinwand	Baumwolle	89	48	258	60	262	L
51	Cheviot	Kammgarn		24 + 48	248	24 + 48	180	L
103	Gingham		82,5	40	319	28	300	
110	Satin		68	54	258	65	456	
111	Satin		70	54	275	65	475	
114	Satin		84,5	34	275	65	475	A $\frac{5}{1}$
125	Boston	Kammgarn	74	32/2	222	16	230	
176	Wollgewebe		84,5	40	265	34	189	Krepp
185	Trikot							
193	Garus		69	12	107	14	145	
195	Dalemba		80	40	225	28	269	Köper $\frac{2}{2}$
203	Schotten		68	75/2	212	28	213	Köper
230	Eponge		98	40/1 75/3	96	40/1 75/3	86	Phantasie
326	Flanell		69	40	256	20	210	
340	Baika (Kalmuck)		107	40	206	9	276	Köper
341	Baika (Kalmuck)		74,5	40	286	12	320	Köper
347	Baika (Kalmuck)							
353	Moleskin	Baumwolle		40	259	34	551	
360	Satin/Trikot		125	40	289	50	665	Diagonal
361	Cheviot		70	40	194	17	220	Diagonal
362	Cheviot		104	40	192	17	220	Diagonal
371	Diagonal	Baumwolle	72	24	287	20	204	Köper $\frac{2}{2}$
373	Diagonal		72	24	287	12	216	
387	Zeltleinwand		71	34/2	260	20	236	Köper
415	Trikot-Anzugstoff		133	48/2	282	28	213	Köper
419	Trikot-Anzugstoff		75	48/2	282	28	213	Köper
426	Trikot	Baumwolle		54/2	330	20	225	
454	Moleskin (Tuch)	Baumwolle	71	40	247	20	410	Atlas
460	Moleskin (Tuch)		70	40	250	20	410	Atlas
472	Velveton		122	48/2	191	17	456	Schußatlas

Anlage 1 (Fortsetzung)

Art.-Nr.	Bezeichnung	Material	Breite in cm	Kette		Schuß		Bindung
				Nm	Faden auf 10 cm	Nm	Faden auf 10 cm	
474	Velveton							
580	Nessel	Baumwolle	136	40	246	28	240	L
581	Leinwand	Baumwolle	68	54	279	65	268	L
582	Nessel		69	48	259	60	262	L
583	Leinwand	Baumwolle	69	54	279	65	268	L
584	Leinwand	Baumwolle	69	54	279	65	283	L
590	Leinwand	Baumwolle	124	54	202	65	189	L
591	Nessel		69	40	229	34	212	L
592	Nessel		69	40	247	34	224	L
594	Nessel	Baumwolle	71	34	246	34	256	L
597	Nessel		84,5	40	246	34	238	L
605	Barchent		71	40	254	12	210	
668	Schlafdecken			40	184	3	197	
678	Schlafdecken (Jacquard)		132	40	184	4,5	216	Köper
764	Mull (zweifädig)		69	48	207	60	79	L
770	Mull (zweifädig)		72,5	48	118	60	95	L
793	Barchent (Cord)		89	28	201	6	134	Köper + Phantasie
797	Barchent (Galoschenfutter)		102	40	278	9	133	L
815	Moleskin		127	40	220	16	320	Atlas
840	Serge		109	40	282	28	240	Köper
1102	Chagrin		117	54/2	359	14/4	112	Krepp
1107	Möbelstoff		116	{ 54/2 61/2	421	{ 10, 14, 36	230	Jacquard
1108	Möbelstoff		154	54/2	421	10	220	Jacquard
1112	Gobelin		154	{ 54/2 68/2	556	{ 10, 14, 36	270	Jacquard
1125	Nessel		69	48	259	60	262	Leinwand
1911	Leinwand	Baumwolle	69	28	242	28	188	L

Anm. d. dtsch. Red.: Bemerkenswert ist das Vorkommen von Geweben, bei denen die Kette gröber als der Schuß ist. In Deutschland ist meistens der Schuß gröber, da man dadurch eine höhere Webstuhlleistung erhält.

Anlage 2

Technologische Karte für das Spulen von Garn

	Maßeinheit	Partie-Nr.
1. *Garn vor dem Spulen*		
Sorte		
Sollnummer	Nm	
Istnummer	Nm	
Feuchtigkeit	%	
Reißfestigkeit	g	
Reißlänge	km	
Reißdehnung	%	
Drehungskoeffizient		
Ungleichmäßigkeit der Nummer	%	
Ungleichmäßigkeit der Festigkeit	%	
2. *Kops*		
Außendurchmesser	mm	
Höhe der Garnwicklung	mm	
Nettogewicht	g	
3. *Spule*		
Art der Spule (Holz, Papier)		
Gewicht	g	
4. *Abzug*		
Zahl der Kopse		
Nettogewicht des Garns	kg	
5. *Arbeitsbedingungen*		
Lufttemperatur	°C	
Relative Luftfeuchtigkeit	%	
Zusätzliche Anfeuchtung	%	
6. *Spulmaschine*		
System, Werk, Spindelzahl		
7. *Spulvorgang*		
Geschwindigkeit	m/min	
Durchmesser der Antriebstrommel	mm	
Drehzahl der Antriebstrommel		
8. *Wirkungsgrad* der Maschine	%	
9. *Fadenbremse*		
Art der Bremse		
Fadenbelastung	g	
10. *Fadenbruchzahl*	auf 100000 m	
11. *Einstellung des Fadenreinigers*	mm	
12. *Stellung des Kopses* (Entfernung von Kopsspitze bis oberes Ballonende)	mm	

Anlage 2 (Fortsetzung)

	Maßeinheit	Partie-Nr.
13. Aufgespult auf		
Scheibenspulen:		
Außendurchmesser	mm	
Innendurchmesser	mm	
Gewicht	g	
Hülse		
Material		
Durchmesser	mm	
Gewicht	g	
14. *Garngewicht* auf 1 Spule	g	
15. *Wicklungsdichte*	g/cm³	
16. *Spulenabmessungen*		
Spulenform (konisch, zylindrisch)		
großer Außendurchmesser	mm	
kleiner Außendurchmesser	mm	
Höhe der Wicklung	mm	
17. *Kennzeichen* der betreffenden Partie		
18. *Garneigenschaften* nach dem Spulen		
Istnummer		
Feuchtigkeit	%	
Reißfestigkeit	g	
Reißlänge	km	
Reißdehnung	%	
Drehungskoeffizient		
Ungleichmäßigkeit der Nummer	%	
Ungleichmäßigkeit der Festigkeit	%	
19. *Pflege der Spulmaschine*		
Staubentfernung		
Reinigen		
Ölen		
20. *Garnabfälle*	%	
21. Nummer der *Zettelmaschine*, auf die das Garn gelangt		

Anlage 3

Technologische Karte für das Schären von Garn

	Maßeinheit	Partie-Nr.
1. *System und Nr.* der Maschine		
2. *Nummer der Spulmaschine,* die die Schärmaschine beliefert		
3. *Zahl der Spulen im Schärgatter*	Stück	
4. *Umgespultes Garn*		
Istnummer	Nm	
Reißfestigkeit	g	
Reißlänge	km	
Ungleichmäßigkeit der Nummer	%	
Ungleichmäßigkeit der Festigkeit	%	
Feuchtigkeit	%	
Bruchdehnung	%	
5. *Gewicht des Garns auf der Spule*	g	
6. *Geschwindigkeit des Fadens beim Schären*		
Mittlere Geschwindigkeit	m/min	
bei Beginn des Schärens	m/min	
bei Beendigung des Schärens	m/min	
7. *Wirkungsgrad* der Maschine		
8. *Fadenbremsung*		
Gewicht der Bremsscheiben	g	
Gewicht von 100 Nadeln für das automatische Abstellen	g	
9. *Schärlänge*	m	
10. *Schärbaum*		
Durchmesser der Scheiben	mm	
Entfernung der Scheiben	mm	
Durchmesser des Baums	mm	
Durchmesser des vollen Baums	mm	
Gewicht des leeren Baums	kg	
Garngewicht auf dem Schärbaum (netto)	kg	
Spezifische Dichte der Wicklung	g/cm^3	
11. *Trommel der Schärmaschine*		
Durchmesser	mm	
Länge (Einstellung)	mm	
Geschwindigkeit	U/min	
12. *Belastungsgewichte des Schärbaums* insgesamt	kg	
13. *Zahl der Schärbäume in der Partie*	Stück	
14. *Gewicht der vorderen versenkbaren Walze*	kg	
15. *Gewicht der hinteren versenkbaren Walze*	kg	

Anlage 3 (Fortsetzung)

	Maßeinheit	Partie-Nr.
16. *Einstellung des Schärblatts*		
Einstellung des vorderen Kamms	mm	
17. *Garnqualität nach dem Schären*		
Istnummer	Nm	
Reißfestigkeit	g	
Reißlänge	km	
Ungleichmäßigkeit der Nummer	%	
Ungleichmäßigkeit der Festigkeit	%	
Bruchdehnung	%	
18. *Garnfeuchtigkeit*	%	
19. *Relative Luftfeuchtigkeit*	%	
20. *Lufttemperatur*	°C	
21. *Abfälle beim Schären*	%	
22. *Pflege der Schärmaschine*		
Staubwischen		
Reinigen		
Ölen		
23. *Schlichtmaschine*, auf die das Garn gelangt	Nr.	

Anlage 4

Technologische Karte für das Schlichten der Kette

	Maßeinheit	Artikel-Nr.
1. *Nummer und System der Schlichtmaschine*		
2. *Nummer der Schärmaschine*		
3. *Garn nach dem Schären*		
Istnummer	Nm	
Reißfestigkeit	g	
Reißlänge	km	
Ungleichmäßigkeit der Nummer	%	
Ungleichmäßigkeit der Festigkeit	%	
Bruchdehnung	%	
Feuchtigkeit	%	
4. *Zahl der Schärbäume*	Stück	
Zahl der Kettfäden auf 1 Schärbaum		
Gesamtzahl der Fäden in der Kette		
5. *Bruttogewicht der vollen Schärbäume*	kg	
Gewicht der leeren Schärbäume	kg	
Nettogewicht des Garns vor dem Schlichten	kg	
6. *Länge der Kette* (vor dem Schlichten)	m	
7. *Kettbaum*		
Entfernung zwischen den Scheiben	mm	
Durchmesser der Scheiben	mm	
Durchmesser des leeren Kettbaums	mm	
Durchmesser des vollen Kettbaums	mm	
Gesamtgewicht des Kettbaums	kg	
Gewicht des leeren Kettbaums	kg	
Nettogewicht des Garns auf dem Kettbaum	kg	
Spezifische Dichte der Garnwicklung	g/cm^3	
Länge der Kette auf dem Baum	m	
Zahl der Stücke in der Kette	Stück	
Länge eines Stücks (in der Kette)	m	
8. *Zahl der Kreuzruten*	Stück	
9. *Zahl der Fäden in einer Lücke des Kamms*		
10. Durchmesser der 1. *Druckwalze*	mm	
Gewicht der 1. Druckwalze	kg	
Durchmesser der 2. Druckwalze	mm	
Gewicht der 2. Druckwalze	kg	
11. *Durchmesser der Transportwalze*	mm	
12. *Wechselrad* (Zahl der Zähne)		
13. *Breite des Expansionskamms*	mm	

Anlage 4 (Fortsetzung)

	Maßeinheit	Artikel-Nr.
14. *Arbeitsbedingungen*		
Geschwindigkeit der Kette	m/min	
Temperatur der Schlichte im Trog	°C	
Dampfdruck in der 1. Trommel	atü	
Dampfdruck in der 2. Trommel	atü	
15. *Schlichtrezept*		
16. *Zulässige Niveauschwankung* der Schlichte im Trog bei automatischer Regelung	mm	
17. *Zulässige Schwankung der Temperatur* der Schlichte im Trog bei automatischer Regelung	°C	
18. *Zulässige Schwankung des Dampfdrucks* in der Trommel bei automatischer Regelung	atü	
19. *Zulässige Schwankung der Feuchtigkeit der Kette* bei automatischer Regelung	%	
20. *Norm für die Menge der Schlichte* auf der Kette	%	
21. *Garn nach dem Schlichten*		
Istnummer	Nm	
Reißfestigkeit	g	
Reißlänge	km	
Ungleichmäßigkeit der Nummer	%	
Ungleichmäßigkeit der Festigkeit	%	
Bruchdehnung	%	
22. *Festigkeitszunahme des Garns* nach dem Schlichten	%	
23. *Zulässige Minderung der Bruchdehnung*	%	
24. *Vorgeschriebene Feuchtigkeit der Kette*	%	
25. *Gesamtlänge der geschlichteten Kette*	m	
26. *Längenzunahme der Kette*	%	
27. *Abfälle*	%	
28. *Relative Luftfeuchtigkeit*	%	
Raumtemperatur	°C	
29. *Maschinenpflege*		
Entstauben		
Reinigen		
Ölen		
30. *Leistung der Schlichtmaschine*	kg/St.	
31. *Zeitlicher Wirkungsgrad der Maschine*	%	

Anlage 5

Technologische Karte für das Einziehen der Kette

	Maßeinheit	Artikel-Nr.
1. *Kettgarn*	Nm	
2. *Kettbaum aus der Schlichterei*		
Durchmesser der Scheiben	mm	
Kettbreite zwischen den Scheiben	mm	
Zahl der Fäden (außer den Leisten)	Stück	
Zahl der Fäden in den Leisten	Stück	
Gesamtzahl der Fäden in der Kette	Stück	
3. *Schaft*		
Höhe des Schafts	mm	
Breite des Schafts	mm	
Art der Litze		
Zahl der Litzen in einem Schaft		
für den Grund		
für die Leisten		
Zahl der Schäfte		
für den Grund		
für die Leisten		
4. *Einzug in die Schäfte*		
für den Grund		
für die Leisten		
5. *Einziehhaken*		
6. *Blatt*		
metrische Nummer		
Breite	mm	
Höhe	mm	
7. *Blatteinzug*		
Zahl der Fäden in 1 Lücke für den Grund		
Zahl der Fäden in 1 Lücke für die Leisten		
8. *Einzugsleistung*	Fäden in 1 Std.	
9. *Abfälle*		
Norm	%	
tatsächlich	%	

Anlage 6

Technologische Karte für das Weben

	Maßeinheit	Artikel-Nr.
1. *Webstuhltyp*		
2. *Antrieb*		
3. *Kettspannungsvorrichtung*		
4. *Warenaufwicklung*		
5. *Kettfadenwächter*		
6. *Konstante des Schaltmechanismus*		
7. *Wechselrad*		
8. *Fachbildende Einrichtung*		
9. *Maximale Blattbreite des Gewebes*	cm	
10. *Geschwindigkeit der Kurbelwelle*	U/min	
11. *Schützen*		
Art		
Länge	mm	
12. *Schußspule*		
Gesamtlänge	mm	
Durchmesser der Wicklung	mm	
Reservewicklung	m	
Länge des Schußfadens auf der Spule	mm	
Gewicht der vollen Spule	g	
Dichte der Wicklung	g/cm³	
13. *Kettbaum*		
Durchmesser der Scheiben	mm	
Durchmesser des leeren Baums	mm	
Breite des Baums zwischen den Scheiben	mm	
Zahl der Stücke in der Kette		
Länge eines Stücks	m	
Dichte der Wicklung	g/cm³	
14. *Gewebe*		
Bezeichnung und Nummer		
Gewebebreite am Blatt	cm	
Breite des Rohgewebes	cm	
Kette Garnart		
Kette Nm		
Schuß Garnart		
Schuß Nm		
Kettdichte im Gewebe		
Schußdichte im Gewebe		
Zahl der Kettfäden insgesamt		
Zahl der Kettfäden in den Leisten		

Anlage 6 (Fortsetzung)

	Maßeinheit	Artikel-Nr.
15. *Einzug*		
Zahl der Schäfte		
Schafteinzug		
Bindung		
Blatteinzug		
Nummer des Blatts		
16. *Einarbeitung* der Kette	%	
Einarbeitung des Schusses	%	
17. *Einzugsparameter in der Waagerechten*		
Entfernung vom Brustverbinder bis Breithalter	mm	
Entfernung vom Brustverbinder bis Geweberand	mm	
Entfernung vom Brustverbinder bis zum 1. Schaft	mm	
Entfernung vom Brustverbinder bis zum letzten Schaft	mm	
Entfernung vom Ladendeckel bis zum 1. Schaft bei hinterer Ladenstellung	mm	
Entfernung vom Geweberand bis Mitte Kettfadenwächter	mm	
Entfernung vom Kettfadenwächter bis Mitte Streichbaum	mm	
18. *Einzugsparameter in der Senkrechten*		
Geweberand unterhalb Brustverbinder	mm	
Ladenbahn in Vorderstellung unterhalb Brustverbinder	mm	
Ladenbahn (am Blatt) in hinterer Stellung unterhalb Brustverbinder	mm	
Mitte Kettfadenwächter unterhalb Brustverbinder	mm	
Oberkante Streichbaum über Brustverbinder	mm	
19. *Höhe des Fachs:*		
am Blatt bei hinterer Stellung der Lade	mm	
am vorderen Schaft	mm	
am hinteren Schaft	mm	
20. *Größe des Fachumtritts*	mm	
21. *Schlagbeginn* (Blatt vom Geweberand bei Beginn der Schlagstockbewegung)	mm	
22. *Zahl der Zähne des Schaltrads*		
23. *Fadenbrüche:*		
Kette	auf 1 m	
Schuß	auf 1 m	
24. *Abfälle:*		
Kettgarn	%	
Schußgarn	%	

Anlage 6 (Fortsetzung)

	Maßeinheit	Artikel-Nr.
25. *Länge des abgenommenen Stücks*	m	
26. *Stuhlleistung*	m/Std.	
27. *Wirkungsgrad des Stuhls*	%	
28. *Reibung des Schützens im Schützenkasten*		
links	kg	
rechts	kg	
29. *Stärke der Prellschraubenfeder*		
links	kg	
rechts	kg	
30. *Stärke der Schlagstockrückzugfeder*		
links	kg	
rechts	kg	
31. *Stärke der Schützenkastenzungenfeder*		
links	kg	
rechts	kg	
32. *Stärke der Breithalterfeder*		
links	kg	
rechts	kg	
33. *Stärke der Blattschlagfeder*	kg	
34. *Stärke der Federn des Federzugregisters*	kg	
35. *Arbeitsordnung:*		
Zahl der Stühle auf 1 Weber		
Zahl der Stühle auf 1 Stuhlmeister		
36. *Stuhlpflege:*		
Staubwischen		
Reinigen		
Schmieren		

Anlage 7

Reibung des Schützens im Schützenkasten (in kg)

Gewicht des Schützens in g	Artikel 460 u. 454 Moleskin	Artikel 605 Barchent	Artikel 341 Kalmuk
325	3,6—4,1	2,9—3,2	3,1—3,6
350	3,9—4,4	3,1—3,4	3,4—3,9
375	4,2—4,7	3,3—3,6	3,7—4,2
400	4,5—5,0	3,5—3,8	4,0—4,5
425	4,8—5,3	3,7—4,0	4,3—4,8
450	5,1—5,6	3,9—4,2	4,6—5,1

Anlage 8

Webstuhleinstellungen für einige Webwaren (Unterschlagstühle)

	Maß-einheit	Moleskin		Barchent	Kalmuk
		Art. 460	Art. 454	Art. 605	Art. 347
Winkel zwischen Blatt und Ladenbahn	Grad	87	87	87	87
Größe des Fachumtritts	mm	25	25	25	30
Fachhöhe am Blatt bei hinterer Stellung der Lade	mm	40	40	40	40
Gesamttiefe des Fachs	mm	590	590	520	520
Abstand zwischen Ladenbahn und Fäden im Unterfach	mm	1	1	1	1
Entfernung zwischen den Kreuzruten	mm	150	150	150	150
Entfernung von Geweberand bis Breithalter	mm	2—3	2—3	3—5	3—5
Entfernung zwischen Ladendeckel und 1. Schaft	mm	15	15	15	15
Ladenbahn tiefer als Brustverbinder um	mm	25	25	25	25
Streichbaum tiefer als Brustverbinder um	mm	80	80	90	90
Entfernung zwischen Geweberand und Schützenbahn an der Gewebeleiste	mm	50	50	50	60

Anlage 8 (Fortsetzung)

	Maß-einheit	Moleskin		Barchent	Kalmuk
		Art. 460	Art. 454	Art. 605	Art. 347
Entfernung zwischen Schützenkastenvorderrand und Schützenkastenzunge					
am Einzug des Schützenkastens	mm	4—5	4—5	4—5	4—5
am hinteren Ende des Schützenkastens	mm	1—2	1—2	1—2	1—2
Durchmesser des Warenabziehbaums	mm	127	127	127	127
Wechselräder		25/28/33	23/28/33	45/54/64	31/37/43
Schalträder		50/60/70	50/60/70	50/60/70	50/60/70
Schaltklinken überdecken den Zahn des Schaltrads um	mm	3—4	3—4	3—4	3—4
Platinen der Schaftmaschine über dem Messer	mm	5—6	5—6	5—6	5—6
Leerlauf des Messers	mm	8—10	8—10	8—10	8—10
Schußwächtergabel greift in das Gitter	mm	4—5	4—5	4—5	4—5
Abstand zwischen Bügel der Schußwächtergabel und Hammer	mm	4—5	4—5	4—5	4—5
Stärke der Prellschraubenfeder:					
an der Seite des Warenregulators	kg	2,0	2,0	2,0	2,0
an der entgegengesetzten Seite	kg	1,5	1,5	1,5	1,5
Stärke der Schlagstockrückzugfeder	kg	0,6	0,6	0,6	0,6
Stärke der Schützenkastenzungenfeder	kg	5	5	5	5
Stärke der Breithalterfeder	kg	8	8	8	8
Stärke der Blattschlagfeder	kg	3	3	3	3
Stärke der Federn des Federzugregisters	kg	6—8	6—8	6—8	6—8

Einstellungsparameter

Gewebebezeichnung	Satin	Satin	Trikot	Schotten	Eponge
Artikel-Nr.	111	114	185	203	230
1 Stuhlsystem	U	U	O	O	O
2 Stuhlbreite (Blatt)	805	1000	—	—	—
3 Fachbildender Mechanismus	Sch.	Sch.	Sch.	Sch.	Sch.
4 Halbmesser der Kurbelkröpfung	63	63	65	60	66
5 Streichbaum über (+) oder unter (—) Brustverbinder	—74	—74	+ 50	+ 75	—60
6 Ladenbahn tiefer als Brustverbinder	40	40	—	—	—
7 Höhe des Fachs am Blatt bei hinterer Ladenstellung	40	40	45	48	49
8 Winkel zwischen Blatt und Ladenbahn in Grad	87	87	87	87	87
9 Entfernung zwischen Geweberand und Breithalter	5	5	5	5	5
10 Entfernung zwischen den Kreuzruten	120	120	100	110	120
11 Größe des Fachumtritts	25	25	40	40	35
12 Gesamttiefe des Fachs	550	550	520	560	550
13 Durchmesser des Warenabziehbaums	127	127	115	115	125
14 Zähnezahl des Schaltrads	50—60	50—60	—	—	—
15 Nummer des Schützens	1	1	—	—	—

U = Unterschlag
O = Oberschlag
Sch. = Schaftmaschine
E = Exzenterstuhl
Maße in mm, soweit nicht anders angegeben

für einige Gewebe

Anlage 9

Kalmuk	Kalmuk	Cheviot	Cheviot	Diagonal	Zelttuch	Anzugstoff	Anzugstoff	Velveton	Velveton
340	341	361	362	371	387	415	419	472	474
O	U	O	O	U	U	O	O	O	O
1300	800	800	1200	800	800	—	—	1450	1700
Sch.	Sch.	Sch.	E	Sch.	E	Sch.	Sch.	Sch.	Sch.
70	63	65	72	63	65	60	60	70	70
—90	—90	—30	—30	—74	+ 30	—60	—60	— 100	— 100
25	25	30	30	40	35	—	—	25	30
45	40	45	50	48	48	49	49	45	45
87	87	87	87	87	87	87	87	87	87
5	3—5	5	5	5	8	8	8	5	5
150	150	100	100	125	100	120	110	100	100
25	30	30	30	20	40	40	40	25	25
550	520	530	540	550	500	550	550	600	600
127	127	130	115	127	114	115	115	115	115
60	60	40	60	40—50	60	—	—	60	60
3	2	2	2a	1a	—	—	—	3	3

Gewebebezeichnung	Nessel	Barchent	Schlafdecke	Schlafdecke	Mull
Artikel-Nr.	582	605	668	678	764
1 Stuhlsystem	U	O	O	O	U
2 Stuhlbreite (Blatt)	800	800	1520	1250	800
3 Fachbildender Mechanismus	E	Sch.	E	E	E
4 Halbmesser der Kurbelkröpfung	63	60	70	75	63
5 Streichbaum über (+) oder unter (—) Brustverbinder	+ 5	—90	—50	—50	0
6 Ladenbahn tiefer als Brustverbinder	25	25	30	30	25
7 Höhe des Fachs am Blatt bei hinterer Ladenstellung	40	40	50	50	40
8 Winkel zwischen Blatt und Ladenbahn in Grad	87	87	87	87	87
9 Entfernung zwischen Geweberand und Breithalter	3	3—5	5	4	5
10 Entfernung zwischen den Kreuzruten	100	150	100	100	100
11 Größe des Fachumtritts	40	25	25	30	30
12 Gesamttiefe des Fachs	500	520	550	580	480
13 Durchmesser des Warenabziehbaums	127	127	115	115	127
14 Zähnezahl des Schaltrads	40	60	60	60	40
15 Nummer des Schützens	—	2	4	4	1a

U = Unterschlag
O = Oberschlag
K = Kurbelwebstuhl
Sch. = Schaftmaschine
E = Exzenterstuhl
J = Jacquardmaschine
Maße in mm, soweit nicht anders angegeben

Anlage 9 (Fortsetzung)

Mull	Barchent	Barchent	Moleskin	Serge	Chagrin	Möbelstoff	Möbelstoff	Gobelin	Nessel
770	793	797	815	840	1102	1107	1108	1112	1125
U	U	U	U	O	K	K	K	K	U
800	1000	1000	1350	—	—	—	—	—	800
E	Sch.	E	Sch.	E	Sch.	J	J	J	E
63	63	63	76	70	75	75	75	90	63
0	—80	—80	—80	—60	— 40	— 100	—80	—80	+ 5
25	30	25	25	—	—	—	—	—	25
40	45	45	46	48	54	48	48	54	40
87	87	87	87	87	87	87	90	90	87
5	4	4	3	8	10	10	10	10	3
100	120	120	140	110	100	100	100	100	100
30	30	30	35	30	30	60	60	60	40
480	560	560	650	550	800	800	800	870	500
137,5	127	127	130	115	140	178	125	153	127
40	60	60	55	—	—	—	—	—	40
1a	2,5	2,5	—	—	—	—	—	—	—

SACHVERZEICHNIS

Bei Fragen zur Produktsicherheit wenden Sie sich bitte an:
If you have any questions regarding product safety,
please contact:

Walter de Gruyter GmbH
Genthiner Straße 13
10785 Berlin
productsafety@degruyterbrill.com